JN418232

해양과학총서 1

해양과학기술의 현재와 미래 (3판)

국립중앙도서관 출판시도서목록(CIP)

해양과학기술의 현재와 미래 / 3판 / 김웅서, 강성현 엮음. -- 안산 :
한국해양과학기술원(전 한국해양연구원), 2012년 7월 1일
p.240 ; 18.8×25.7cm

ISBN 978-89-444-1023-9 04450 : ₩18,000
ISBN 978-89-444-1022-2(세트) 04450

해양 과학[海洋科學]

454-KDC5
551.46-DDC21 CIP2011005629

해양과학총서 1

해양과학기술의 현재와 미래

발행인 | 강정극
발행처 | 한국해양과학기술원
책임편집 | 김웅서, 강성현
출판기획 | 한종엽, 함춘옥
편집디자인 | 모모새비지니스
인쇄 | 올리브 디앤피
표지 일러스트 | 손정호

초판 1쇄 발행 | 1990. 08. 15
2쇄 발행 | 1995. 12. 30
2판 발행 | 2005. 12. 15
3판 발행 | 2012. 07. 01

출판등록 | 1990. 09. 07 안산시 제9호
ISBN 978-89-444-1022-2 (세트)
ISBN 978-89-444-1023-9 (04450) 값 18,000원

한국해양과학기술원 www.kiost.ac
주 소 | 426-744 경기도 안산시 상록구 해안로 787
Tel. 031)400-6000
주문·보급 | 계백북스
Tel. 02)734-2267, 734-9914 Fax. 02)736-9917

해양과학기술의 현재와 미래 3판

김웅서 · 강성현 엮음

목 차

1장 해양과학기술의 현재와 미래

지난 세기 동안 해양 선진국들은 막대한 예산과 인력을 투입하여 해양을 탐구하고 개발해 왔다. 우리는 미래의 보다 나은 삶을 위해 해양과학기술을 발전시키지 않을 수 없다.

2장 해양자원의 개발

바다는 생물자원, 광물자원, 에너지자원, 공간자원, 수자원 등을 간직하고 있는 지구의 보물창고이며, 이 해양자원들은 인류의 밝은 미래를 약속해 주는 바다의 선물이다.

3장 해양환경 보전과 재해방지

우리나라 주변 해역은 환경오염으로 몸살을 앓고 있으며,
매년 태풍과 해일 등의 자연재해로 많은 피해를 입고 있다

4장 해양탐사와 해양기술

해양과학기술의 발달로 바다는 더 이상 인류가 두려워하는
공간이 아니라 친근한 우리 삶의 터전으로 다가오고 있다.

부 록

바다는 우리의 희망이며,
우리가 살아갈 새로운 삶터이다.

바다는 다양한 자원의 보물창고이고, 무한한 에너지의 원천이며, 지구의 기후를 좌지우지하는 최대의 조절자이자, 지구 생명체 탄생의 고향이다. 바다는 거대한 크기만큼이나 우리 인류에게 막대한 영향을 미칠 수 있는 힘과 가능성을 가지고 있다. 이러한 이유로 많은 미래학자들은 21세기는 해양의 시대가 될 것이며, 인류의 미래가 바다에 달려있다고 예견하고 있다. 바다는 인류의 미래를 풍요롭게 해 줄 우리의 희망이며, 우리가 살아갈 새로운 삶터이다. 바다에서 일어나는 현상들을 과학적으로 이해하고 예측하며, 지속가능한 이용이 가능하도록 가꾸어 가는 것은 미래 세대의 안전하고 행복한 삶을 보장하는 밑거름이 될 수 있다.

인류는 인구 증가에 따른 육상자원의 고갈, 환경오염과 생태계 훼손, 주거공간의 부족 등으로 활동 영역을 점차 바다로 넓혀 가기 시작했다. 해양생물로부터 의약품을 만들고, 미세 조류로부터 바이오 연료를 추출하고, 남획으로 비롯된 수산자원의 고갈을 해결하기 위해 바다목장을 설치한다. 심해에서 유용한 금속자원을 얻기 위해 심해저 광구를 개발하고, 물속에 녹아있는 물질을 추출하기 위해 노력하고 있다. 조석 간만의 차나 빠른 조류, 파도, 해수의 온도차를 이용해 전기를 생산하여 청정에너지를 공급한다. 깊은 바다에서 심층수를 끌어올려 음용수와 화장품을 만드는 등 산업적으로 활용하기도 한다. 바다위에 인공 섬을 건설하거나 바다 속에 거주지를 조성하려고 한다.

바다를 이용하고, 바다를 탐구하고, 바다로 뻗어나가기 위한 과학기술의 속도는 실로 엄청나게 빠르다. 더구나 해양과학기술은 모든 자연과학 분야와 다양한 공학 분야를 포함하는 종합적인 특성을 가지고 있어, 일반인들이 거대한 해양과학기술 분야의 세세한 것까지 파악하기는 쉽지 않다. 이 책에서는 최신 해양과학기술의 현황을 파악하고, 빠르게 발전하는 해양과학기술의 미래가 어떻게 될 것인지 총체적으로 조망해보고자 하였다.

이번에 나온『해양과학기술의 현재와 미래』는 그 뿌리를 21년 전 발간된『해양개발의 현재와 미래』에 두고 있다. 한국해양과학기술원에서 해양과학총서 1권으로 발간한『해양개발의 현재와 미래』는 1990년에 초판이 나왔으며, 5년 후인 1995년 재고 소진으로 2쇄를 찍었다. 초판이 나온 지 15년이 흐르자 해양과학기술의 눈부신 발전으로 새로운 내용을 수록해야 할 필요성이 제기되어, 2005년에 개정판을 발간하게 되었다. 당시 책의 내용은 물론 표지도 산뜻하게 다시 태어났다. 해양과학기술의 발전 속도는 점점 가속화되어 개정판이 나온 지 6년이 지났을 뿐인데, 다시 각 분야에 새로운 내용을 추가해야할 필요성이 제기되었다.

이번에 개정 발간된 책은 사진과 그림을 많이 넣어 자칫 딱딱한 분위기의 해양과학기술 내용을 그림 책 보듯 부담 없이 읽으면서 이해할 수 있도록 하였다. 그리고 책의 제목도 개발 일변도의 인상을 주는 해양개발의 현재와 미래 대신 해양과학기술의 현재와 미래로 바꾸어 책의 내용에 맞도록 보완하였다. 국내 과학서적 가운데 개정에 개정을 거듭하여 발간된 예는 그리 많지 않다. 이 책이 세 번째 옷으로 갈아입을 수 있었던 것도 독자들의 꾸준한 사랑이 있었기 때문이다.『해양과학기술의 현재와 미래』가 아무쪼록 삼면이 바다로 둘러싸인 우리나라를 해양강국의 대열에 올려놓는 데 일조를 하였으면 하는 바람이다.

한 권의 책이 태어나기 위해서는 많은 산고를 겪게 된다. 책이 출판될 즈음에는 그러한 고통 때문에 다시는 책을 만들지 말아야지 하는 생각도 갖게 된다. 하지만 한 권의 책이 세상에 태어나서 독자들의 품에 안기고 나면, 금방 다시 책을 만들고 싶은 열정에 사로잡힌다. 그래서 책을 만드는 과정의 산고를 잊기도 전에 다시 책을 만드는 일을 시작하게 된다. 아마도 책 발간의 매력은 한번 태어나면 영원히 세상에 남기 때문일 것이다. 이 책이 세상에 나올 수 있도록 지원을 아끼지 않으신 강정극 원장님께 감사드리며, 이 책의 발간을 위해 애써주신 한국해양과학기술원 해양과학도서관의 한종엽 관장님과 최형태, 함춘옥 두 분 선생님께 고마움을 표한다.

2012. 7. 1

편저자 김웅서, 강성현

바다를 지배하는 자가 세계를 지배한다

해발 8,000 m가 넘는 봉우리를 14개나 가지고 있는 히말라야도 약 5천만년 전에는 깊은 바다 속에 잠겨있었다. 그 때문에 지금도 히말라야의 눈 덮인 절벽에서는 바다에 살았던 생물의 화석이 발견되곤 한다. 지금의 바다 속에는 히말라야의 높이보다도 더 깊은 1만 m 이상의 해구도 여럿 있지만, 언젠가는 이 깊은 바다가 다시 육지가 되고 지금의 육지들은 물에 잠기게 될는지도 모른다.

우리가 삶을 영위하는 100년이나 역사상 수천 년의 시간단위는 지질시대의 시간과 비교하면 매우 짧은 순간에 불과하다. 지구가 탄생하고 바다가 생성된 이후 첫 생명의 흔적이 바다에서 출현하기까지는 10억년 이상이나 걸렸으며, 인간이 지구상에 나타난 것은 180만년 전으로 추정되고 있다. 장구한 지질시대에 비하면 인간은 아주 짧은 시간 동안 현대문명을 창조했다고 볼 수 있다.

사람들은 연안에서 해산물을 얻는데 만족하지 않고, 미지의 세계인 바다로 모험의 길을 떠났다. 기원전 3000년경 이집트에서는 고대 선박이 건조되었고, 기원전 1400년경 페니키아인들은 지중해 연안을 중심으로 세력을 넓혀 나갔다. 그 후 그리스, 로마, 카르타고 등 여러 민족이 활발한 해상 활동을 통해 강국으로 발전했다. "바다를 지배하는 자가 세계를 지배한다"는 말처럼 20세기 서구 열강들은 바다로 진출한 해양강국들이었다. 각국에는 임해 공업단지와 연안 도시가 새로이 건설되었고, 대규모 항만들은 국제무역의 중심지가 되었다.

많은 미래학자들이 예견했듯이 21세기는 '해양의 시대'인 것을 누구도 부인할 수 없다. 21세기는 해양이 제공하는 자원을 누가 더 잘 보전하고 지속가능하게 이용하느냐가 국가 성장에 큰 영향을 미치는 시대가 될 것이다. 세계 각국은 비좁은 육지에서 벗어나 생명의 근원지이며 아직도 많은 미답지를 가지고 있는 바다에서 자원을 개발하고 이용하고자 노력하고 있다.

해양개발은 바다가 가지고 있는 모든 가능성을 인간의 미래를 위해 새롭게 창조해 나가는 행위를 일컫는다. 해양개발의 의미 속에는 인간이 해양자원을 일방적으로 이용

하는 것이 아니라 해양자원을 지속가능하게 사용하고 가치를 극대화할 수 있도록 보살핀다는 개념이 포함되어 있다. 지속가능한 해양개발 개념은 그동안 인간 활동에 의해 파괴되고 훼손된 자원까지도 원상태로 되돌려 놓는 것까지도 포함한다.

바다의 가치를 극대화하기 위한 해양개발의 여러 가지 꿈들은 점점 구체화되어 현실로 다가오고 있다. 우리나라는 여러 해양 선진국들과 비교할 때 해양에 대한 연구와 개발의 역사가 짧지만, 지난 삼십년 동안 괄목할 만한 발전을 거듭해 왔으며, 해양강국으로서 주도적인 역할을 수행할 수 있는 수준에 도달했다고 해도 과언이 아니다. 그러나 일반 국민들이 가진 해양에 대한 인식은 크게 달라지지 못한 것이 사실이다. 우리나라가 미래의 해양강국으로 발돋움하기 위해서는 우리의 내면에 남아 있는 소극적인 해양관을 떨치고 보다 진취적이며 실질적인 해양개척의 의지를 키워나가지 않으면 안된다.

『해양개발의 현재와 미래』는 해양개발의 무한한 가능성과 해양을 이용하려는 인간의 끊임없는 노력, 그리고 해양을 지키고 보전해 나가기 위한 방법들을 광범위하게 다룸으로써 많은 사람들에게 바다를 보다 친숙한 공간으로 인식시키려는 의도에서 기획되었다. 1990년 초판과 1995년 2쇄가 발간된 이래, 이 책은 많은 학생들과 일반인들에게 사랑을 받았다. 그동안 해양과학의 눈부신 발전으로 이 책에 최근의 동향과 새로운 내용들을 담아야할 필요성이 제기 되어 개정판을 발간하게 되었다.

개정판을 준비하면서 대부분 원고를 새로 써야 할 만큼 지난 십여년간 해양개발이 빠르게 진행되고 있음을 실감할 수 있었다. 이 책에서 지면상 제약때문에 교과서와 같은 기초적인 지식을 자세히 언급할 수는 없었으며, 해양개발의 모든 측면을 다룰 수는 없었다. 해양과학의 여러 분야에 심층적인 지식을 원하는 분들은 해양과학총서 시리즈 2권~9권을 참고해 주시길 바란다.

개정판 발간을 위해 각 분야에서 원고 작성과 자료제공에 애써 주신 모든 분들께 진심으로 감사드리며, 귀중한 사진들을 선뜻 내어주신 여러분들께도 다시 한번 심심한 사의를 표한다. 그리고 이 책이 준비되고 나오기까지 자료 정리와 원고 검토 등 여러 가지로 애써주신 함춘옥, 한종엽, 송기섭 선생님에게도 감사드린다.

2005. 12

편저자 김웅서, 강성현

해양과학기술의 현재와 미래

Present and Future of Marine Science and Technology

지난 세기 동안 해양 선진국들은 막대한 예산과 인력을 투입하여 해양을 탐구하고 개발해 왔다.
우리는 미래의 보다 나은 삶을 위해 해양과학기술을 발전시키지 않을 수 없다.

해양의 중요성

바다는 다양한 자원의 보고이며, 인류의 현재와 미래를 위해 아끼고 가꾸어야 할 마지막 희망이다.

김웅서 한국해양과학기술원

이미 오래전부터 해양 선진국들은 막대한 예산과 인력을 투입하여 해양을 탐구하고 개발하기 위하여 노력해 왔으며, 그 노력의 대가로 미지의 세계였던 바다의 신비가 점차 과학적으로 밝혀지고 있다. 그러나 현재까지 인류가 바다에 대해서 알고 있는 사실은 그야말로 빙산의 일각에 불과하다. 아마도 우리가 알고 있는 심해에 대한 지식은 지구에서 멀리 떨어져 있는 달에 대해 알고 있는 지식에도 훨씬 못 미치는 수준으로, 이제 막 걸음마를 시작하는 단계라고 할 수 있다.

바다는 생물자원, 광물자원, 에너지자원, 수자원 등과 같은 다양한 자원을 간직하고 있는 지구의 보물창고이므로 인류의 미래가 바다에 달려 있다고 해도 과언이 아니다. 인류의 보다 나은 미래를 위하여 우리는 바다를 연구하고, 해양과학기술 개발을 위해 부단히 노력해야 한다.

● 끝없는 바다

우주에서 바라본 지구는 코발트색의 빛나는 보석처럼 아름다운데, 그 이유는 지구 표면의 대부분이 바다로 덮여져 있기 때문이다. 좀 더 구체적으로 말하면, 지구 표면적 5억 1천만 km^2 중에서 약 70%에 해당하는 3억 6천만 km^2가 바다인 것이다.

오대양 가운데 가장 넓은 표면적을 가진 것은 태평양으로 약 1억 6,500만 km^2이며, 그 다음이 약 9,800만 km^2의 대서양 그리고 약 6,500만 km^2의 인도양, 약 3,200만 km^2의 남극해(남빙양, 남대양), 약 1,500만 km^2의 북극해(북빙양)의 순이다. 우리나라 남북한을 합한 한반도 전체 면적이 약 22만 2천 km^2 정도인 것을 생각하면, 태평양은 한반도의 약 750배에 해당하는 셈이다. 바다의 평균 수심은 약 3,800m라고 알려져 있었으나, 최근에 보다 정밀한 측정기기에 의해 측정한 결과, 바다의 평균 수심은 약 3,682m인 것으로 보고되었다. 또한 이 보고에 의하면 표면적이 가장 넓은 태평양은 평균 수심도 가장 깊어서 약 4,637m이고, 대서양이 약 3,926m, 인도양이 약 3,923m, 남극해가 약 4,000~5,000m, 북극해가 약 1,038m인 것으로 밝혀졌다.

대양별 최대 수심을 살펴보면, 태평양의 경우 필리핀 부근의 마리아나 해구에서 약 1만 1천 m로 모든 대양 가운데 가장 깊으며, 대서양은 푸에르토리코 해구에서 8,605m, 인도양은 자바 해구에서 7,450m, 남극해는 7,235m, 북극해는 5,450m이다. 육지의 평균 고도가 약 840m이므로, 만약에 육지의 흙으로 바다를 골고루 메운다면 지구는 평균 수심이 약 2,440m에 달하는 물로 덮이게 된다고 한다. 그렇게 되면 그야말로 지구는 바다로 뒤덮인 행성이 되는 셈이다.

바다가 광활한 만큼 각 대양에 담겨 있는 바닷물의 양도 엄청나다. 태평양은 약 6억 7천만 km^3, 대서양이 약 3억 6천만 km^3, 인도양이 약 2억 km^3, 남극해가 1억 2천만 km^3, 북극해가 1,700만 km^3로 바닷물의 양은 총 13억 6천7백만 km^3가 된다. 이를 톤수로 환산한다면 약 1.4×10^{18}톤이라는 엄청난 양이 된다.

인류는 1969년 7월 16일 미국 우주선 아폴로 11호에 의해 약 38만 km 떨어진 달의 표면에 암스트롱과 올드린 두 지구인의 발자국을 남겼고, 1977년 발사된 우주탐사선 보이저 1호와 2호는 달보다 훨씬 더 먼 약 40억 km 넘게 떨어져 있는 해왕성의 사진을 찍어서 보내줄 만큼 과학적인 기술을 갖추고 있다. 이제 몇 년 후면 보이저 1호와

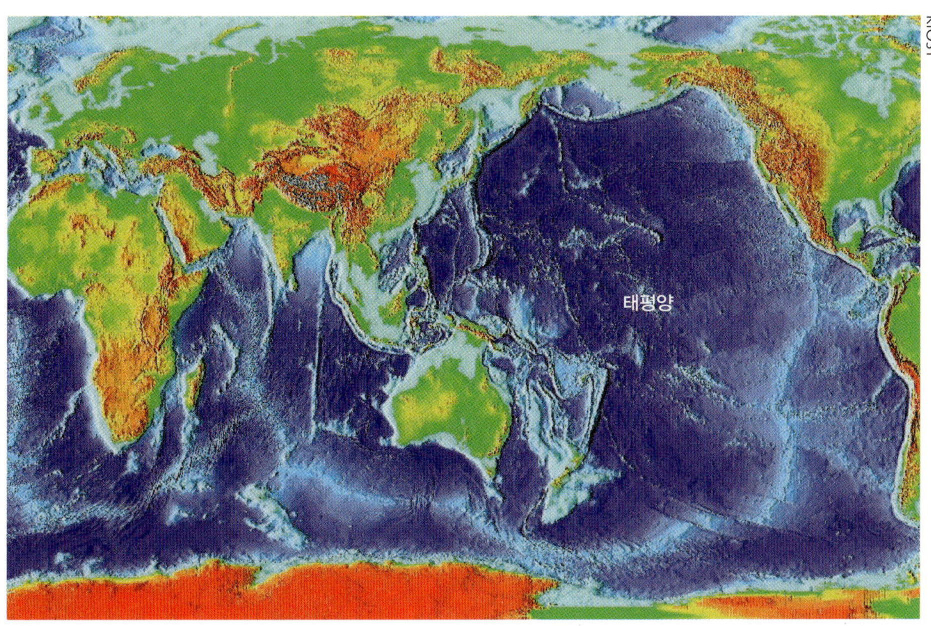

KIOST

해저 지형도
태평양은 대양 중 가장 넓어 한반도의 약 750배에 달한다.

2호는 태양계를 완전히 벗어나 광활한 우주로 나갈 것으로 전망되고 있다. 이와 마찬가지로 인류는 해양에서도 과학적 탐사를 계속해서 수행하고 있으나, 안타깝게도 광활한 바다의 대부분은 아직까지도 미지의 세계인 채로 남아 있다. 바다의 최대 수심은 약 11km로 알려져 있다. 일반적으로 수심이 10m 깊어질 때마다 압력은 1기압씩 증가하는 것을 감안할 때, 수심 11km에서의 압력은 1,100기압이나 된다. 그러므로 이 엄청난 수압이 내리누르는 심해를 탐사하는 것은 그리 쉬운 일이 아니다. 또한 심해는 수압이 높을 뿐만 아니라, 수온이 냉장고 속처럼 차갑고 빛이 없는 환경이기에, 생물이 살기에 적합하지 않으며, 더욱이 인간이 접근하기에는 많은 어려움이 있다.

바다는 항상 우리의 곁에 있지만, 지금까지는 두터운 장막 속에 가려져 있는 존재였다. 그러나 현재는 심해잠수정 등을 이용하여 깊은 바다 속을 탐사할 수 있게 되어서 심해의 신비가 조금씩 밝혀지고 있다.

● 생명 탄생의 고향

지구는 우리 태양계에서 유일하게 생물이 살고 있는 생명력이 넘치는 행성이다. 지구처럼 생물이 살기에 적합한 행성은 태양계는 물론이고 우주 어디에서도 아직까지 발견되지 않았다. 지구가 이렇게 생물이 살기에 적합한 환경이 된 것은 바다가 있기에 가능했다.

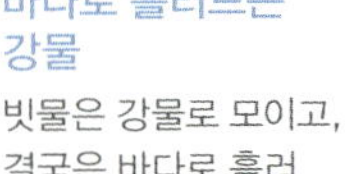

바다로 흘러드는 강물

빗물은 강물로 모이고, 결국은 바다로 흘러 들어가, 생명체 탄생의 보금자리가 되었다.

지구와 바다는 어떻게 만들어졌을까? 이에 대한 대답을 명확하게 할 수 있는 사람은 아무도 없을 것이다. 다만 과학자들은 약 150억 년 전에 있었던 빅뱅(big bang)이라 알려진 초기 우주 대폭발의 결과로 우주가 탄생되었고, 그로부터 100억 년 이상이 지난 후, 우주공간에 있던 가스와 먼지의 소용돌이가 수축되면서 태양이 생겨났다고 추측하고 있다. 이때 태양이 만들어지면서 그 주변에 남아 있던 물질들이 서로 뭉쳐져서 지구와 같은 행성들이 만들어지게 되었다는 것이 지구 탄생에 대한 설명이다.

지구가 만들어진 것은 약 46억 년 전의 일이다. 가스가 빠지면서 수축된 지구는 인력이 강해져서 주변에 있는 물질들을 잡아당겨 크기를 점점 키웠고 지구 중심부는 엄청난 중력과 핵반응으로 온도가 올라가서 지금의 마그마와 같은 액체 상태로 되었다. 끊임없는 화산활동으로 용암이 분출되고 수증기와 다른 기체들이 뿜어져 나왔다. 이때 무거운 물질들은 가라앉고 수소, 헬륨, 메탄, 이산화탄소, 암모니아, 황화수소, 수증기 등과 같은 가벼운 기체들은 지구 표면으로 떠오르면서 원시 대기가 만들어졌다. 그리고 지구가 식어가면서 수증기는 비가 되어 내렸고, 지구 표면의 낮은 곳에 고이기 시작했는데, 이것이 바다의 시초라고 생각되며, 지금으로부터 약 35~40억 년 전의 일이다. 우리는 실험을 통해서 물이 끓으면 수증기로 변하고, 식으면 다시 물방울로 되는 것을 쉽게 관찰할 수 있다. 바닷물도 태양열에 의해 데워지면 증발하여 하늘로 올라가 구름이 되는데, 이 구름이 다시 찬 공기를 만나면서 식어서 비가 되어 내린다.
빗물이 강으로 모이고 결국은 바다로 흘러 들어가는 순환과정을 계속 거치면서, 바다는

mms

수평선에 걸린 구름
바닷물은 태양열을 받아 증발하여 구름이 되었다가 비가 되어 내리는 순환을 반복한다.

생명을 잉태할 준비를 갖추게 되었다.

바다는 육지보다 환경 변화가 비교적 적기 때문에 생물이 생겨나기에 유리한 곳이다. 물은 비열이 커서 온도 차이가 적을 뿐만 아니라 온도 변화도 더디게 일어난다. 그렇기 때문에 생물은 육상에서 경험하는 극심한 더위와 추위를 바다에서는 경험하지 않아도 된다. 더욱이 바다에서는 생물의 생존에 필요한 물이 풍부하기 때문에 물 부족을 염려할 필요가 없으며, 육지에서와 같은 거친 환경에서 자신의 몸을 보호하기 위해 골격이나 외피를 발달시킬 필요도 없다. 바다는 생물이 탄생하기에 적합한 환경으로 마치 어머니의 자궁과 같이 아늑한 장소이다.

과학자들은 지구상에 최초의 생물이 나타난 시기를 지금으로부터 약 30억 년 전쯤으로 생각하고 있다. 이때는 대기 중에 산소 대신 메탄이나 암모니아 같은 기체들이 있었다. 그런데 이러한 물질들은 번개가 칠 때마다 생물체의 몸을 이루는 중요한 물질 중의 하나인 아미노산으로 만들어지고, 이 아미노산이 복잡하게 결합되면서 그 주위에 세포막과 같은 얇은 막이 만들어져서 '코아세르베이트'라는 원시 형태의 세포가 형성되었다.

오파린(Alexander I. Oparin, 1894~1980)이나 밀러(Stanley L. Miller, 1930~2007)와 같은 과학자들은 실험실에서 원시 대기와 비슷한 환경조건에서 아미노산이 만들어지는 것을 확인하였다. 이렇게 생겨난 원시 형태의 세포가 오랜 지질학적 변화의 세월을 거치는 동안 진화하여, 현재와 같은 다양한 생물로 갈라지게 되었다. 실제로 아주 오래된 화석에서 발견된 생물들의 대부분이 바다에서 살던 것들이었으며, 지금도 바다에는 육지에서 찾아볼 수 없는 다양한 종류의 생물들이 살고 있는데, 이들 생물의 체액 성분을 분석해 보면 해수의 화학성분과 비슷하다. 이러한 여러 가지 점들이 바다가 생명 탄생의 보금자리라는 가설을 뒷받침해 주고 있다. 또한 1977년 미국 우즈홀해양연구소(WHOI)의 심해유인잠수정인 앨빈(Alvin)호가 동태평양 해저 2,600m의 열수분출공에서 황화수소를 이용하여 화학합성을 하는 박테리아를 근간으로 형성된 새로운 생태계를 발견한 것도 이 가설에 힘을 실어 주었다. 온도가 350℃가 넘는 뜨거운 물이 솟아나오고, 황화수소 등과 같은 화학물질이 분출되는 열수분출공의 주변환경이 마치 원시 지구의 환경과 흡사했기 때문이다.

● 무한한 에너지원

2004년 12월 26일 인도네시아에서 발생한 해저지진으로 생긴 지진해일(쓰나미)로 10만 명 이상의 사람들이 사망하였다. 갑자기 몰아닥친 파도는 인도네시아를 비롯하여 인도양에 인접해 있는 여러 나라의 해안가 마을을 초토화시켜 버렸다. 그리고

mms

무한한 힘의 원천
끊임없이 밀려오는 파도는 미래의 청정에너지원이다.

2011년 3월 11일 일본 동북부 인근 해저에서 일어난 지진으로 생긴 지진해일 역시 바다의 가공할만한 힘을 보여주었다. 이런 경우에서 보듯이 바다는 인간이 상상조차 하기 어려운 엄청난 힘을 가지고 있다. 바다가 지닌 에너지 종류는 태양으로부터 받은 열에너지와 파도, 조류, 해류로부터 나오는 운동에너지가 있다. 해양에너지의 양은 무한하고, 공해를 발생시키지 않기 때문에 미래의 청정에너지원으로 각광받고 있다.

태양복사에너지가 지구에 도달하면 약 51%는 지표면이나 해수면에 흡수되어 열로 바뀌게 된다. 그러나 물은 비열이 높기 때문에 많은 태양복사에너지가 유입되어도 수온이 그다지 올라가지 않으며, 다량의 열을 방출하여도 수온이 별로 낮아지지 않는다. 예를 들어, $1m^3$의 바닷물이 1℃만큼 온도가 내려가면서 방출한 에너지로 공기 $3,000m^3$의 온도를 1℃만큼 높일 수 있다.

만약에 지구가 둥근 원형이 아니라 태양을 향해 평면으로 되어 있다면 태양에너지는 지표면 어디에나 고르게 분포했을 것이다. 그렇지만 지구는 공처럼 둥근 모양으로 위도에 따라 태양에너지의 입사각이 다르기 때문에 적도지방은 극지방보다 더 많은 태양복사에너지를 흡수하게 된다. 그러므로 적도의 더운 바닷물이 극지방 쪽으로 흐르지 않았다면 극지방은 지금보다 훨씬 더 추웠을 것이다. 끊임없이 움직이는 해류는 막대한 양의 열을 운반하면서 지구의 기후를 조절하는 역할을 한다. 바다는 태양복사

김웅서

진도의 울돌목
전라남도 진도의 울돌목은 조류가 빠르게 흘러 조류발전이 가능한 곳이다.

에너지의 저장 창고이며, 지구의 열조절기라고 할 수 있다. 열이 넉넉할 때 에너지를 저장해 두었다가 모자랄 때 방출함으로써 생물들이 살아가는데 알맞은 환경을 만들어 준다.

세계의 에너지 소비량은 계속 증가하고 있으나, 화석에너지 매장량은 한정되어 있기 때문에 새로운 대체 에너지원을 개발해야 하는 시점에 와 있다. 그러므로 태양열과 풍력 그리고 조류나 해류, 파도 등과 같은 무한한 바다의 운동에너지가 그 좋은 대안이 될 수 있다.

밀물과 썰물 때에 발생하는 해수면의 높이 차를 이용하여 전기를 만드는 것을 조력발전이라고 한다. 프랑스를 비롯한 세계 여러 나라에서는 이미 조력발전소를 만들어서 전기를 생산하고 있으며, 우리나라도 2011년 8월 말부터 시화호에 위치한 세계 최대 조력발전소에서 시험 발전을 시작하였다. 또한 끊임없이 출렁거리는 파도의 상하운동을 이용하여 파력발전을 할 수 있고, 조류가 강한 곳에서는 조류발전을 할 수 있다. 한편 표층수와 심층수 간의 수온 차이를 이용한 해양온도차발전 기술도 개발되었다. 우리나라 서해안은 조석간만의 차가 크기 때문에 조력발전을 하기에 적합한 곳이 많이 있으며, 조류가 강한 전라남도 진도의 울돌목에서는 시험적으로 조류발전을 하였다.

다양한 자원의 보고

바다는 우리가 필요로 하는 거의 모든 물질을 간직하고 있을 뿐만 아니라, 그 보유량도 천문학적인 숫자에 달하는 것들이 적지 않다. 먼저, 막대한 양의 해수 그 자체가 자원이라고 할 수 있다. 지구상에 존재하는 물의 97.2%는 바닷물이고, 2.1%는 얼음으로 존재한다. 그나마 지하수가 0.6% 정도라고 하니 실제로 우리가 사용할 수 있는 지표수는 불과 0.1% 밖에는 되지 않는 것이다.

인간은 물 없이는 살 수 없다. 그런데 생활의 질이 향상되면서부터 물의 사용량도 점차 늘어나게 되었고, 많은 나라가 물 부족현상을 겪고 있다. 우리나라도 이미 국제연합(UN)에서 물 부족국가로 분류되고 있다. 현재는 중동지역이나 담수가 부족한 섬지역에서만 해수를 담수로 만들어 사용하고 있으나, 앞으로는 물 부족 해소를 위해 무궁무진한 양의 해수를 담수로 만들어 사용하는 것이 세계적으로 보편화될 것이다.

최근에는 해양심층수가 인기를 얻고 있다. 해양심층수는 수심 200m이상 깊은 곳에 있는 바닷물로, 수온이 낮고, 영양염류가 풍부하며, 표층수보다 깨끗하고, 각종 미네랄이 많이 들어 있어서 식수나 음료수는 물론 식품, 화장품 등을 만들때에도 사용된다. 또한 바닷물 속에는 인간에게 꼭 필요한 소금이 들어 있다. 소금은 식품을 저장하고, 음식의 맛을 내는데 사용될 뿐만 아니라, 생물들의 생리활동에 필수적인 화학물질이다.

해양심층수 개발 조감도
해양 심층수에는 인이나 질소 등의 영양염류가 풍부하고, 지상에서 들어오는 오염물질이 적다.

KIOST

사할린 해상에 설치한 해양플랫폼 LUN-A

이같은 해양플랫폼은 세계 여러 곳의 해저유전에서 석유를 생산하고 있다.

삼성중공업

삼성중공업이 건조한 200만배럴급 부유식 원유 생산 저장하역 시설 (Floationg Production Storage and Offloading Unit, FPSO)

삼성중공업

해수 1ℓ 중에는 평균 34g의 염분이 들어 있으므로, 지구상에 있는 바닷물의 총량 약 1.4×10^{18}톤에 녹아 있는 염분을 계산하면 47.6×10^{18}kg이라는 어마어마한 양이 된다. 만약에 바닷물을 모두 증발시켜서 얻은 소금을 육지에 쌓아놓는다면, 육지는 150m 높이의 소금 산에 묻히게 된다는 계산 결과도 있다. 그리고 바닷물 속에는 금, 백금, 우라늄, 몰리브덴, 리튬 등 육상에서 발견되는 대부분의 유용원소가 엄청난 양 녹아 있다. 그렇지만 그 농도가 아주 낮아서 추출하는 비용대비 경제성을 고려할 때 아직 바닷물에 녹아 있는 유용원소들이 활발하게 이용되고 있지는 않다. 예를 들어, 전체 바닷물에는 금이 약 5억 kg이나 들어있지만, 금 4g을 얻으려면 바닷물 1억 리터를 추출해야하므로 현재로서는 금값보다 많은 비용이 든다.

해저에는 석유나 천연가스, 가스 하이드레이트와 같은 화석에너지 자원이 묻혀 있다. 그래서 지금도 세계 여러 곳에 있는 해저유전과 가스전에서 석유와 천연가스를 생산하고 있으며, 특히 대륙붕에는 세계 원유 및 천연가스 매장량의 약 3분의 1 가량이 있을 것으로 추정되고 있다. 우리나라도 2004년 7월 동해에서 천연가스를 상업적으로 생산한 이래 계속해서 새로운 가스전을 개발하고 있다. 또한 해저에는 모래와 자갈과 같은 골재자원도 무궁무진하다. 우리나라는 급속한 도시화로 건축과 토목공사가 많아지면서 모래와 자갈과 같은 골재자원이 부족하게 되었다. 그래서 급기야는 바다 속에 있는 모래를 퍼내어 씻어서 건축자재로 사용하게 되었다. 이 외에도 해저에는 망간, 니켈, 코발트, 철, 구리, 아연 등의 금속을 포함하고 있는 망간단괴, 망간각, 열수광상 등과 같은 다양한 광물자원이 많다. 무엇보다도 바다는 헤아릴 수 없이 많은 종류의 물고기를 비롯하여 게, 새우, 바다가재와 같은 갑각류, 오징어, 문어, 굴, 대합과 같은 연체동물, 미역, 김, 다시마와 같은 해조류 등 인간에게 중요한 먹을거리가 되는 해양생물을 기르는 식량 창고이다. 광물자원의 경우에는 쓰면 쓸수록 그 자원의 양이 줄어들지만, 살아 있는 생물자원은 소비를 하더라도 계속해서 번식하면서 숫자를 늘려가므로, 관리만 잘 한다면 지속적으로 이용할 수 있다. 해양생물은 성장속도가 빨라서 육상생물에 비해 생산력이 훨씬 높다. 예를 들어, 50g의 달걀이 부화하여 5개월 만에 무게가 30배인 1,500g의 닭이 되는 것에 비해 0.01g도 못되는 물고기 알이 부화하여 같은 기간에 무게가 5만 배 늘어난 500g 의 성어가 되는 것을 비교하면 해양생물의 생산력이 얼마나 큰지를 알 수 있다.

광활한 바다는 이처럼 생명이 탄생한 고향이자 다양한 자원을 가지고 있는 보물창고이며 또한 무한한 에너지를 가지고 있는 발전소이다. 미래학자들이 왜 인류의 미래가 바다에 달려 있다고 하는지, 그리고 지속가능한 해양개발을 위한 해양과학기술의 중요성을 강조하는지 이제는 그 이유를 조금이나마 알 수 있을 것이다.

해양개발의 현주소

200해리 배타적 경제수역 시대, 첨단 해양과학기술력을 바탕으로 새로운 해양산업 창출이 시급하다.

권문상 한국해양과학기술원

예로부터 사람들은 바다를 낭만과 동경의 대상으로 생각해 왔다. 그러나 21세기 해양시대에 있어서 바다에 대한 인식의 전환은 무엇보다도 중요하다고 할 수 있다. 바다는 이제 단순한 동경의 대상이 아니라, 인간이 살아가는데 필요한 하나의 삶의 공간이라는 사실을 인정하고, 우리 모두가 바다를 소중히 하려는 마음을 가져야 한다. 바다는 인류가 생존을 위해 식량, 자원, 환경문제를 해결할 수 있는 마지막 남은 지구상의 공간이고, 석유와 천연가스, 메탄수화물, 망간단괴, 에너지 등 우리가 필요로 하는 자원을 많이 가지고 있으며, 다양한 생물이 살고 있는 자원의 보고이기 때문이다.

바다가 가지고 있는 무한한 잠재력과 그 자원을 개발하고 활용하지 못한다면, 인류는 더 이상 지구상에 살아남지 못할지도 모른다. 인간의 생존을 위한 도전은 풍요롭고 아름다운 바다를 어떻게 보호하고, 지속가능한 방법으로 풍부한 광물자원, 에너지자원, 수산자원, 공간자원을 어떻게 개발하고 활용해 나가는가에 의해 그 성패가 좌우된다고 해도 과언은 아닐 것이다.

● 다양한 해양 자원

해양자원은 크게 물질자원과 공간자원으로 나눌 수 있으며, 물질자원은 다시 생물자원과 무생물자원으로 구분된다.

생물자원은 해조류와 어류, 갑각류, 연체동물류, 포유류 등과 같이 재생산이 가능한 자원을 일컫는다. 생물자원은 수산자원으로서의 가치뿐만 아니라, 앞으로 생명공학기술을 이용하여 유용물질을 추출해 낼 수 있는 무궁무진한 가능성도 가지고 있다.

무생물자원으로는 석유, 천연가스, 메탄수화물과 같은 화석연료와 코발트, 니켈,

구리 등을 다량 함유한 망간단괴, 망간각 그리고 구리, 아연, 금, 은 등을 다량 함유한 해저열수광상 등이 있다. 또한 모래, 자갈 등의 골재와 얕은 바다의 표사광상에 분포하는 금, 백금, 주석 그리고 해수 중에 녹아 있는 우라늄, 리튬, 중수소, 붕소 등도 우리가 활용할 수 있는 무생물자원이다.

해양의 공간자원은 해상, 해중 및 해저의 모든 공간을 말하며, 해상교통과 생산, 주거, 저장 등 바다 공간을 이용할 수 있는 기술들이 발전하고 있다. 물질자원과 공간자원 이외에도 해류, 조류, 파도, 온도차 등과 같은 해양에너지를 이용하려는 시도 또한 주목할 만한 대목이다. 이러한 해양에너지는 재사용이 가능하며, 지구온난화의 주범인 이산화탄소를 배출하지 않는 청정에너지원이기 때문에 그 가치가 더욱 빛나고 있다.

세계 인구의 증가와 생활 수준의 향상 그리고 과학기술의 진보로 인하여 육상자원이 빠르게 고갈되면, 심각한 자원 부족 현상이 나타날 것이며 그 유일한 대응책은 해양자원의 개발이라고 할 수 있다. 우리는 유용한 해양자원의 조사와 활용 기술 개발을 적극 추진하되, 해양자원을 무분별하게 개발해서는 안 되며, 어떤 상황에서든지 자연과 환경의 지속가능성을 고려해야만 한다.

해양의 공간자원
바다를 우리의 생활공간으로 이용할 수 있는 기술들이 발전하고 있다.

mms

다양한 해양산업

해양산업은 고부가가치 지식산업으로 국민소득 향상에 크게 기여할 것이다.

해양산업의 현황

해양산업은 해양에서 자원을 얻거나 탐사활동, 공간이용 등을 통하여 이익을 추구하는 모든 기업 활동을 말한다. 즉, 해양산업은 해양개발과 관련된 1, 2, 3차 산업을 모두 포함하는 종합산업으로서 해운물류정보산업, 해양토목·해양구조물산업, 해양광업, 해양에너지산업, 수산양식업, 해양생명공학산업, 해양관광산업 등이 있으며, 인류의 미래를 위한 핵심 산업이다. 해양산업은 고부가가치 지식산업으로 해양과학기술의 발전과 더불어 국민소득 향상에도 크게 기여할 것이다.

해양 선진국에서는 첨단 해양과학기술로 만들어진 수심 6,000m 이상에도 들어갈 수 있는 유·무인잠수정을 이용하여 해양광물자원과 생물자원을 개발하고, 청정해양에너지 개발도 추진하고 있다. 또한 아직 미지의 세계인 심해를 탐사하고 자국의 배타적 경제수역(Exclusive Economic Zone, EEZ)에 대한 조사와 관리도 철저하게 실시하고 있다.

미국은 2010년 7월 'Stewardship of the Ocean, Our Coasts, and the Great Lakes'라는 국가해양정책을 대통령령의 행정 명령(Executive Order)으로 공포하면서 '국가해양심의회(National Ocean Council, NOC)'를 신설하였다. 이때 공포된 해양정책의 주요 골자는 해양, 연안 그리고 5대호에 대하여 해양공간계획(Marine Spatial Planning, MSP) 등을 통해 강력한 보호와 관리를 책임진다는 것이다. 또한 해양산업의 우위를 지속적으로 유지하기 위하여 해양방위기술, 북극에 대한 연구, 연안환경 보호와 오염방제, 선박평형수 처리, 외래종에 관련된 연구는 물론, 미지의 해양영역 선점에 필요한 심해잠수정과 해양연구선의 건조와 운영 그리고 첨단 해양연구에 필요한 장비 개발 등에 대규모 투자를 계획하고 있다.

일본은 이미 2008년 '해양개발기본계획'을 수립한 이후 해양개발과 이용, 해양환경 보전의 조화, 해양안전의 확보, 해양의 이해를 통한 과학적 지식의 축적, 해양산업의 건전한 발전, 해양의 종합적 관리 등의 분야에서 계획을 수립하여 균형 있게 추진하고 있다. 그리고 2009년에 수립된 '해양에너지 및 광물자원의 개발 계획'을 추진하기 위해 해양자원 이용을 촉진하기 위한 기반 툴 개발 프로그램, 메탄수화물 생산 기술 개발, 해저열수광상 개발을 위한 채광기술, 석유·천연가스 부존상황 조사 등에 대규모 예산을 투입하고 있다. 특히, 일본은 지진과 해일 등에 의한 피해가 크므로 이에 대비한 해양재해 저감기술에 국가적 역량을 집중하고 있으며, 해양생태계 변화, 해양생명공학기술 등에 관한 연구와 개발, 심해시추선과 자율무인잠수정(AUV) 개발에 중점을 두고 있다.

중국은 2009년 중국과학원 주도하에 '해양과학기술 로드맵 2050(Marine Science & Technology in China: A Roadmap to 2050)'을 수립했다. 해양과학기술 로드맵 2050은

해양환경과 안보에 중점을 두고 있으며, 특히 해양생물자원과 생명공학, 해양에너지와 광물자원, 해양관측 기술, 해수자원과 연안지역의 지속가능한 개발을 최우선 과제로 설정하였다. 한편, 2010년 '제12차 5개년 계획(2011~2015)'에서는 해양의 종합 관리 능력 향상에 목표를 두고 해양경제발전에 이바지하는 해양자원 개발, 해양생태 · 환경의 체계적인 보전, 해상교통로의 안전보장과 국가의 해양권익 유지를 기본 방향으로 설정했다. 그리고 향후 5년간 중국의 해양경제 규모를 확대하기 위하여 해역 이용 관리 강화, 도서 보호 관리 강화, 해양생태 · 환경 보전 강화, 해양과학기술력 증강, 해양권익 보호 능력 향상을 5대 중점 업무로 선정했다.

유럽연합(EU)은 2006년 유럽위원회(European Commission)에서 수립한 유럽연합 해양전략(EU Marine Strategy)의 실행 프로그램에서 우선순위로 제시한 기후변화, 생물다양성, 건강, 자원 이용 분야에 투자를 확대하고 있다. 또한, 해양지식 및 데이터의 중요성이 강조됨에 따라 2010년 유럽위원회는 'Marine Knowledge 2020'을 수립하였다.

우리나라는 2004년에 '해양과학기술 개발계획'을 수립하여 해양광물자원 개발, 해양에너지자원 개발과 해양생명공학기술 개발, 첨단 선박 · 항만기술 개발, 해양 구조물과 해양장비 개발, 해양오염방제기술 개발 등 해양산업을 정부 차원에서 집중 육성하기 위한 기반을 마련한 바 있다. 또한 2010년에는 해양수산발전기본법에 의거하여

친환경 대형·고속·첨단 항만 건설
해양산업 강국이 되기 위해서는 친환경 신항만 개발, 물류의 초고속화를 위한 차세대 운송 시스템 개발이 필요하다.

국토해양부

향후 10년(2011~2020) 계획인 '제2차 해양수산발전기본계획(Ocean Korea 21)' 수립을 완료하여 2011년부터 추진 중에 있다. 이 계획의 비전은 '2020년까지 국가 해양력 강화를 통한 세계적인 G7 해양강국 실현'이며, 3대 목표는 새로운 국제 해양질서에 따른 해양영역 확대, 세계적 변화에 대응한 해양산업 체제 개편, 해양의 지속 가능한 이용과 관리이다.

과학기술기본법에 의거 시행된 2008년 중점 과학기술 수준 평가에 따르면 해양과학기술 수준은 선진국 대비 70%, 기술 격차는 약 7년 정도 뒤처져 있는 것으로 나타났다. 특히, 해양영토 관리와 이용기술, 해양환경 조사와 보전·관리기술, 자연재해·재난 예방과 대응기술, 해양탐사 개발기술이 선진국과 비교하여 기술수준의 격차가 크게 나타남에 따라 이 분야에 집중적인 투자가 요구된다.

우리나라의 해양산업에서 창출되는 직·간접 부가가치 총액은 1998년 31조 7,630억 원으로 국내총생산(GDP)의 7%를 점유하였으며, 2003년에는 58조 7천억 원으로 전체 GDP(약 726조 원, 세계 11위)의 8%를 점유하였다. 향후 해양산업이 차지하는 GDP 비중은 2014년에는 약 9%, 2020년에는 약 10% 수준에 달할 것으로 전망된다. 우리나라는 세계 1위의 선박 건조량과 세계 3위의 컨테이너 처리량 그리고 세계 12위의 수산물 생산량을 기록하는 등 일부 해양산업은 이미 국제 경쟁력을 보유하고 있다. 그러나 지속적인 경쟁력 유지를 위해서는 심해저 광물자원 및 해양신물질 개발, 청정 해양에너지 개발, 해상도시와 인공섬 등 해양구조물 건설, 차세대 선박과 심해 탐사 장비 개발, 해운·항만산업의 획기적 신장, 수산업의 고부가 가치화 등이 시급하다. 그리고 무엇보다도 해양산업이 GDP 창출을 뒷받침하기 위해서는 우선적으로 해양과학기술에 대한 연구개발 투자를 확대해야 할 것이다.

● 해양관할권의 확대, 200해리 배타적 경제수역

1967년 유엔 총회에서 몰타(Malta)의 파르도(Arbid Pardo) 대사가 심해저와 그곳에 부존되어 있는 자원을 인류의 공동 유산으로 제안한 이후, 해양에 관련된 모든 법적 문제를 포괄하는 유엔해양법협약(United Nations Convention on the Law of the Sea, UNCLOS)이 1994년 11월에 발효되면서 신국제해양질서가 정착되었다. 이로써 국제해양법질서는 종래의 공해 자유의 원칙에 따른 넓은 공해와 좁은 영해 개념에서, 좁은 공해와 넓은 연안국 관할권 개념으로 전환되었다. 신국제해양질서의 가장 두드러진 내용은 연안국에게 주변 200해리 수역의 개발과 관리에 관한 주권적 권리와 배타적 관할권을 부여한 것이다. 배타적 경제수역은 12해리 영해 밖의 수역으로 영해 측정기선으로부터 200해리까지 연안국이 설정한 수역을 말한다. 배타적 경제수역의 중요성은 세 가지이다.

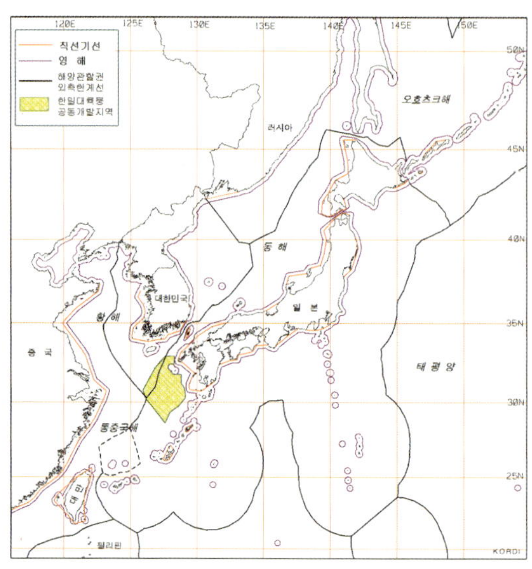

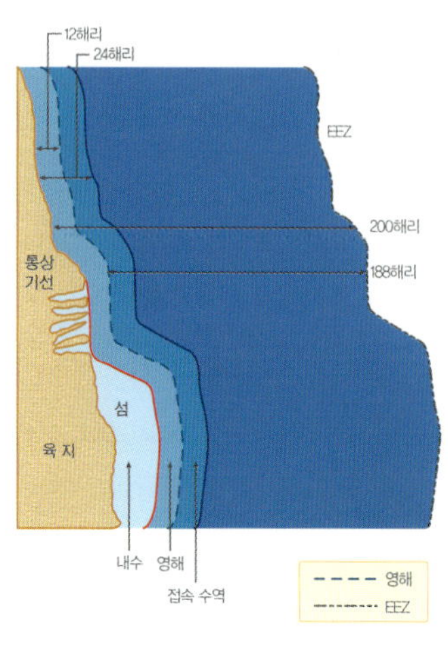

영해 및 배타적 경제수역(좌), 해양관할권도(우)
우리나라는 11,542km에 달하는 긴 해인신과 3,153개의 도서 등을 포함한 해양영토의 실효적 관리역량 강화를 위해 EEZ 및 대륙붕 경계 획정, 인접국 오염원 관리 등 국제 해양법상 야기되는 문제를 해결하고자 노력하고 있다.

첫째, 연안국은 배타적 경제수역 내에서의 생물자원과 무생물자원의 경제적 개발과 탐사활동에 대한 주권적 권리를 가진다. 둘째, 인공섬, 시설, 구조물의 설치와 사용, 해양과학 조사, 해양환경의 보호와 보존에 관한 관할권을 가진다. 셋째, 연안국 이외의 타국도 이 수역에서 항행의 자유, 상공 비행권과 관선(해저케이블이나 해저송유관 등) 부설의 자유를 누리며, 일정한 조건하에 생물자원의 개발에 참여할 수 있다.

이러한 중요성으로 인해 현재 130여 개 국가에서 배타적 경제수역을 설정하고 있으며, 세계 152개 연안국이 모두 배타적 경제수역을 설정할 경우, 전체 해양의 36%가 연안국 관할권에 귀속되며, 주요 어장의 90%, 대륙붕 석유 매장량의 89%가 포함된다.

우리나라를 비롯한 주변국 모두 배타적 경제수역을 선포하고 있으며, 주변 해양을 규정하는 양자조약으로는 우리나라와 일본국간에 체결된 '대한민국과 일본국간의 양국에 인접한 대륙붕의 북부 구역의 경계획정에 관한 협정(1974. 1. 30 서명, 1978. 6. 22 발효)'과 '대한민국과 일본국간의 양국에 인접한 대륙붕의 남부 구역의 공동개발에 관한 협정(1974. 1. 30 서명, 1978. 6. 22 발효)'이 있다. 그리고 한일, 한중, 중일 간 어업협정을 체결하여 어업에 관해서는 개별국간에 특별 관리를 하고 있다. 특히 우리나라의 주변 바다는 양쪽 해안 간의 거리가 400해리에 못 미치는 반폐쇄해로 중국, 일본 등과의 해양경계획정문제가 제기되고 있으며, 이와 함께 어족자원의 보호와 해양환경 보호를 위한 지역간의 협력이 요구되고 있다. 육상자원이 빈약한 우리나라는 남한 면적의 4.5배에 달하는 44만 7천 km^2의 배타적 경제수역(대륙붕 포함)으로부터 공간자원, 식량자원, 광물자원 및 에너지자원을 얻을 수 있기 때문에, 이를 체계적으로 관리 · 개발하는 시스템이 필요하다.

순천시

순천만
습지 보호지역

순천만 습지는 갈대 등 수생식물을 이용하여 수질을 자연정화하는 하수종말처리장 겸 생태공원이다.

● 해양개발과 보전의 조화

해양은 육상자원의 고갈로 인한 대체자원의 공급원으로 인식되어 과도한 개발이 이루어져 왔다. 해양은 광대한 규모임에도 불구하고 급속한 산업화와 생활 형태의 변화로 인하여 오염물질의 총량이 증가하고 오염도 점점 심각해지고 있다. 이러한 해양환경의 변화는 연안의 대규모 개발과 육상으로부터 유입되는 오염물질의 지속적인 증가가 주요 요인이며, 이로 인해 해양생태계가 위협받고 있다. 특히 해양생태계는 육상 오염물질의 해양유입, 선박 투기, 어구 방치 등으로 크게 훼손되고 있으며, 육상에서 배출된 중금속, 다이옥신 등 지속성 유기 오염물질의 유입은 해양생물뿐만 아니라 먹이사슬을 통해 다시 인간에게 악영향을 미치고 있다.

해양환경 보전 및 자원 관리를 위해 국제사회에서도 1992년 유엔환경개발회의 '의제 21', 1995년 유엔환경계획(United Nations Environment Program, UNEP)의 실천 계획 등을 통해 해양환경을 보호하도록 하고 있으며, 기후변화협약, 생물다양성에 관한 협약 등을 통해 해양환경 보전의 중요성에 대한 인식이 바뀌고 있다.

오늘날 갯벌이 해양생태계에서 중요한 역할을 하고 있다는 인식이 강해지면서 매립이나 간척이 거의 이루어지지 않고 있으며, 인공 하구언의 문제점을 해결하기 위해 하구언 제거를 시도하는 등 해양환경의 패러다임이 세계적으로 변화되고 있다. 즉, 바다는 자원 개발을 위한 무한한 공간뿐만 아니라 미래 세대의 생존의 장으로서 보호하고 보존해야 할 공간으로 인식되고 있다. 우리는 해양환경 보호뿐만 아니라 해양에 대한 지식의 폭을 좀 더 넓혀, 그동안 육지에서 해결하지 못했던 자원 및 환경과 같은 문제를 해양에서 해결하도록 하는 개척자의 정신을 가져야 할 것이다.

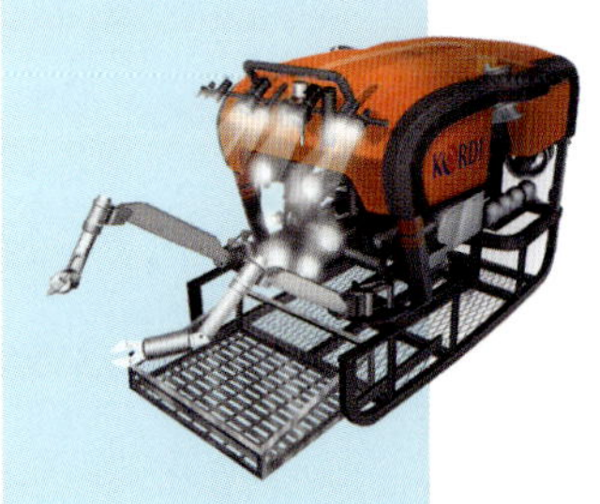

해양과학기술의 미래

환경, 자원, 산업 분야를 모두 포함한 해양과학기술은
우리 민족의 생존과 번영 그리고 삶의 질을 향상시킬 미래기술이다.

정회수 한국해양과학기술원

우리나라는 이미 1400여 년 전 신라시대 때부터 장보고 대사가 해상왕국을 건설하려 하였고, 남중국해와 아랍해에 이르는 광범위한 물류체계를 형성했으며, 수도인 경주는 국제도시로 발전한 역사를 가지고 있다. 고려시대에는 해상 호족들이 국가를 운영하였으며, 조선시대에는 안전한 해운을 위해 물류체계를 발전시키려고 노력하였다. 현재 우리나라는 수출입 물동량의 99% 이상을 해운에 의존하고 있으며, 선박 건조량이 세계 1위인 조선대국이다.

세계 정치 · 경제의 요충지에 위치한 우리나라의 지정학적 위치를 최대한 그리고 적극적으로 활용하기 위한 전략이 바로 물류중심 국가 건설이다. 이러한 국가 전략적 목표달성을 위해서는 항공 · 육상 · 해양 물류체계를 획기적으로 연계하여 발전시킬 필요가 있다. 이 가운데 해양 물류체계의 혁신은 해양과학기술의 몫이다. 최근에는 석유, 수산자원, 에너지, 공간자원 등의 보고로서 그리고 육상 오염물질의 처리장으로서의 바다의 역할도 크게 강조되고 있다.

지금은 해양산업 발달과 해양자원 개발 그리고 해양환경 보전 등 지속가능한 해양의 이용 · 개발을 위한 수많은 문제를 풀기 위해서는 먼저 해양과학기술이 무엇인지를 이해하고, 나아가 어떤 해양과학기술을 개발해야 하는지 그리고 개발전략은 어떻게 세울지에 대한 지혜를 모아야 할 때이다.

● 해양과학기술이란?

인간은 이미 오래 전부터 바다에 의지하며 살아왔으나, 본능적으로 물을 두려워했다. 그러나 한편으로는 동화 속 인어공주처럼 해중왕국의 생활을 동경해 왔다. 이러한 인간의 이면에는 물속에서 해양생물처럼 자유롭게 숨 쉬며 살았으면 하는 희망이 있었다. 이것은 인간의 활동 무대를 육지에서 바다로 전환하는 전혀 다른 형태의 삶을 의미한다. 해양과학기술(Marine Technology, MT)은 인간이 바다에서 자유롭게 활동하고 해양자원을 효율적으로 이용하려는 꿈을 가능하도록 해주는 과학기술로 정의되며, 꿈과 현실이 어우러진 미래 지향적인 과학기술이다.

바다는 인류의 생존과 번영에 없어서는 안 될 중요한 곳이다. 미국 예일대학교 폴 케네디 교수는 그의 저서 『21세기의 준비』에서 21세기에는 바다가 인류를 위해 중요한 역할을 할 것이라고 강조하고 있다. 해양의 무한한 가치는 해양과학기술에 의해서 밝혀질 수 있을 것이다. 아래에 있는 해양과학기술 개념도에서 보는 것은 앞으로 집중적으로 개발해야 할 해양과학기술 분야이다. 물속에서도 자유롭게 호흡하고, 통신하고, 이동할 수 있으며, 고래만한 광어를 길러 내고, 해상에 거대한 비행장을 만들며, 지구온난화의 주범인 이산화탄소를 해저에 저장하고, 시속 200km 이상의 속도로 달리는 빠른 배를 만드는 등 해양과학기술의 미래상을 보여주고 있다.

해양과학기술은 바다의 자연현상에 대한 원리를 규명하는 자연과학일 뿐만 아니라, 바다를 활용하는데 필요한 기술을 개발하고 문제를 해결하는 공학기술도 포함하는 복합과학기술이다. 즉, 생명공학기술(BT), 정보기술(IT), 나노기술(NT)은 핵심단위

해양과학기술 개념도
해양과학기술은 21세기 인류의 미래를 위한 과학기술이다.

KIOST

해양과학기술 분류도
해양과학기술 개발은 첨단해양산업 육성기술, 해양자원 개발 및 이용기술, 해양환경관리·보전 기술 등 세 분야에 걸쳐 추진될 예정이다.

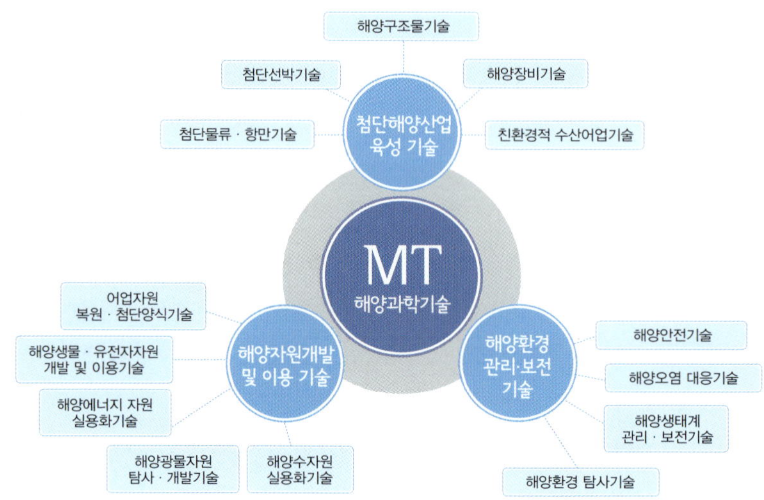

기술인 반면, 해양과학기술은 환경기술(ET), 우주기술(ST), 문화기술(CT)처럼 핵심 단위 기술들이 어우러진 복합 과학기술이다.

해양과학기술에는 해양학을 근간으로 물리학, 생물학, 화학, 지질학 등 기초과학과 조선공학, 기계공학, 전자공학, 토목공학 등의 응용공학이 융합되어 있다. 즉, 해양과학기술은 바다에 대한 다양한 지식이 융합되어 하나의 성과물로 나타나는 특성이 있다. 그러므로 해양의 무한한 가치를 발견하고 실현하기 위해서는, 현재는 물론 미래에도 수요가 클 것으로 예측되는 거대 해양과학기술을 예측하고, 이러한 거대 해양과학기술을 완성하기 위한 관련 단위 과학기술들을 융합하여 체계적으로 개발할 필요가 있다.

● 해양과학기술 개발 동향과 미래

해양 선진국에서는 해양과학기술을 지구환경과 기후변화, 연안역 보전과 이용, 수산자원과 해양생물자원, 해양광물자원, 해양공학 및 기기 등 크게 다섯 개의 분야로 나누어 개발하고 있다. 지구환경과 기후변화 분야에서는 지구환경변화 모니터링과 예측, 지구환경변화가 산업, 보건, 문화, 국토관리 등에 미치는 영향, 온실가스의 심해 저장기술 등에 관한 연구가 이루어지고 있다. 연안역 보전과 이용 분야에서는 지속가능한 연안역 개발을 위한 연안 해양환경변화 모니터링과 관리를 위한 정보 제공, 연안 생태계와 습지의 보전과 복원, 백사장 관리, 연안 침식, 연안역 오염 등에 관한 연구가 진행되고 있다. 수산자원과 해양생물자원 분야에서는 해양생물로부터 추출한 유용물질의 상업화, 열수 및 극한지 서식생물의 자원화, 해양생명공학을 이용한 증·양식기술, 수산자원 관리기술 등이 집중적으로 개발되고 있다. 한편 해양광물자원 분야에서는 현재 활용되고 있는 석유, 천연가스, 골재 등과 차세대 자원인 메탄수화물, 망간단괴, 망간각, 열수광상 등을 개발하려는 노력이 진행 중이다. 해양공학 및 기기 분야에서는 해양운송과 자원 개발, 해양탐사와 수중작업에 필요한 선박과 장비 개발, 해양레저에 필요한 장비 개발 등이 관심을 받고 있다.

KIOST

해양과학기술 개발의 꿈 (2002년 당시 안산 동산고 1년 박민영 그림)
물속에서 자동차가 다니고, 특별한 장비 없이도 입으로 호흡하는 어린이가 오징어, 게와 함께 놀고 있는 꿈을 묘사한 학생 미술대회 입상작품

우리나라도 선진국에서 수행하는 거의 모든 해양과학기술 분야를 연구하고 있다. 항만, 해상운송, 조선, 수산 증·양식, 골재, 석유탐사, 연안매립, 해수담수화 분야는 기술이 발전되어 이미 산업화가 상당히 진행된 상태이다. 해양목장, 조력발전소, 해양심층수, 특수 선박, 수중 작업 로봇, 망간단괴 상업 개발 등은 이미 실용화 되었거나 조기 실용화될 것으로 예상된다. 한편 메탄수화물, 해양생명공학, 초고속 선박, 수중통신, 온실가스 심해 저장, 중장기 기후변화 예측 등은 정부의 추진 의지에 따라 10~20년 후 실용화가 기대되는 분야이며, 심해 저장 기지, 해중공원, 전자 추진선, 원자력 추진선, 인공 아가미, 개인용 잠수정, 고효율 해수담수화 기술 등은 장기 추진 계획에 따라 실용화를 기대할 수 있는 분야이다.

● 해양과학기술에 거는 기대

우리나라는 자타가 공인하는 세계 1위의 조선강국이다. 이러한 우리의 입지를 유지하기 위해서는 최첨단 조선 설계기술을 연구개발하고 특수선 설계 및 제작기술을 배양하여야 하며 이를 위한 해양과학기술의 역할이 기대된다. 따라서 우수한 조선기술 인력을 양성하고 연구능력을 배양하고 기술을 축적함은 물론 빙해 수조, 초대형 풍동 실험실 등 조선 관련 특수 인프라 운영도 매우 중요하다.

현재는 물론 가까운 미래에도 해양플랜트산업 육성을 위한 관련 기술 개발이 치열할 것이다. 막대한 외화 수입이 기대되는 초대형 해상 부유식 구조물과 부유식 LNG 적·하역 시스템 등 해양구조물 수출을 위해 관련 첨단 설계 및 운영 기술 개발이

동북아 물류중심 국가

최첨단 항만 개발, 초고속선 (위그선) 상용화 등 MT개발은 미래 세계경제의 중심이 될 동북아시아 지역에서 우리나라가 물류 허브로서의 위치를 확고히 하는데 원동력을 제공할 것이다.

요구된다. 조선산업의 구조개선을 위한 해양플랜트산업 육성을 위해 반드시 선행되어야 할 첨단 해양플랜트산업 관련 기술 개발은 국가가 해양과학기술계에 기대를 거는 가장 중요한 항목 중에 하나이다.

아울러 6,000m급 심해 무인잠수정 개발을 통해 축적된 해양공학기술을 바탕으로 심해탐사에 활용할 유인잠수정 개발을 위한 기술 확보도 기대할 수 있다. 또한 다양한 무인선박과 탐사정 기술 개발 등을 통해 우리나라 해양과학기술을 세계 최고의 수준으로 끌어올림과 동시에 우리나라 해군 과학기술의 발전에도 기여할 것이다.

해양 미생물을 이용한 수소에너지 개발, 해양생명 소재개발 등 해양생명공학기술을 우리 생활 속에서 실제로 이용할 수 있게 된다면 연간 수십억 달러 규모의 새로운 해양생명공학산업도 생겨날 전망이다. 시화호 조력발전소 가동을 포함한 조류력, 파력, 해상풍력, 온도차에너지 등 다양한 청정해양에너지 활용 기술이 계획대로 이루어진다면, 해양에너지 개발이 우리나라의 대체에너지 확보를 위한 목표 달성에 큰 역할을 할 것으로 기대된다. 해수담수화 기술 개발로 물 부족분의 최대 25%를 조달하는 것도 기대된다.

해양심층수를 음료수, 화장품, 소금 등을 만드는데 이용하고, 바닷물에 녹아 있는 리튬, 우라늄 등 희유금속을 추출하는 기술이 확보되면 막대한 수입대체효과도 기대된다. 이렇듯 앞으로 해양자원이 개발된다면 산업에 필요한 여러 가지 자원과 에너지 공급 기반이 확보될 것이다. 한편 지구온난화에 따라 더욱 빈발하고 악화되는 태풍과 해일 등 자연재해와 해양오염 등과 같은 인간으로 인한 재해를 예측 · 예보할 수 있는 기술 개발이 요구된다. 폐기물 해양투기의 사회적 압력을 견딜 수 있는 해양오염과 생태계 변화현상을 밝힘으로써, 폐기물 해양투기 근절의 이유와 국민적 공감대를 확보할 것으로 기대되고, 이는 깨끗하고 안전한 바다 유지에 밑거름이 될 것이다. 습지보호지역과 생태보전지역을 지속적으로 확대하고 관리하기 위해서는 해양생태계의 가치와 역할을 밝히며, 이를 통해 훼손된 해양생태계를 복원하고 해양국토를 생태계에 기반하여 관리할 수 있는 논리적 근거를 제공해야 할 것이다. 또한 선박 사고와 테러방지 대응기술을 개발하면 선박오염으로부터 연안환경을 보호하고, 항만과 선박의 안전도를 향상시키며, 해운업계의 국제 경쟁력을 강화하는 것도 가능하다. 이렇게 해양환경을 관리하고 보전하여 국민의 인명과 재산을 보호하고 해양영토를 과학적으로 관리하는 것이 앞으로 해양선진국으로 가는 길일 것이다.

● 해양과학기술 강국으로의 발전을 위하여

우리나라는 해양과학기술이 발전할 수 있는 좋은 여건을 가지고 있다. 좁은 국토는 바다로 둘러싸여 있으며, 일본, 중국, 러시아 등 21세기 세계 경제를 주도할 동북아시아 국가들의 중심에 자리 잡고 있다. 조선 분야는 이미 세계 최고의 위치를 확보하고 있으며, 정보기술과 같은 첨단기술도 세계 최고 수준에 도달해 있다. 또한 미래 해양과학기술 발전을 위한 우리나라의 경제적 수요 전망도 밝다. 해운, 항만, 수산 등 해양산업의 총 부가가치는 2004년 약 20조 원에서 2030년에는 약 160조 원 정도의 규모로 증가될 것으로 예상된다. 또한 직 · 간접 총 부가가치는 1998년 약 31조 원에서 2030년에는 약 260조 원으로 그리고 국민총생산(GNP)에 대한 기여율은 7.3%에서 11.5%로 증가될 전망이다. 조선업 및 해양산업은 세계의 선두를 지키고, 해운 관련 인프라 구축을 통해 새로운 해운 수요 창출도 기대된다. 우리나라 국민의 삶의 질이 전반적으로 향상됨에 따라 고급 수산물과 청정에너지 수요 그리고 해양공간 활용, 해양관광 및 해양레저 활동도 증가할 것이다.

2004년 7월 28일 국가과학기술위원회에서 해양과학기술 전문가 2,000여명이 2년여에 걸쳐 만든 해양과학기술 육성 계획이 통과되었다. 이 계획은 시대에 따라 급변하는 과학기술환경을 반영하여 지속적으로 수정 · 추진될 것이다. 2020년까지 우리나라는 세계 5대 해양과학기술 강국으로 발전할 것으로 예측된다. 거대 · 복합 · 융합과학기술인 해양과학기술을 흔들림 없이 일관성 있게 추진하려면 해양과학기술계의 의지와 실천 노력이 무엇보다 중요하다. 또한 이를 뒷받침할 수 있는 해양 행정체계는 성공적인 해양과학기술의 개발을 위한 선결 조건임을 잊지 말아야 한다.

해양자원의 개발

Development of Marine Resources

바다는 생물자원, 광물자원, 에너지자원, 공간자원, 수자원 등을 간직하고 있는 지구의 보물창고이며, 이 해양자원들은 인류의 밝은 미래를 약속해 주는 바다의 선물이다.

해양생물자원

다양한 생물이 살고 있는 바다는 예로부터
인간을 위한 식량자원의 공급처였으며,
미래의 부족한 식량문제를 해결할 수 있는 곳이다.

명정구 한국해양과학기술원

지구상의 생물 중 곤충을 제외한 나머지 3분의 2 이상이 바다에서 살고있다. 바다는 육지 면적의 2.4배에 달하는 크기로 넓기도 하지만 수심도 깊다. 그래서 바다의 대부분은 우리들이 아직까지 모르는 미지의 세계로 남아 있다. 예로부터 해양생물자원은 인류의 중요한 식량으로 사용되어 왔다. 인류 문명과 함께 시작된 어업은 수천 년 동안 그 방법이 발전되어 왔다. 특히 연안에서는 수산물들을 직접 채취하거나, 고도의 양식기술을 이용하여 생산량을 늘려 왔다. 오늘날 해양생물은 미래 인류의 식량자원으로서 뿐만 아니라 바이오에너지, 신물질, 약재 등과 같은 다양한 목적으로 그 이용 가능성을 높여가고 있다. 또한 일부 수산어종들은 그동안 무계획적이고 무분별한 남획으로 인하여 재생산력을 잃을 정도로 자원이 고갈되어가고 있어서 인류의 식량자원 확보 차원에서 생태자원 복원 등과 같은 다각적인 노력을 기울이고 있다.

● 해산식물

전 세계 해양에 서식하는 해산식물은 약 20,000여 종이 넘으며, 예로부터 식품이나 사료, 비료 등의 용도로 사용되어 왔다. 그중에서도 우리에게 익숙한 해산식물은 김이나 미역, 파래, 다시마 등과 같은 대형 해조류를 예로 들수 있다. 해조류는 상당히 많은 양의 단백질과 비타민, 미네랄 등을 함유하고 있는 자연 건강식품이며, 김과 파래 등은 레몬에 함유된 양과 거의 맞먹는 양의 비타민C를 함유하고 있다. 최근에는 천연물 추출기법을 이용하여 해조류를 공업 원료나 의약품으로도 활용하고 있다.

세계식량기구(FAO)에 의하면, 전 세계 해조류의 생산량은 2008년을 기준으로 하여 연간 1,500만 톤에 이르며, 이 중 거의 대부분은 식량으로 사용되고, 일부는 화학과

독도의 해중림
무성한 해중림은 다양한 해양생물에게 서식처를 제공하고 있으며, 최근에는 신물질 생산의 원료로 이용되고 있다.

공업용 원료나 의약품 등으로 이용되고 있다고 한다. 특히 갈조류에 많이 함유된 요오드는 갑상선종의 치료에 크게 효험이 있다고 밝혀졌으며, 해조류의 종류와 성분에 따라 감기나 폐질환이나 위질환 및 괴혈병 등의 예방에 효과가 있는 것으로 알려져 있다. 또한 해조류는 지구온난화와 갯녹음현상을 방지하는 바다 숲으로서의 역할이 부각되고 있다.

● 해산 무척추동물

무척추동물이란 몸을 지탱하는 등뼈와 같은 골격 구조가 없는 동물 무리를 말하며 전체 동물계의 97% 이상을 차지하고 있다. 이들은 몸의 형태를 유지하기 위해 대부분 단단한 외피를 지니고 있는데, 일부는 그렇지 않은 것도 있으며, 서식처도 다양하여 해양을 비롯한 지구상의 모든 서식처에서 발견되고 있다. 해산 무척추동물은 생태계 내에서 최종 포식자의 위치에 있지는 않지만 양이 엄청나기 때문에, 연안 해양생태계의 군집 구조와 에너지 흐름, 먹이사슬, 생물생산력과 개체군 생태 등 여러 가지 측면에서 건강한 생태계를 유지하는데 매우 중요한 역할을 담당하고 있다. 또한 해산 무척추동물은 오래전부터 인간과 밀접한 관계를 맺어 왔는데, 일부 종의 경우에는 자연에서의 채취량만으로는 그 수요를 감당할 수가 없어서 인위적인 양식이 시도되고 있으며, 자연 상태에서의 적절한 어획과 수확을 위한 관리를 받고 있다.

바위해면류(좌)
최근 해면에서 항히스타민 물질과 항생물질 등의 의약품을 얻고 있다.

돌기해삼 (우)
바다의 인삼이라 불리는 해삼은 건강식품으로 인기가 높다.

해산 무척추동물에는 여러 가지 생리활성물질이 함유되어 있는데, 이것을 분리·정제하여 의약품으로 이용하려는 연구도 진행되고 있다. 예를 들면, 우렁쉥이류에서는 세포독성이나 항종양성을 보이는 물질들이 추출되기도 했으며, 산호류에서는 암 치료제의 가능성이 있는 물질이 검출되기도 하였다. 물론 해양생물의 생리활성물질 연구는 육상동물에 비하면 아직 시작 단계에 불과하지만, 해양생물은 그 종류가 매우 다양하기 때문에 무한한 잠재력을 가진 미개척 분야라고 할 수 있다.

무척추동물 중 갯지렁이류와 홍합, 굴과 같은 패류는 이동이 거의 없이 한 장소에서 생활하기 때문에 이들은 그 서식처의 환경 변화에 민감하게 반응하는 환경지표종으로, 연안의 생태환경을 모니터링하는 연구에 활용되고 있다. 갯지렁이류는 영국, 일본, 프랑스 등에서 여러 가지 독성 실험용 생물이나 낚시 미끼의 수요를 충족시키기 위해 실내에서 사육되고 있다. 전 세계적으로 해양에 서식하는 무척추동물의 생태는 아직 많이 알려져 있지 않은 실정이다. 최근 국내에서도 한반도 주변 해역에 서식하거나 출현하는 유용·유해 생물종에 대한 연구가 활발히 진행되고 있다. 예를 들면, 여름철에 대량으로 발생하여 어업활동이나 발전소 등 연안산업시설에 피해를 입히는 노무라입깃해파리 등과 같은 대형 무척추동물의 발생조건, 분포, 생태, 생활사에 대한 연구가 진행되고 있다.

노무라입깃해파리
대형 해파리는 산업시설이나 어업활동에 피해를 주기도 한다.

● 어류

어류는 해양생물자원 중에서도 인류의 식량자원으로서 중요한 역할을 담당해 왔으며, 인간과 가장 밀접한 관계를 맺어 온 무리이다. 그러나 최근의 보고서들에 의하면, 그동안 인류가 어류자원 관리에 실패했음이 드러나고 있다. 그 한 예로, 북태평양의 주요 어류 자원은 이미 회복이 불가능하거나 재생산능력을 회복하기 위하여 어업 중단이라는 극단적인 처방이 필요한 상태에 와 있다.

전 세계 해양의 어획 생산 잠재력을 정확하게 산출하기란 무척 어려운 일이다. 1차 생산력과 먹이사슬의 에너지 전환 효율을 적용하여 이론적인 어류 생산력을 추정해 보면 최소 약 1억~9억 톤 정도에 이른다고 한다. 세계식량기구의 보고에 따르면 2008년을 기준으로 전 세계 총 어업 생산량은 7,900만 톤이고 양식업 생산량은 총 6,800만 톤을 기록하여, 자연계에서의 어획 생산량과 양식 생산량이 거의 같은 수준까지 육박하고 있는 것으로 보고되었다. 이는 자연 어획량은 거의 정체 수준에 머물러 있는데 비해서, 양식 생산량은 1980년대 이후 급격히 증가해 온 것을 알 수 있다. 만약, 지구상에서 북극해, 남극해, 심해와 같이 아직 개발이 완전히 이루어지지 않은 해양에 상당한 양의 어획 생산 잠재력이 존재한다는 가정 하에, 새로운 어구와 어법을 사용한 어종을 개발한다면 어획 생산량을 일정량 증가시키는 것이 가능하다고 본다.

수산물
바다에서 생산되는 물고기와 게 등은 인류의 식량자원으로 인기가 있다.

mms

동원 수산

참치잡이
대형 모선, 헬기, 소형선박 등이 협동하여 최고급 생선인 참치를 어획한다.

자연계에서의 어획생산량을 주도해 온 현재까지의 주요 어장은 대부분이 북반구에 집중되어 있었던 것을 감안하면 남극해의 중층 어류, 오징어류 등은 상대적으로 지금까지 저개발해역이었던 곳을 적극 개발할 경우, 일정 부분 증산 효과는 있을 것이다. 그러나 그나마 70년대에 약 40%로 추정되던 미이용 수산자원도 최근 그 양이 급격하게 감소한 것으로 나타났다. 세계식량기구에서는 현재의 추세로 지구상의 인구가 증가하고 지구온난화가 진행된다면, 머지않아 수산물 부족현상이 심각해질 것으로 예측하고 있다.

남극의 크릴 경우에는 70년대부터 조업이 시작되었다. 우리나라도 크릴과 파타고니아 이빨고기를 대상으로 78년부터 남극해역에서 본격적으로 어업을 시작하여, 80년대에는 어획량이 50만 톤 이상을 기록하였다. 이전까지만 해도 식품으로서의 가치를 제대로 인정받지 못하던 크릴은 현재 통조림, 어분, 기름 생산 등과 같이 다양한 제품으로 가공되면서 30~40만 톤을 생산하고 있다. 또한 무분별한 어업을 방지하기 위하여 남태평양 해양생물보존협약에 따라 어획 관리를 조절하고 있다. 그러므로 현재의 수산물 생산량을 획기적으로 증가시키기 위해서는 극지나 심해와 같은 미개척 해양공간을 탐사하고, 생산력이 크게 감소한 각국의 연근해자원을 복원하는 것도 방법이라 하겠다. 한편, 해양목장화를 통한 연안생산 잠재력의 회복과 더불어 양식어업을 진흥시키는 것도 효율적인 방법일 것이다. 양식에 의한 수산물 증대는 유전공학기법을 이용한 어류의 새로운 혈통 관리 기술의 개발, 종묘 생산 기술의 개선, 복합 양식 기술의 개발, 외해역 활용을 위한 내파성 양식 시스템 확대 및 대규모 기업형 경영 시스템 도입 등에 의해 지금보다 생산량을 높일 수 있는 여지가 많다.

● 생물자원의 이용 및 관리

북태평양에서 사라진 많은 수산자원 중에서 대표적인 것으로 명태가 있다. 명태는 우리나라 사람들이 즐겨 먹는 어종으로, 우리나라가 세계에서 가장 오래된 명태어업의 역사를 가지고 있다. 문헌상으로는 17세기 중반에 처음 나타나는 국내의 명태 잡이는 일제 말기에 27만 톤으로 정점에 올랐다가 서서히 감소되어, 80년대 중반부터는 10만 톤 이하로 떨어진 이후 좀처럼 회복 기미를 보이지 못하다가, 2000년대에 들어서는 1,000톤에도 못 미치고 있는 실정이다. 이와 같은 명태자원의 고갈에는 여러 가지 이유가 있겠지만, 가장 큰 원인은 그동안의 무분별한 남획으로 인한 결과로 추정하고 있다.

북태평양의 베링해에 서식하던 명태는 우리나라의 원양어선단이 60년대 후반부터 어획하기 시작하여 당시에는 연간 30~40만 톤을 어획하여 국내 수요를 보충해 왔고, 80년대에는 원양어업에 의한 총 어업생산액(약 6,400억 원) 중에서 베링해의 명태어업 생산액이 약 50%를 차지할 정도로 비중이 컸다. 그러나 최근에는 이러한 명태 자원량이 심각한 수준으로 감소하였고, 부족한 국내 수요를 충족하기 위해서는 일본으로부터 매년 수입해야 하는 실정에 이르렀다. 따라서 장기적으로는 국가 간 협력체계를 구축하여 보다 과학적이고 장기적인 대책이 필요한 어종이 되고 말았다.

지구상의 바다에는 아직 미이용 해양생물종들이 있다고는 하지만, 인류가 그동안 어업 활동을 통해 이용해 온 주요 어종들 중 일부는 지나친 남획으로 이미 생산이 불가능한 상태까지 이르렀다. 따라서 수산자원을 효율적으로 관리하고 이용하기 위해서는 대상 수산자원 생물종의 생태학적 특성을 규명하여, 잠재적 생산력과 이용 가능한 자원의 양을 정확히 추정하는 것이 우선이라 하겠다. 그리고 지속적인 이용을 위한 효율적인 어업 통제와 자원 관리 방안을 세워야 한다.

수산자원의 평가와 관리에 대한 연구는 이러한 수산자원에 관한 과학적 지식과 자원 생물학적이고 수산해양학적인 지식과 정보를 가지고 자원이 어떠한 상태에 있는가를 진단하고, 자원을 적정 수준으로 유지하기 위해서는 어떻게 자원을 관리할 것인지를 포함하여야 한다. 전통적으로 수산물을 좋아하는 우리 국민들의 수산물 수요는 국민 소득의 증대와 더불어 급속히 증가해 왔고 그러한 수요증가에 따라 연안의 많은 수산생물자원들이 점차 줄어들게 되었다. 따라서 우리나라도 주변해역에 서식하는 수산자원의 관리를 위해서 최대지속적생산량(MSY), 적정어획 노력량, 가입당 생산량, 자원량과 가입양과의 관계 등을 조사해 오고 있으며, 이를 기초로 우리나라도 1999년부터 TAC 세도(총 허용어획량제)를 시삭하여 해마다 점차 그 대상을 확장해나가고 있다.

TAC 제도는 수산어종별로 자원의 상태를 고려하여, 연간 잡을 수 있는 어업량을 규제하여 지속적인 생산력 유지를 위한 자원보존 효과를 기대하는 제도이다. 1999년에는 고등어, 전갱이, 정어리, 붉은대게 4종으로 시작하여 현재는 개조개, 키조개, 오징어, 도루묵, 참홍어 등 총 12개의 어종에 대하여 TAC 제도를 적용하고 있다.

결론적으로 우리에게 필요한 해양생물자원을 얻기 위해서는 TAC 제도의 적용과 함께 각 생물종들의 산란장, 성육장, 회유 경로를 고려한 연안 서식처 관리가 이루어져야 하고, 해양보호구역(MPA)을 지정함으로써 생물종다양성 보존과 해양생태계의 건강을 유지하도록 해야 한다. 특정한 해양생물종의 생산성을 높이기 위해서는 그 종의 관리만으로는 효율적이지 못하다는 것을 우리는 지난 수십 년간의 경험에서 알고 있다. 육상생태계보다 훨씬 더 복잡한 먹이사슬이 존재하는 해양생태계에서 인류가 필요한 자원의 회복이나 지속적인 이용을 위해서는 적절한 관리 방안을 꾀하고, 보다 종합적이고 과학적인 조사 결과를 바탕으로 한, 건강한 생태계 유지와 복원이 가장 빠른 지름길이다.

● 미래의 식량자원 확보를 위한 연구

인류를 위한 미래의 식량자원을 바다가 해결해 줄 수 있다고는 하지만, 바다도 자연환경에 영향을 받을 수 밖에 없기 때문에 인간이 원하는 자원의 생산에는 한계가 있다. 이러한 한계를 극복하기 위하여 오래전부터 양식(aquaculture)기술이 발달해 왔으며, 자연 상태보다 훨씬 고밀도로 집약적인 생물 생산기술을 개발하고 축적해 왔다. 수산물의 수요가 세계 어떤 다른 나라보다 많은 우리나라에서는 그동안의 수산자원 남획과 자원 관리 미흡으로 인하여, 연안에서 생산되는 수산물 생산만으로는 급격히 늘어나는 수요를 감당하기에 어려운 시점에 다다랐다. 그 결과 연간 총 어획량과 맞먹는 100만 톤 전후의 수산물을 외국으로부터 수입해야 하는 처지에 놓이게 되었다.

양식산업은 이러한 수산물의 부족을 해결하고 점차 고급화하면서, 건강식품을 선호하는 우리 국민들의 수요 패턴을 따라 잡기 위하여 50년대부터 발달해 왔다. 1955년대부터 무지개송어, 향어, 틸라피아, 차넬메기 등을 외국으로부터 도입하면서 양식이 시작되었으며, 현재는 무지개송어, 뱀장어, 잉어, 가물치, 메기, 동자개, 철갑상어 등에 대한 양식도 활발히 이루어지고 있다. 해산어류양식기술은 고급 어종의 수요가 급격히 증가

박흥식

남해안 수하식 양식장

연안의 얕은 내만에서는 굴, 담치, 미더덕 등 다양한 생물들이 양식되고 있다.

하기 시작한 80년대 중반부터 지난 30여 년 사이에 빠른 속도로 발달하여 왔다.

국민소득 증대와 생활수준의 향상으로 고급 어종의 수요가 증가함에 따라 국내 해산어류양식은 방어의 일시적인 축양(어업이나 양식에 의하여 생산된 수산물을 적절한 시설에서 보관하는 것)으로부터 시작하여 참돔, 넙치, 조피볼락 순으로 양식기술이 발달해 왔다. 한때는 황복, 은연어, 무지개송어를 비롯한 연어류의 시험 양식을 통하여 온대 및 한대성 어종들의 양식기술이 축적되어 왔으며, 최근에는 고등어, 참다랑어, 자바리(다금바리) 등에 대한 시험 양식이 이루어지고 있다. 그 외에 자원관리를 위한 기초기술과 생태자료 축적을 목적으로 참조기, 대구 등 우리나라 국민들이 선호하는 어종들에 대한 양식기술 연구도 진행된 바 있다. 최근 들어 육상 시설에서는 넙치가, 해상가두리 시설에는 조피볼락이 가장 생산량이 많은 어종으로 자리 잡았으며, 그 생산량도 2009년도엔 각각 54,000톤과 33,000톤으로 1, 2위를 기록하는 등 이 두 어종이 전체 해산어류 양식 생산량의 80% 이상을 차지하고 있다. 한편 노르웨이, 일본, 미국, 호주 등 외국에서도 연어류, 넙치, 방어, 민어류, 날새기, 다랑어류, 대구류, 철갑상어 등 고급어종을 대상으로 양식산업이 크게 발달해 왔다.

노르웨이에서는 1970년부터 대서양가자미, 넙치, 대서양연어, 대구 등에 대한 양식 연구가 시작되어, 90년대 이미 대서양연어를 연간 30~40만 톤 생산하여 전 세계에 보급해 왔다. 한때 생산이 과잉되어 국제시장 가격의 하락으로 위기를 맞기도 했으나, 철저한 국가적 통제와 대규모 기업화로 최근에는 약 20여 개의 대규모 기업형 양식장에서 전체 생산량의 80%를 차지할 정도로 구조 조정에 성공하였고 생산량을 80만 톤까지 증대시켜 놓았다. 그 외에도 대구, 터봇, 울프피시 등에 대한 연구도 완성 단계에

명정구

일본 대마도의 참치 양식장

최근에는 높은 파도에도 견딜 수 있는 내파성 가두리가 개발되어 참치 등 고급어종의 양식에 이용되고 있다.

있으며, 양식 시설과 기기의 자동화, 내파성 시설 개발 등 세계 양식산업의 선두에 서 있다고 할 수 있다.

일본은 참돔, 방어, 자주복, 은연어, 줄전갱이, 참다랑어 등 약 30여 종의 다품종 양식을 하고 있는데, 지역별로 특성화된 품종의 선택으로 자국의 시장은 물론 우리나라까지 수출하는 등 나름대로 탄탄한 양식산업을 이룩해 놓았다. 그러나 양식산업이 발달할수록 사료, 질병, 열성화, 환경악화, 노후화 등 다양한 문제들이 발생하고 있어, 양식산업도 자연친화적인 기술 개발과 산업으로의 적용확대 등 근본적인 문제 해결이 필요한 시점에 와 있다.

바다에서 이루어지는 양식은 식품용 생물 생산을 목적으로 하는 것 외에 관상어나 보석을 생산하는 양식기술 개발도 오래전부터 시도되었다. 진주는 살아 있는 조개에서만 얻을 수 있기 때문에, 진주 양식은 통상적인 패류양식에 종묘 생산, 조개 다루기, 핵 시술, 월동, 어병 관리, 진주 가공 등 고도의 기술을 첨가시킨 복합적 생산기술을 필요로 한다. 기술적으로 양식 진주의 세계 시장은 최근까지 일본이 독점해 왔다.

일본은 1888년부터 진주 양식기술 개발을 시도한 이래 1893년 반구형, 1907년 구형 진주 양식기술을 개발하였고, 이후 양식업자 주도의 개발이 계속적으로 이루어졌으며, 특히 1955년 국립진주연구소가 설립됨에 따라 급속한 발전을 이루었다.

일본 국내에서의 생산량은 1966년 148톤 이었으나, 그 사이에 어장의 환경악화로 생산량이 감소하여 연간 약 70톤을 생산하기에 이르렀다. 그러나 남태평양으로 진출하여 고가의 대형 진주 양식에 많은 투자를 한 결과 해외 어장에서의 흑진주 생산을

해양 다큐멘터리 영화 '오션스'

통해 세계 시장을 독점해 왔다. 그동안 일본에서는 양식 진주의 질을 높이기 위하여 진주조개의 유전 육종, 외투막 조직 절편 배양, 진주 물질 분비 촉진제, 어장 자동화, 어병 관리기술 등 기술 개발에 주력해 왔다.

우리나라에서는 1961년 국립수산과학원에서 통영군 욕지도에서 처음 양식을 시도하여, 그 후 몇몇 양식업자들이 1960년대 양식 진주를 생산하기도 하였으며, 1970년대에는 10여 개 업체가 난립하였으나 모두 실패하였다. 1980년대 초에는 보세가공 형태의 양식이 시작되어 일본인 기술자를 고용, 몇몇 업체에서 독자적인 경영을 하고 있으나 아직까지 자체 기술을 효과적으로 축적하지는 못하였다. 1984년 한국해양과학기술원(전 한국해양연구원)은 인공 진주 양식기술 개발 연구에 착수, 3년에 걸친 연구 끝에 독자 개발에 성공한 바 있다. 최근 남태평양에 기지를 둔 한국해양과학기술원에서는 남양 흑진주의 시험 생산에 성공하여, 해외 양식 어장 개발의 기초적인 발판을 닦아 놓았으며, 기업의 진출이 기대되고 있다.

관상어 개발은 비교적 최근에 시작되었으며, 90년대 한국해양과학기술원과 제주대학교, 수산과학원에서 해산 관상어 개발을 위한 연구가 시작되었다. 최근에는 제주도에서 기업형 관상어 생산도 이루어져 흰동가리와 해마 등 소형 해양생물종을 대상으로 좋은 성과를 거두고 있다.

● 해양목장

우리나라 연근해의 해양환경은 연안공업단지의 건설과 대형 간척사업 등으로 점차 악화되어 왔으며, 불법 어업과 무분별한 어업에 의한 남획까지 겹쳐 연안 수산생물 자원의 고갈현상은 더욱 심화되어 왔다. 그러나 80년대부터 급속히 발달한 양식기술 덕분에 최근의 양식 생산량은 수산물 총 생산량의 50% 정도를 차지하게 되었으며, 앞바다로 양식 공간을 확대하는 노력에 따라서는 보다 깨끗한 양식 수산물 생산량의 증가를 기대할 수 있게 되었다. 80년대부터 본격적으로 발달한 해산양식산업은 빠른 기술 개발로 인하여 생산성이 급격히 증가한 반면 어병, 사료, 시설 등의 문제가 발생하였고, 일본과 중국으로부터 값싼 활어들이 수입되는 상황은 국내 양식 산업계의 존립에 풀어야 할 숙제를 던져 주고 있다.

어류의 경우 연간 10만 톤 정도를 생산하고 있지만, 그와 거의 맞먹는 양의 활어를 외국으로부터 수입하고 있다. 넙치, 조피볼락 등의 어종에 생산량의 대부분을 의존하고 있는 해산양식업계가 풀어야 할 숙제는 해가 갈수록 혈통이 열성화 되고 원가 상승에 따른 경제성 문제를 해결할 종합적인 대책을 세워야 한다는 것이다. 1990년대 중반 한국해양과학기술원에서는 이러한 국내 문제를 해결하고 해양 레저시대를

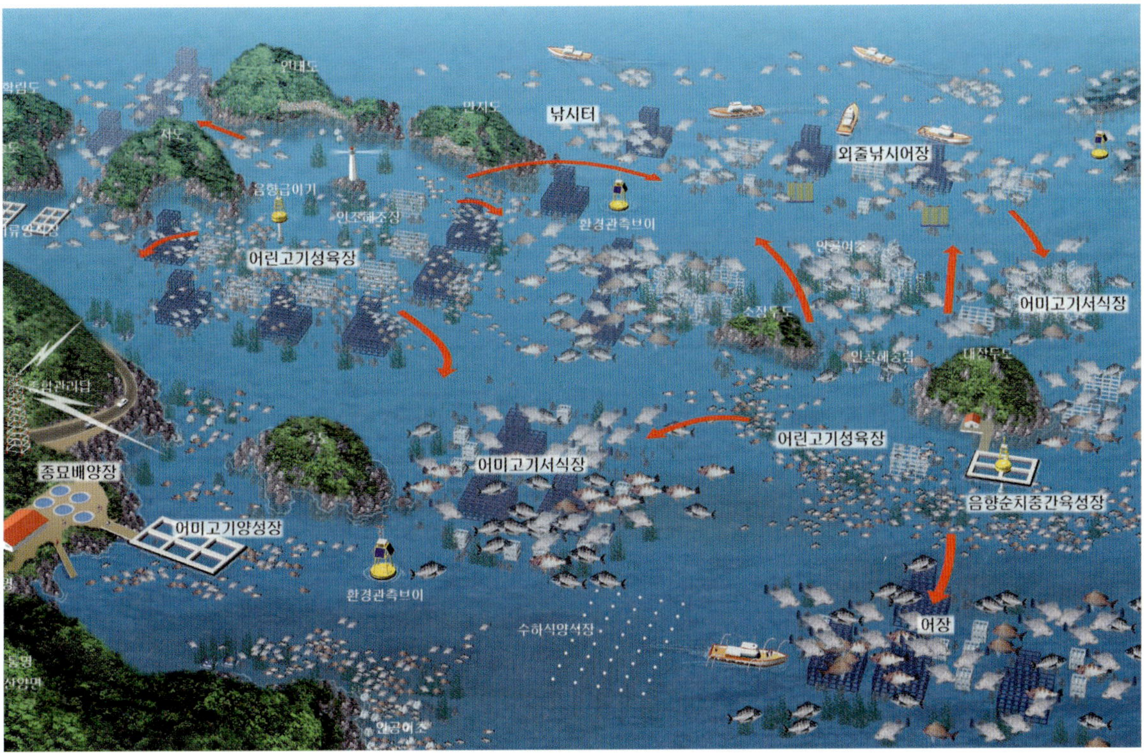

통영 바다목장 조감도

어족자원을 증대시켜 지속적인 계획 생산을 유지하는 어업형 바다목장 모델

맞이하여 국민들의 해양레저 공간 활용에 대한 수요를 감안하여 우리나라 연안에 맞는 4개의 해양목장 모델을 개발하여 정부에 제시했다.

우리나라는 동해의 관광형 바다목장, 서해의 갯벌형 바다목장, 제주도의 체험형 바다목장, 남해의 어업형 바다목장을 시범 모델로 개발하고 있다. 이는 지금까지의 수산자원 조성사업의 단점들을 극복하고, 개선하여 해역 특성에 맞는 연안생물자원을 과학적으로 복원해 보자는 의도에서 계획되었으며, 해양생물의 사육 환경을 조절하는 환경 제어기술을 바탕으로 생산 과정을 체계화함으로써, 각 해역에서의 해양생물 자원의 증식을 꾀하여 해역 특성에 맞는 이용 및 관리방법을 확립하는 것을 골자로 하고 있다.

일본의 경우 1960년대부터 자원 배양형 어업 개발을 위한 연구를 적극 지원하였으며, 1970년대에는 연안 어장을 정비하고 어업 구조를 개편하기 위한 연구를 수행하여, 최근에는 연근해의 유용생물자원을 인위적으로 배양하기 위한 해양목장 기술을 개발하고 있다. 일본의 오이다현에서는 실제로 1984년부터 해양목장 시스템을 운영하고 있는데, 일본은 음향을 이용한 자원관리 기술을 바탕으로 증·양식 분야에서는 세계적인 수준에 있다고 볼 수 있다.

새로운 신소재로서의 해양생물

해양에 서식하는 생물들은 아직 우리가 모르는 많은 물질들을 가진 채 살아가고 있다. 최근 해양 바이오산업의 중요성이 부각되고 있는 가운데, 바다에서 새로운 물질을 찾으려는 노력이 계속되고 있다. 연구 대상이 되고 있는 해양생물은 해조류, 해면동물, 절지동물, 연체동물, 극피동물, 어류 등으로, 해면류에서 뽑은 물질을 이용하여 백혈병 치료를 위한 항암제를 개발하고, 불가사리로부터 질 좋은 칼슘이나 항균제, 항알레르기제 등 의약물질을 추출하는 연구가 진행되고 있다.

불가사리
질 좋은 칼슘이나 항균제, 항알레르기제 등 다양한 의약물질을 추출하기 위한 연구가 진행되고 있다.

최근 영국과 미국 등지에서는 생물공학의 기술을 토대로 한 생물산업이 활발히 전개되어 해조류에 대한 광합성 엔지니어링 기술과 유전자 조작을 통한 유용물질 생산 기술 등이 실용화 단계에까지 이르렀다. 또한 화학 · 공업용으로 이용되는 아가(agar), 카라지난(carrageenan), 앨진(algin)은 폴리사카라이드(polysaccharide)계의 함유물이다. 아가는 그 특유의 점성으로 인해 제빵 · 제과업에서 통조림업체에 이르기까지 두루 사용되고 있으며, 과학 분야에서는 미생물의 배양배지로 광범위하게 이용되고 있다. 카라지난과 앨진의 이용 범위도 한층 확대되고 있으며, 그 생산량도 매년 증가하는 추세에 있다. 카라지난과 후셀라란(fucellaran)과 후노란(funoran) 등은 식품, 약품, 화장품, 도료 등으로 이용되어 왔다. 해조류의 고유한 고분자 추출 물질인 파이코콜로이드(phycocolloids)를 원료로 한 상품도 전 세계적으로 그 시장 규모가 점차 커지고 있는 추세이다.

향후 생물자원관리 및 개발 방향

바다에 있는 모든 해양생물자원은 인류의 재산이며, 후손에게 물려줄 보배 같은 존재이다. 따라서 바다에 서식하는 생물종을 파악하고 각 종의 서식지 및 자원관리를 할 필요가 있다. 해양생물자원 중에서도 인간의 식생활과 밀접한 관계를 유지하고 있는 수산자원의 개발은, 과거에는 연안에서 근해로, 근해에서 원양으로 진출하였으나, 최근에는 연안으로 눈을 돌려 우리 곁에 있는 바다의 생산력을 복원하기 위한 노력을 기울이고 있다.

바다를 끼고 있는 나라들은 자국의 연안을 보다 효율적으로 관리하고 이용하기 위하여 장기적인 투자 계획을 세워서 각종 사업을 추진하고 있으며, 이러한 사업에 국가적 차원의 지원을 아끼지 않고 있다. 과거의 연안 개발은 주로 양식과 증식 시설을 확장시켜 생산량을 늘리는데 역점을 두었으나, 이러한 생산 위주의 연안 개발은 여러 가지 문제점을 초래하였다. 양식시설이 밀집된 연안은 환경 관리에 어려움이 있으며, 지속적인 생물 생산량의 유지에도 한계를 드러내게 되었을 뿐만 아니라, 과다한 시설의 밀집으로 인한 병해의 다발 및 생산성 저하 등과 함께 양식 어장의 노화현상이 두드러지게 되었다.

명정구

제주도 모슬포항의 멸치 풍년 모습
육상의 농업과 마찬가지로 바다의 어업에도 풍년과 흉년이 있어 매년 일정한 양을 잡는 관리어업이 필요하다.

우리가 필요한 해양생물자원을 건강한 우리 바다에서 공급받는 지름길은, 해양목장 사업과 같은 연안 서식지의 관리를 통해 해양생태계가 건강을 회복하는 것이다. 또한 특정자원의 남획을 자제하고 바다가 스스로 생산 능력을 갖도록 환경을 만들어 주어야 한다.

인류 미래의 생존을 위하고, 식량 문제를 해결하고, 지상에서 얻지 못하는 다양한 신물질들을 지속적으로 얻기 위해서는, 바다 생태계를 균형 있게 유지하는 것이 가장 중요하다. 그러므로 다양한 종의 보존, 연안 서식처의 건강성 회복, 각종 생물종의 산란, 서식장의 보호 등을 통하여 자연이 가지고 있는 생산 잠재력을 극대화시키고, 유지시켜야만 후손들에게 보다 깨끗하고 생산성 높은 바다를 물려줄 수 있음을 깨달아야 한다.

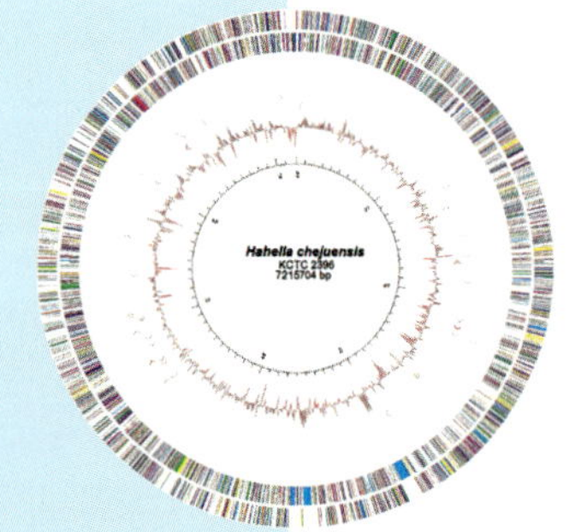

해양생물공학과 미생물

생물다양성협약 이후 각국은 생명공학에 이용되는 바다의 미생물자원을 확보하기 위한 경쟁을 하고 있다.

이정현 한국해양과학기술원

바다는 약 30억 년 전에 최초로 생명을 탄생시킨 모태일 뿐만 아니라 생물 진화가 일어난 보금자리이기도 하다. 또한 바다는 규모로 볼 때, 지구생태계의 약 90% 정도를 차지하며, 생물의 약 80% 이상이 바다에서 서식하고 있다. 인간은 지금까지 바다 속 깊숙한 곳, 빛이 도달할 수 없는 심해저에는 생물이 거의 없는 사막처럼 생각해 왔으나, 현재는 다양한 생물들이 사는 열대우림과 같은 곳으로 밝혀졌다. 그러나 우리는 아직까지도 바다에는 어떤 생물이 살고 있는지 또 그들의 특성은 어떠한지 잘 모르고 있다.

바다에 사는 해양생물은 어림잡아 약 1,000만여 종이 넘는 것으로 알려지고 있으며, 그 중에 약 60%는 새로운 종일 것으로 추측된다. 해양생물의 다양성을 밝히기 위하여 글로벌 연구 프로젝트인 해양생물 센서스(The Census of Marine Life, 2000~2010) 작업이 추진되었으며, 이를 통해 수십만 종의 새로운 해양생물종이 밝혀졌다. 또한 해양생태계는 지구에 존재하는 극한 환경 조건들을 거의 모두 포함하고 있기 때문에, 생명공학연구에 이용될 수 있는 극한생물과 유전자원의 저장고라고 할 수 있다.

생물다양성협약(1992년)과 나고야 의정서(2010년)의 채택으로 생물 및 유전자원의 이익 공유에 대한 논의가 이루어진 이후, 세계 각국은 생명공학에 이용되는 생물자원을 확보하기 위하여 치열한 경쟁을 벌이고 있다. 만약에 독자적으로 생물 소재를 얻지 못하거나 원천 기술이 부족하다면, 어쩔 수 없이 선진국의 기술에 의존할 수밖에 없다. 우리나라는 삼면이 바다이므로 생명공학에 이용할 해양생물자원이 풍부하지만, 다양한 환경을 가진 전 세계 바다에서 서식하는 해양생물자원을 확보하여 활용하는 것도 필요하다.

● 다양한 해양미생물

바다 속에는 다양한 미생물이 존재한다. 미생물은 주로 단일 세포 또는 균사 형태의 생물로 그 크기가 너무 작아서 현미경으로 확인할 수 있으며, 조류, 세균류 및 고세균류의 원핵생물과, 원생동물류, 균류, 효모류 그리고 미세조류와 바이러스까지를 포함한다. 이 중에서도 빠른 대사 능력을 갖고 있는 미생물은 해양생태계에서 광합성을 통해 이산화탄소를 고정하는 1차생산자의 역할을 담당할 뿐만 아니라, 다른 생물들이 이용할 수 없는 유기물을 분해하여 전 지구적 물질 순환에도 기여하는 분해자 역할도 수행한다. 미생물은 그 종류가 수만여 종에 이를 것으로 추측되고 있지만, 현재까지 그 특성이 알려진 것은 수천여 종에 지나지 않는다. 더욱이 현재 추정하고 있는 미생물종의 숫자도 과소평가되었다고 보는 견해도 많다. 실제로 다양한 곳에서 채집한 시료에서 현미경을 통해 관찰된 미생물 가운데 겨우 1% 미만의 미생물만이 배양된 사실이 이를 뒷받침하고 있다.

KIOST

KIOST

KIOST

다양한 해양환경
갯벌, 심해 열수분출공, 극지와 같은 극한 환경에서도 미생물들이 살고 있다.

바다의 수온은 극지방의 경우에는 영하 1.5℃이고, 심해 열수분출공에서는 350℃까지 올라간다. 압력은 표층에서는 1기압이지만 10,000m에 이르는 심연에서는 1,000기압까지 된다. 영양염류의 농도도 해역에 따라 변화가 심한데, 깊이에 따라 빛이 있는 유광층부터 빛이 없는 무광층까지 다양하다. 이처럼 다양한 환경 조건을 가지고 있는 바다에는 미생물로부터 고등생물인 포유류에 이르기까지 다양한 생물들이 살고 있다. 그리고 아직도 우리가 모르고 있는 생물이 더 많이 존재하고 있으며, 지금도 해양탐사를 통해 새로운 종이 계속해서 발견되고 있다.

어류의 경우에는 현재 약 95% 정도가 알려져 있으며, 미생물의 경우에는 약 5% 정도만이 알려져 있는 것으로 추정된다. 앞으로도 바닷물이나 퇴적물, 해양동물의 몸속 등에서 많은 미생물들이 새롭게 발견될 것이다. 해양미생물은 메탄 생성과 분해, 이산화탄소 고정과 생성, 영양염류 순환, 오염물질 분해 등을 통해 생태계 정화기능을 담당함으로써 지구생태계를 유지시켜 주는 역할을 수행할 뿐만 아니라, 그들이 보유

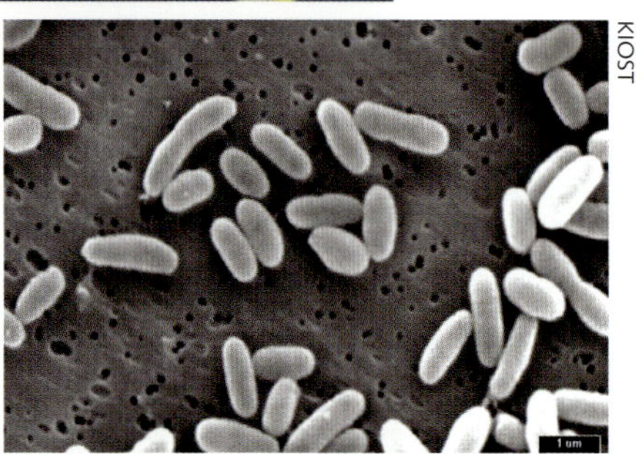

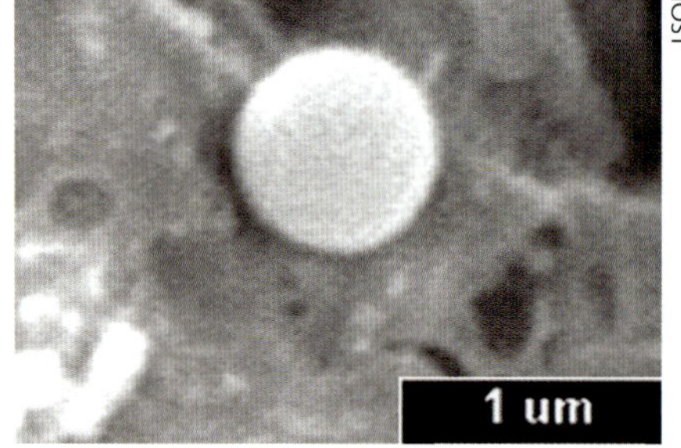

해양환경에서 분리된 미생물

연안 미생물 콜로니(상), 심해 6,000m에서 분리된 막대모양 미생물의 전자현미경 사진(중), 90℃에서 자라는 초호열성미생물 써모코커스(*Thermococcus*) NA1(하)

하고 있는 유전자는 특이한 생명 기능을 나타내어 유용물질과 소재를 제공할 수 있는 원천자원이기도 하다.

● 심해의 미생물

심해는 수압이 아주 높고, 열수분출공 지역을 제외하고는 수온이 1~2℃ 정도로 아주 낮고, 빛이 없으며, 영양 조건이 열악한 극한 환경이다. 열대와 온대지방의 표층을 제외한 대부분의 해양환경의 수온은 5℃ 이하이다. 극지에서 분리된 미생물의 경우에는 냉장온도인 4℃에서도 잘 자라는 저온성을 가지고 있다. 바닷물의 온도는 대류를 통해 일정하게 유지되는 것이 특징이다.

1995년에는 무인잠수정을 이용하여 세계에서 가장 깊은 챌린저해연의 탐사에서도 미생물이 분리되었다. 일반적으로 해양에서의 광합성은 약 95%가 바다 표면에서 일어나며, 여기서 생산된 유기물질은 표층에서 순환되고 불과 1% 정도만이 심해로 전달된다. 그러므로 심해에서 발견되는 미생물은 아주 적은 양의 유기물을 이용하는 매우 효과적인 메커니즘을 가지고 있다.

심해에서 주목받고 있는 특별한 생태계가 열수분출공이다. 열수분출공은 지각 구조 활동이 활발한 해저에서 많이 발견되며, 그 깊이는 수백~수천 m에 이른다. 열수분출물에는 메탄, 황화수소(H_2S) 등의 화학물질과 중금속을 포함한 다양한 금속 이온이 많이 들어 있다. 이러한 분출물은 분출 직후에 차가운 해수와 섞이면서 침전되어, 스모커라 불리는 굴뚝 모양의 구조물이 생긴다. 열수분출공 주변생태계에는 무척추동물인 관벌레(vestimentifera), 이매패류, 복족류, 환형동물, 새우, 게 등이 $1m^3$당 50kg까지 될 정도로 밀집해 있는 경우도 있다. 빛이 없기 때문에 광합성을 할 수 없는 열악한 환경에도 불구하고 어떻게 이렇게 많은 생물들이 존재할 수 있을까? 그 이유는 화학물질을 이용해서 유기물을 만들 수 있는 미생물이 있기 때문이라는 것이 밝혀졌다. 이 미생물들은 환원무기물이 산화하는 반응에서 나오는 에너지를 이용하여 탄수화물을 만든다. 즉, 이들은 황화수소, 황, 수소 등의 환원물질을 산화시켜서 에너지를 얻어 이산화탄소를 고정하는 화학합성 능력을 가지고 있다. 이들은 자유롭게 생활하거나 다른 생물과 공생하기도 한다. 가장 잘 알려진 공생관계는

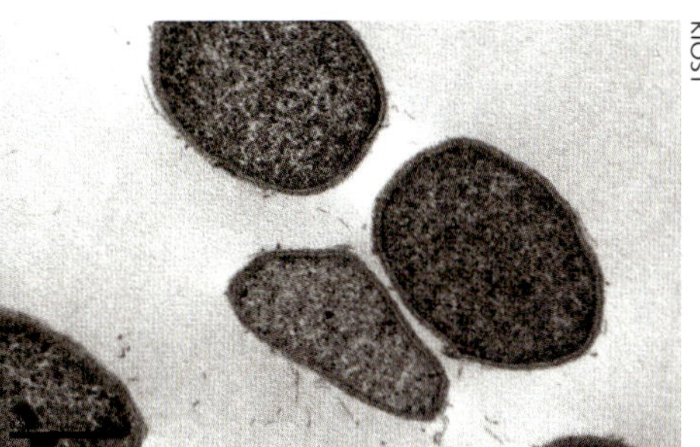

KIOST

고압 펌프 및 고압배양기(좌)
심해의 고압 환경에서 잘 자라는 호압성 미생물 배양을 위한 배양 용기와 펌프로 심해 6,000m에 해당하는 600기압까지 올릴 수 있다.

초고온성 고세균류 써모코커스 NA1(우)
열수분출공 환경에서 분리된 초고온성 고세균류 균주를 전자현미경(TEM) 관찰하면 세포의 형태와 세포벽의 구조를 알 수 있다.

관벌레의 일종인 리프티아(*Riftia pachyptila*) 경우이다. 관벌레는 소화기관이 없는 대신 내부 공생 미생물로 꽉 찬 영양체(trophosome)라는 특별한 기관을 갖고 있으며, 이매패류와 복족류의 경우에는 내부 공생 미생물이 아가미 조직 안에 있다.

심해저와 같이 극한 조건에서 생존할 수 있는 생물체를 극한생물이라 한다. 심해 미생물 가운데 500기압에서도 잘 자라는 것은 다양한 유전자원 확보 차원에서 매우 흥미로운 연구 대상이다. 압력을 인지하고 조절하는 원리 규명을 위한 연구가 다양하게 시도되고 있다. 극한생물 중에서 가장 관심을 끌고 있는 것으로 고세균류(Archaea)를 들 수 있다. 이들은 강한 산성 환경에서도 살 수 있고, 고농도 소금물(바닷물의 약 8배)에서도 성장할 수 있다. 그리고 최근에 북동태평양 환데후카(Juan de Fuca) 해저산맥의 열수분출공에서 나오는 열수로부터 분리된 미생물은 성장 가능 온도 범위가 85~121℃로 밝혀졌다. 이 미생물은 고세균류의 일종으로 유기물을 에너지원으로 이용하며, 산소가 없는 조건에서도 자란다. 이 미생물은 놀랍게도 멸균 온도인 121°C 에서도 살 수 있다. 높은 온도에서도 살 수 있는 고세균류가 우리의 관심을 끄는 이유는, 약 46억 년 전에 지구가 생겨났을 때의 조건과 유사한 고온 환경에서 어떻게 원시 생명체가 생겨났는지 하는 수수께끼를 풀 실마리를 제공해 줄 수 있다는 점 때문이다. 실제로 고세균류의 DNA 복제 등에 관련된 작동 원리들이 고등생물인 진핵생물과 비슷하다.

● 해양미생물은 생명공학의 좋은 소재

해양미생물은 생리적으로나 분류학적으로 매우 다양하며, 온도의 급격한 변화, 높은 수압, 높은 염분 그리고 높은 농도의 중금속이 있는 환경에도 적응하였다. 이러한 특징들은 생명공학적으로 활용가치가 매우 크다. 저온성 세균에서 유래한 저온성 효소는 낮은 온도에서 특히 높은 활성을 보이며, 온도가 증가할수록 쉽게 활성을 잃게 된다. 이러한 특징은 식품산업 중에서도 유제품 관련 산업에서 아주 유용하게 이용된다.

해양생태계의 서식처별 환경 특성과 생명공학적 응용

서식처	환경 특성	생명공학적 응용
해구	고압	새로운 혹은 개선된 효소
심해, 극지, 냉용수	저온	저온성 효소, 생물 정화, 항동결재
해수	빈영양	기질친화성, 리간드
열수분출공	고온, 중금속	열안정 화학물질, 용매친화적 효소
퇴적토	부영양	생리활성물질, 시그널 및 센싱
염해	고염	염내성 효소, 신규 대사물
탄화수소 용출지역	탄화수소	생물 정화, 생물 전환
해저	혐기	혐기성 생물 전환

단백질 공학 기술로 만들어진 재조합 효소는 저온성 효소와 중온성 효소의 단점을 보완하여 다양한 산업에 이용될 수 있다. 재조합 효소의 대표적인 예로는 세제가 있다. 단백질 분해효소, 지질 분해효소, 전분 분해효소, 섬유소 분해효소 등은 온도가 낮으면 활성이 현저히 떨어지는 단점을 가지고 있는데, 저온에서도 활성이 높게 유지되는 저온성 균주로부터 얻은 효소를 이용하면 이러한 단점을 쉽게 극복할 수 있다.

초고온 환경에 적응된 열수분출공 미생물들은 100℃와 같은 고온에서도 생명현상을 유지하는 원리를 밝히는 연구 소재가 된다. 또한 열에 안정적인 효소를 응용하는 산업 분야에서도 아주 유용하다. 그래서 초고온성 미생물(주로 고세균)로부터 얻은 많은 종류의 단백질 특성과 기능이 어떻게 다른지 밝히고, 산업적으로 활용하려는 연구가 진행되고 있다. 초고온성 유래 효소 중 단연 돋보이는 것은 현대 생명공학 연구의 핵심 기법인 핵산중합반응(polymerase chain reaction, PCR)에 이용되는 DNA 중합효소(DNA polymerase)를 들 수 있는데, 이것의 시장 규모는 연간 수억 달러에 달한다. 또한 중금속 농도가 높은 열수분출공 주변에 사는 미생물은 중금속에 적응하는 원리를 밝혀 중금속의 정화에도 이용될 수 있을 것이다. 최근에는 초고온성의 효소가 정밀화학 공정에서 생물 촉매로 상용화되기도 하였다. 표는 다양한 해양생태계의 환경 특성과 이러한 환경에 적응하여 살아가는 미생물의 생명공학적 활용가치를 정리해 놓은 것이다.

● 해양생물공학의 전망

바다는 아직까지 이용되지 않은 미생물 유전자원의 보고이다. 해양미생물 연구의 주요 주제로는 생물지리학적 분포와 이동, 다양한 극한 환경에서 생명 유지에 필요한 유전자 발현 등이 있으며, 분류학 및 진화적 측면에서는 새로운 미생물을 찾는 것도 중요할 것이다. 이는 다양한 미생물의 특성이 유용물질 및 새로운 생물 공정 개발의 단서를 제공해 줄 수 있기 때문이다.

해양미생물은 거시적으로 지구 온실가스의 변화, 영양물질과 원소의 순환 등에 관련된 해답을 제시할 수 있으며, 실질적으로는 식품생산, 해양생체소재와 생물 공정 개발 등 생명공학산업에 활용될 수 있다. 바다에는 수많은 종류의 미생물이 존재하므로, 해양미생물을 연구하면 그 활용 범위가 매우 넓을 것이다. 해양미생물의 유익한 측면에서부터 질병 발생 등과 같은 해로운 측면까지를 모두 포함하는 연구는 인류와 직·간접적으로 연관된 것들이다. 해양생명공학 연구는 비교적 최근에 형성된 분야로 접근이 쉽지 않으며, 대규모 투자와 첨단해양과학기술이 요구되기 때문에 주로 선진국 위주로 진행되고 있다. 그러므로 이러한 해양미생물의 탐사와 활용에 대한 연구와 그에 따른 사업은 국력과도 결코 무관하지 않다. 특히 유전체 연구와 같이 생명공학기술의 놀라운 발전으로 해양미생물의 다양성을 자원으로 활용하려는 연구도 활기를 띠게 되었다. 미생물은 다른 동·식물에 비하여 유전체의 크기가 작기 때문에 유전체 정보를 확보하기가 상대적으로 쉽다. 유전체 연구는 해당 생명체의 생명 기능과 생명 현상을 해석하는데 있어서 매우 좋은 방법으로 인지되고 있다. 더욱이 지구의 다양한 극한 환경 어디에서나 존재하는 해양미생물에 대하여 국내·외의 많은 연구자들이 새로운 미생물을 확보하고, 이를 기반으로 유전체 연구와 응용연구를 경쟁적으로 진행하고 있다.

열수분출공 모식도
무인잠수정을 이용하여 심해의 열수분출공 주변 환경을 조사한다.

KIOST

국내의 경우, 한국해양과학기술원은 한반도 주변해역의 지질학적, 물리학적, 생물학적 연구를 꾸준히 진행해 왔으며, 심해환경 탐사연구 및 대양연구를 수행하면서 지구적 규모의 해양연구 기초와 틀을 마련하였다. 2004년도에 시작된 해양수산부(현 국토해양부)의 해양생명공학 기술 개발사업이 본격적으로 진행 중에 있으며, 2007년도에는 심해탐사와 정밀 시료 채취 능력을 보유한 무인잠수정이 완성되었다. 이로써 전 세계 바다를 대상으로 탐사할 수 있는 연구 능력을 실질적으로 확보하게 되었으며, 이는 바다 속에 감추어진 미생물의 보물창고가 우리의 힘으로 열리게 될 날이 멀지 않았음을 의미한다.

해양천연물화학

해양천연물화학은 해양생물로부터
의약품을 개발하기 위한 종합과학이다.

신희재 한국해양과학기술원

인간은 예로부터 생물자원을 식량으로 이용해 왔을 뿐만 아니라 질병 치료의 목적으로도 이용해 왔다. 예를 들어, 상처가 나서 피나 진물이 흐를 때는 갑오징어의 뼈를 긁어서 나온 가루를 상처 부위에 발라서 빠르게 응고시키고, 통증이 심할 때는 버드나무 껍질을 씹거나 달여서 먹기도 하였다. 기원 전 4000년경 수메르인들의 점토판이나 기원 전 1500년경 이집트인들의 파피루스를 보면 동물, 식물, 광물 등에서 약으로 사용하고자 하는 성분이 함유된 부분을 채취하여 약재로 사용했다는 것을 알 수 있다. 18세기 근대 약학의 태동과 함께 19세기 독일의 약제사인 제르튀르너(Sertürner, 1783~1841)는 아편에서 필요한 성분만을 추출하여 진통작용이 있는 모르핀을 분리하여 약으로 개발해 내는 진전을 이루었다.

천연물화학은 자연에 존재하는 생물자원에 포함된 어떤 유효한 물질을 이용하여 의약품이나 인간에게 유용한 물질로 개발하는 연구 분야이다. 천연물화학은 식물, 동물, 미생물 등 생물자원에 존재하는 화합물을 분리 · 정제하여 그 구조를 밝히고 의약품이나 기능성 소재, 유용물질 등으로 개발하는 것이다.

● 해양천연물화학

해양천연물화학은 해양생물자원을 이용하여 의약품, 화장품, 기능성 건강식품, 화학제품 등 고부가가치 제품을 개발하는 것을 중요한 연구 목표로 하고 있다. 해양천연물화학은 연구 특성상 유기화학, 분석화학, 생화학, 약리학, 약화학, 생물학, 미생물학 등 여러 학문 분야가 융합된 종합과학이기 때문에 해양천연물과학이라고 불리기도 한다. 해양천연물은 해양생물의 몸속에서 생화학적인 대사작용에 의해 만들어진 유기화합물

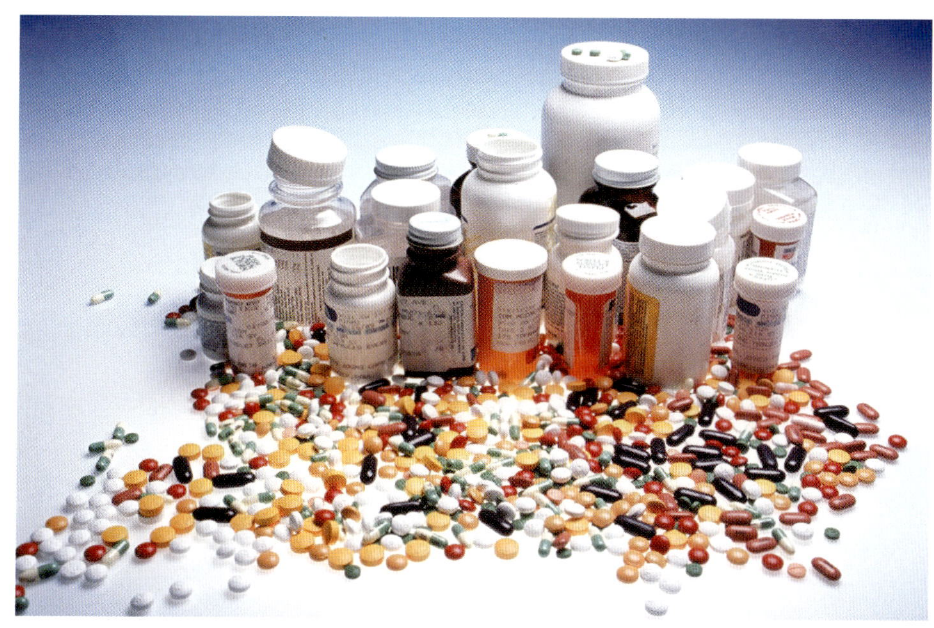

mms

각종 의약품류
의약품 개발은 환자의 고통을 덜어줄 뿐만 아니라 막대한 부가가치를 창출하는 산업이다.

로서, 다양한 구조와 강력한 생리활성을 가지고 있어 의약품 등 다양한 용도로 개발될 수 있으므로 산업적으로 이용가치가 매우 높다.

해양천연물에 대한 연구는 1960년대에 시작되어 역사는 불과 50여 년 남짓하다. 1967년 미국에서 '바다에서 의약품을(Drugs from the Sea)'이란 심포지엄이 개최되어 해양생물로부터 의약품을 개발하려는 연구가 주목을 받기 시작했으며, 1970년대에 들어와서야 비로소 해양천연물화학이라는 새로운 연구 분야가 생겨나게 되었다. 해양신물질 및 해양천연물에 대한 본격적인 연구를 촉발시킨 직접적인 계기가 된 것은, 열대 해역에 사는 해면동물에서 강력한 항암활성을 가진 아라-티(Ara-T, spongothymidine)와 아라-유(Ara-U, spongouridine)의 발견이다. 이 물질들은 이후에 항암제와 항바이러스제로 개발되어 의약품 개발의 선도적인 역할을 하였다.

해양천연물화학의 발전은 1980년대에 미국 국립암연구소(National Cancer Institute, NCI)와 일본, 이탈리아 등 선진국 연구자들을 주축으로 이루어졌으며, 해양생물로부터 새로운 유용물질을 얻으려는 연구가 활발히 진행되었다. 1990년대 중반 이후에는 선진국뿐만 아니라 개발도상국들에서도 활발한 연구가 이루어져, 매년 200편 이상의 논문과 1,000종류에 가까운 신물질이 보고되고 있다. 지금까지 해양생물로부터 19,000종류 이상의 신규 화합물이 분리되어 해양생물은 신규화합물의 보고라고까지 불리게 되었다.

1990년대 중반 이후 새로운 유용물질의 원천이 되는 해양생물자원을 확보하려는 국가 간의 경쟁이 치열해지고 있다. 미국은 새로운 의약품의 소재로서 해양천연물의 중요성을 일찍부터 인식하여 해양생물 유래 의약활성물질에 대한 탐색과 개발을 21세기 생명공학의 핵심 분야 중 하나로 인정하고 국가적인 차원에서 관여하고 있다. 미국 국립암연구소, 스크립스해양연구소(Scripps Institution of Oceanography, SIO), 국립천연물신약협력개발단(National Cooperative Natural Products Drug Discovery Group) 등이 주요 연구기관이다. 최근에는 인도, 중국, 브라질 등 개발도상국에서도 의약활성을 목표로 해양천연물을 연구하는 사례가 급증하고 있다.

● 해양생물, 의약품의 보고

해양생물자원은 의약품 개발에 있어 획기적인 전기를 마련할 것으로 기대를 모으고 있다. 지금까지 육지에 살고 있는 미생물에서 발견한 생리활성물질은 16,000여 종으로 이 가운데 120여 종이 의약품으로 개발되었다. 그리고 많은 종류의 의약품들이 육상식물에서 개발되어 현재 사용되고 있으나, 이제 육지에 사는 미생물이나 식물에서 찾을 만한 의약품은 거의 바닥이 난 상태이다.

바다는 생명을 탄생시킨 모태로서 생물 진화의 보금자리 역할을 하고 있다. 더욱이 지구 표면적의 약 70%를 차지하고 있는 해양에는 생물종의 약 80%가 살고 있으며, 밝혀진 종류만 30만여 종에 이르는 다양한 해양생물들이 살고 있다. 해양생물은 육상생물과는 달리 3차원이 모두 물이라는 특이한 환경에서 살고 있기 때문에 이들의 대사물질도 육상생물의 것과는 다른 특이한 화학 구조를 가지고 있다. 또한 해양생물은 바다라는 특수한 환경에서 진화를 거듭해 오면서 생존을 위한 화학적 방어능력을 습득하게 되었다. 이러한 화학적 방어에 필요한 물질들이 의약품 개발에 중요하게 활용될 수 있다. 예를 들어, 해면동물은 기생충의 번식을 막기 위해 화학물질을 만들어내는데, 이런

우렁쉥이(상), 불가사리(중), 해면동물(하)
바다에 살고 있는 여러 가지 해양생물들은 의약품과 신물질 개발의 중요한 탐색 자원으로 주목받고 있다.

물질들은 암세포를 죽이는 항암제로 개발될 가능성이 높다. 그리고 청자고둥은 독으로 먹이를 마비시켜 잡아 먹는데, 이 독은 간질병 환자의 치료제로 사용될 전망이다. 우리가 해안에서 흔히 볼 수 있는 우렁쉥이의 정자에는 난자에 화학적인 변화를 일으키는 단백질이 있다는 사실이 밝혀졌는데, 불임 남성의 정자에는 이 단백질에 대한 결함이 있는 것으로 알려지고 있어, 불임 남성의 치료에 우렁쉥이의 정자에 대한 연구가 도움이 될 전망이다.

이 외에도 인도양에 사는 해면동물에서 찾아낸 새로운 항진균제는 에이즈 환자와 암 환자의 목숨을 위협하는 진균감염증을 부작용 없이 치료하며, '바다의 해적'으로 불리며 쓸모없이 버려지던 불가사리 역시 의약품 개발 분야에서 효자 생물로 떠오르고 있다. 불가사리는 연안 어장의 해양생물을 닥치는 대로 먹어 치우는 식성 때문에 양식업에 막대한 피해를 입히므로 해마다 대대적인 제거 작업을 벌여야 했으나, 최근에는 혈전치료제나 칼슘제, 고지혈증 치료제, 항균제, 항알레르기제, 면역증강제 등 다양한 용도로 이용되고 있다.

해양미생물 또한 의약품 및 유용 신물질 탐색에 있어서 매우 중요한 해양생물 자원이다. 최근 인간 게놈 프로젝트를 주도했던 미국의 벤터(Craig Venter, 1946~) 박사가 해수 1,500ℓ에 들어 있는 미생물의 DNA를 모두 분석하여 수백만 개의 미생물 유전자와 1,800여 종의 신종 미생물을 발굴하는데 성공해서 세계 생명과학계에 화제가 되었다. 지금까지 연구된 해양미생물은 해양에 존재하는 전체 미생물의 약 1~10%에 불과하다. 따라서 지금까지 연구되지 않은 나머지 90% 정도의 해양미생물들이 천연물 화학의 소재로 이용된다면 보다 많은 의약품들이 해양미생물로부터 개발될 수 있을 것이다. 해양공생미생물 또한 브라이오스태틴(bryostatin)과 같은 항암물질 및 다양한 유용한 물질들을 생산하고 있어서, 의약품 개발에 엄청난 잠재력을 가지고 있는 생물 자원이다. 한편 남세균(cyanobacteria, 남조류)의 생체 고분자는 미백효과가 뛰어난 무독성의 화장품 첨가제로 쓰이기도 한다. 열대의 심해퇴적물에서 분리된 '살리니스포라(*Salinispora*)'라는 해양방선균은 강력한 항생물질과 항암물질을 만든다. 이와 같이 해양생물은 의약품으로 개발될 가능성이 많은 천연물자원이다.

● 해양생물로부터 의약품 개발

해양생물에서 어떤 약리활성을 가지는 천연물을 분리하여 의약품으로 개발하는 데는 평균 10~15년이 걸린다. 해양생물에서 추출된 천연물이 의약품으로 개발되기까지는 시료의 채집과 분류, 활성물질의 추출과 정제, 구조 결정, 생리활성(또는 약리활성) 측정, 약효를 증가시키고 부작용을 감소시키기 위한 구조변환 연구, 동물실험을 통한

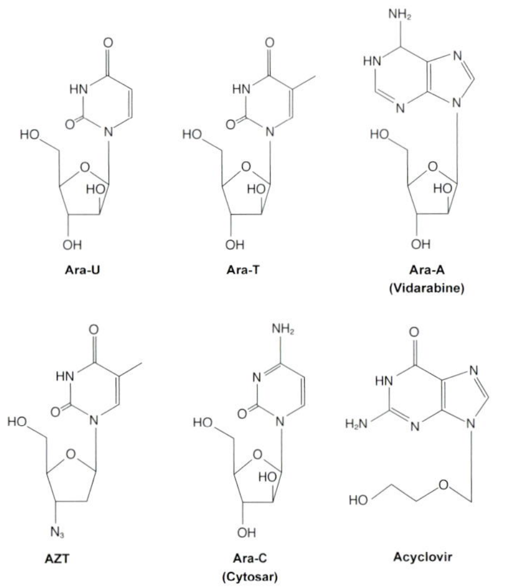

약효와 독성시험, 사람을 대상으로 한 약효와 안전성 실험을 하는 임상실험 등 다양한 실험을 통해 약효와 부작용을 검증받아야 한다.

50여 년의 짧은 해양천연물화학 역사에도 불구하고, 해양천연물로부터 몇 가지 의약품들이 개발되어 현재 시판되고 있다. 예를 들면, 해면동물에서 분리된 항바이러스제인 아라-에이(Ara-A, 비드아라빈), 항암제인 아라-씨(Ara-C, 싸이토사르, 싸이타라빈), 해양진균에서 분리된 항생제인 세팔로스포린(cephalosporin) 등이 있다. 의약품 이외의 용도로 쓰이는 물질로는, 해양 와편모조류에서 분리된 오카다산(okadaic acid)은 생화학과 의·약학 분야 연구를 위한 연구용 시약으로 이용되고 있으며, 영양 보조제로 유아용 유동식에 첨가되는 포뮬레이드(formulaid®)는 해양미세조류에서 분리되었다. 연산호에서 분리된 슈돕테로신(pseudopterosins)은 소염활성이 뛰어나 레질리언스(resilience®)와 같은 스킨크림에 화장품 첨가제로 이용되고 있다.

Ara-U Ara-T Ara-A (Vidarabine)

AZT Ara-C (Cytosar) Acyclovir

해양생물에서 개발된 의약품 및 그 유도체 의약품들

서인도산 해면동물인 *Cryptotethya crypta*에서 분리된 Ara-U와 Ara-T는 해양생물로부터 개발한 의약품의 효시가 된 물질이다. Ara-A도 해면동물에서 개발된 항바이러스제이며, acyclovir 역시 이 물질을 모델로 개발된 항바이러스제이다. Ara-C는 Ara-U를 선도물질로 하여 개발된 항암제이다.

해면동물에서 발견된 마노알라이드(manoalide)는 효소억제제로 시판되고 있으며, 형광해파리에서 분리된 애큐오린(aequorin)과 녹색 형광 단백질(Green Fluorescent Protein, GFP)은 각각 칼슘지시제 및 리포터 유전자로 상용화되었다. 이밖에도 심해 열수분출공에서 뿜어져 나오는 뜨거운 열수 주위에서 분리된 미생물에서 찾은 신기능성 효소, 고분자 물질 등이 산업화되어 우리 생활에 이용되고 있다. 그 외에도 색소, 기능성 고분자 물질, 수술용 접착제, 오손 방지제 등이 상품화되어 기능성 신소재로 널리 사용되고 있다. 지금까지 해양생물에서 발견된 신물질은 19,000여 종류에 달하며 이들 물질 중에 의약품으로 개발하기 위해 전 임상 또는 임상실험 단계에 진입한 해양생물 유래 천연물 또는 천연물 유도체는 상당수가 있다.

● 항암제

해양생물 유래 의약품 개발에 있어 가장 활발하게 연구된 분야가 항암제 개발이다. 미국 국립암연구소에서 여러 가지 해양생물의 추출물에 대해 항암효과를 검색한 결과를 보면, 해면동물, 원색동물, 빗해파리류(유즐동물) 등에서 높은 빈도로 항암활성이 나타났다. 현재 다양한 해양생물에서 강력한 항암활성을 가지는 신물질들이 분리되어 항암제로 개발되고 있다. 군체멍게(원색동물)에서 분리된 욘델리스(yondelis, 트라벡테딘)는 연조직육종 치료제로서 개발되어 유럽연합, 일본, 그리고 국내에서도 시판되고 있다. 특히 욘델리스는 치료제가 거의 없는 연조직육종 치료제로서 20년 만에 처음으로 개발되어 많은 환자들에게 희망이 되고 있다.

해양생물에서 개발되고 있는 항암물질들로서는 브라이오스태틴(bryostatin, 이끼벌레/공생미생물), 돌라스태틴(dolastatin, 연체동물), 쎄마도틴(cemadotin, 연체동물), 카할라라이드(kahalalide, 연체동물/미세조류), 애플라이딘(aplidine=didemnin B 유도체, 원색동물), 살리노스포라마이드 (salinosporamide, 해양방선균), 디스코더몰라이드(discodermolide, 해면동물) 등이 현재 임상실험 단계에 있는 대표적인 항암물질이다.

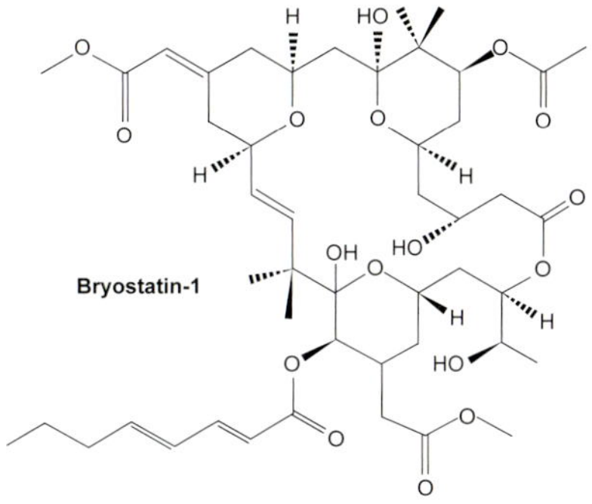

항암물질 Bryostatin을 생성하는 이끼벌레 *Bugula neritina*의 사진

항암물질 브라이오스태틴과 이끼벌레

Bryostation-1은 이끼벌레 *Bugula neritina*에서 분리된 강력한 항암제이다. 이 물질은 이끼벌레에 공생하는 공생미생물이 만드는 것으로 밝혀졌다.

● 항염제

항염물질로는 해면동물에서 분리된 IPL576092가 현재 개발되고 있으며, 이 물질은 천식에도 효과가 뛰어나다. 그리고 연산호에서 분리된 메쏩테로신(methopterosin)은 항염 및 상처 치유에 효과가 뛰어나 임상실험 중에 있다. 이 밖에도 해면동물에서 분리된 마노알라이드(manoalide)가 있는데 항염작용과 건선에 효과를 나타낸다.

● 항바이러스제

해면동물에서 분리된 아라-티와 아라-유는 뉴클레오사이드 계열의 물질로, 해양생물로부터 의약품을 개발하게 된 계기가 되었다. 현재 바이러스성 질환 치료제의 필요성은 점차 증가하고 있으나, 치료제로 개발된 것은 그리 많지 않으며, 대부분 뉴클레오사이드 계열의 물질이다. 해면동물에서 분리된 뉴클레오사이드인 아라-에이와 아라-티는 현재 항바이러스제로 쓰이고 있는 아시클로버(acyclovir)와 에이지티(AZT)의 선도물질로 역할을 하였다. 이 외에도 우렁쉥이에서 분리된 유디스토민(eudistomin)은 항바이러스 효과뿐만 아니라 항미생물 효과도 가지고 있다. 이 물질은 화학합성을 하기에 어려운 구조를 가지고 있으나, 유기합성에 성공하여 동물실험에 필요한 충분한 양을

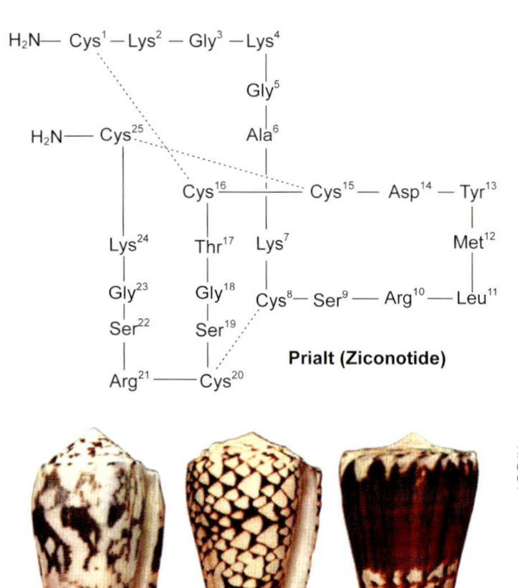

프라이얼트 (Prialt)

*Conus magus*라는 청자고둥의 성분 중 하나로서 몰핀보다도 강력한 진통작용을 가지고 있어 암 환자 등의 치료에 사용되고 있다.

얻는데 성공하였다. 이 밖에도 항생제, 항진균제, 항알츠하이머 물질 등이 전임상이나 임상실험 중에 있어서 그리 멀지 않은 장래에 해양생물로부터 많은 종류의 의약품들이 개발될 것으로 기대된다.

● 진통제

의약품으로 개발 중에 있는 가장 대표적인 해양천연물로는 임상실험을 마치고 2004년 미국 식품의약청(Food and Drug Administration, FDA)으로부터 승인을 받고 2005년부터 시판되고 있는 프라이얼트(prialt, ziconotide)를 들 수 있다. 이 물질은 청자고둥에서 분리된 펩타이드성의 강력한 진통제로써 뇌로 통증신호를 전달하는 칼슘채널을 선택적으로 차단하여 진통효과를 나타낸다. 한편 프라이얼트는 몰핀(morphine)보다 1,000배 이상의 강한 진통효과를 가지고 있어, 중증 통증치료제로서 지금까지의 진통제에 더 이상 반응하지 않는 환자나 암 환자들에게 사용되고 있다. 이 밖에 AM336(CVID) 역시 청자고둥에서 분리된 펩타이드성의 물질로 뛰어난 진통효과를 나타내어 현재 진통제로 개발 중에 있다.

● 해양 천연물개발의 문제점과 전망

지금까지 해양생물에서 약 19,000종류 이상의 신물질이 분리되었으며, 이들 화합물 가운데 많은 수의 해양천연물들이 신약으로 개발되고 있다. 그러나 신약 개발 과정에는 많은 어려움이 있다. 가장 큰 문제점은 해양생물이 강력하고 다양한 생리활성물질들을 많이 만들지만, 그 물질들이 해양생물의 체내에 미량으로 존재한다는 것과 일반적으로 해양천연물의 구조가 매우 복잡하여 합성이 어렵다는 것이다.

의약품으로 개발하기 위해서는 동물실험과 사람을 대상으로 하는 여러 단계의 임상실험을 통과하여야 하기 때문에 많은 양의 물질이 필요하다. 예를 들어, 항암물질인 브라이오스태틴의 경우, 이 물질을 만드는 이끼벌레 1톤에 1mg 미만의 양이 포함되어 있을 뿐이기에, 해양생물로부터 활성물질을 분리 · 정제하여 의약품 개발에 필요한 충분한 양을 공급하기는 상당히 어렵다. 또한 일반적으로 해양천연물의 구조가 복잡하여 유기합성법으로 해양생물 유래 천연물을 합성하는 것이 매우 어렵거나, 많은 합성단계가 필요하다는 것이 해양천연물 의약품개발의 가장 큰 문제점이라고 할 수 있다. 이러한 문제점을 해소하기 위해서는 시료를 대량 채집하는 방법이 있으나, 바다라는 특수한 환경 때문에 시료 채집 방법이 제한되어 있으며, 대량 채집을 하게 되면 생태계에 악영향을 미칠 수도 있다. 그러므로 천연물의 공급 문제를 극복하기 위해서는 해양생물의 대량 양식과 유전공학적 기법의 활용 등 다양한 해결 방법이 제시되고 있다.

미국 국립암연구소에서는 브라이오스태틴의 경우 이끼벌레 13,000kg을 양식하여 임상실험에 필요한 충분한 양을 공급하였다. 또한 해양생물로부터 분리된 많은 물질들이 해양생물에 공생하고 있는 미생물들에 의해 만들어지는 경우가 많이 알려져, 해양생물의 공생미생물이 새로운 의약품 개발의 중요한 소재가 되고 있다. 브라이오스태틴의 경우에도 이 물질을 만드는 공생미생물을 이끼벌레에서 분리하여 유전자 구조를 규명하였으며, 유전자 클로닝 및 미생물 대량 배양을 통해 브라이오스태틴의 공급 문제를 해결하려고 하고 있다.

김동성

심해 열수분출공 주변에 살고 있는 해양생물

심해 생명체들은 에너지 부족 문제나 질병 치료를 위한 의약품 개발 등과 같은 인류가 직면한 수많은 문제를 해결하는 실마리를 제공해 줄 무한한 가능성을 지니고 있다.

지구상에 사는 생물종 가운데 약 80%가 바다에 살고 있지만, 현재 우리가 이용하고 있는 종은 그리 많지 않다. 그러므로 아직도 이용하지 않고 있는 해양생물이 무궁무진하다고 할 수 있다. 또한 심해나 극한지 등 접근하기가 쉽지 않은 광대한 지역의 해양환경이 아직도 남아 있기 때문에 해양생물로부터 고부가가치의 천연물을 개발하는 것은 무한한 가능성을 가지고 있다. 바다의 생물종다양성은 지구의 어느 곳보다도 풍부하다. 예를 들어, 산호초에는 $1m^2$당 1,000여종 이상의 생물이 서식하며, 인도-태평양에는 세계에서 가장 다양한 열대생물들이 살고 있다. 또한 해양미생물 역시 많은 의약 활성을 가지는 물질들을 만들고 있지만, 불행하게도 현재 바다에 사는 미생물의 약 5% 정도만을 배양할 수 있다. 따라서 해양생물의 다양성과 아직까지 이용하지 않는 생물에 보다 많은 관심을 가지기 시작할 때 새로운 종류의 흥미로운 물질을 찾을 수 있을 것이다.

짧은 역사에도 불구하고 의약 활성을 목표로 하는 해양천연물화학은 눈부시게 발전해 왔다. 해양생물 유래 천연물의 무한한 잠재적 가치가 서서히 인정받기 시작하여, 세계 각국의 의약계는 물론 생명공학 기업과 정부까지 나서 해양생물자원을 효율적으로 활용할 수 있는 방안을 찾고 있다. 더 나아가 해양생물이 미래의 천연물 신약 개발에 있어서 핵심적인 역할을 하게 되어, 궁극적으로는 천연물 신약 개발에 이용되는 현재의 육상생물을 대체할 것으로 전망되고 있다.

조류 바이오 연료

조류(藻類, algae)를 이용한 바이오 연료는 해양식물로부터 에너지와 고부가가치 물질을 추출하고 온실가스를 회수하기 위한 최적의 방안으로 각광받고 있다.

강도형 한국해양과학기술원

현재 우리가 사용하고 있는 원유는 바다의 플랑크톤과 같은 유기물의 사체가 천만 년에서 수억 년 동안 퇴적되어 고압·고온상태에서 탄화수소로 변성된 것이다. 지질학적으로 지구상 유전의 대부분은 1억 5천만 년 전, 1억 년 전 그리고 2천만 년 전 등 세 번의 기간 중에 생성되었다고 보고되고 있다. 석유의 공급은 2007~2020년 사이에 정점에 달하고 그 후에는 생산량이 감소할 것으로 예상되고 있다. 석유의 에너지원이 한계의 도달할 경우, 수소에너지, 바이오에너지, 태양광, 풍력, 조력발전 등이 대체 에너지원으로 꼽히고 있지만 많은 불확실성이 존재한다. 하지만 여러가지 재생가능 에너지(renewable enegy)중에서도 미세조류를 이용한 바이오 연료는 가장 유망한 대체 에너지 가운데 하나라고 할 수 있다.

● 미세조류 바이오 연료 생산의 장점

미세조류는 광합성을 통해 대기 중의 이산화탄소(CO_2)를 생물학적으로 회수하고, 육상식물들보다 매우 효율적으로 바이오매스를 생산할 수 있다. 그 중에서도 몇몇 종들은 바이오매스의 약 50% 이상을 지방으로 생산할 수 있으며, 이 지방의 상당 부분이 바이오디젤의 원료인 중성지방(triacylglycerols)이 될 수 있다는 사실이 확인되었다. 중성지방은 에너지 밀도가 높은 바이오디젤, 그린 항공기 연료, 그린 가솔린과 같은 원료로 사용될 수 있다. 미세조류 세포내의 지방 함량과 품질은 조류의 성장 조건에 따라서 달라진다. 중성지방을 세포 내에서 증가시키기 위한 연구 결과, 질소, 인 등의 영양염류를 제한한 조건에서 가장 높은 지질 함량을 얻을 수 있었다. 그러나 한편으로는 영양염류의 제한 조건에서 높은 지질 함량을 얻을 수는 있는 반면, 상대적으로

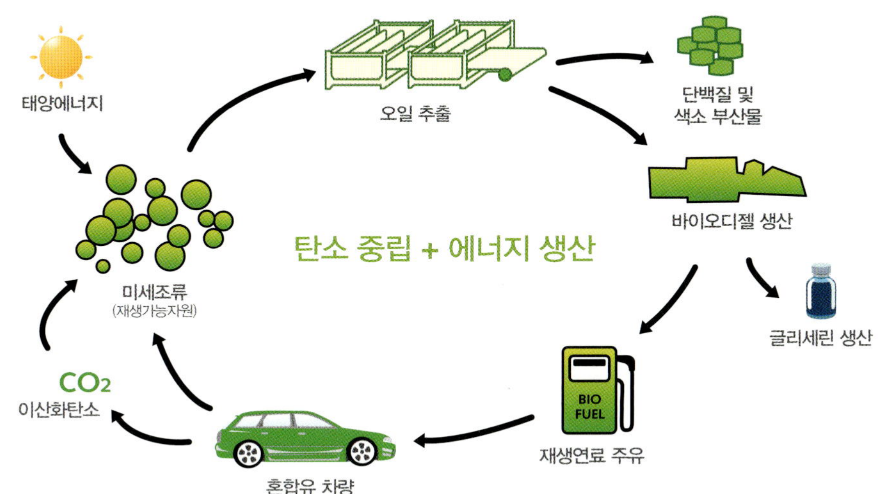

미세조류 바이오 연료 생산 개념 모식도
재생 가능 에너지와 고기능성 물질의 생산 및 탄소 배출 저감이 가능하다.

바이오매스의 성장이 둔화되어 생산성이 감소하는 문제점이 발생한다.

하지만 미세조류는 전형적인 육상작물인 팜, 대두, 유채보다 경작 면적당 훨씬 많은 기름을 생산하는 것이 증명되었다. 현실적으로 전통적인 육상작물들과 폐식용유, 폐동물성 지방으로부터 바이오 연료를 생산하는 것보다 미세조류의 단위 면적당 생산량이 월등하게 뛰어나기 때문이다. 미세조류는 옥수수, 사탕수수, 콩 등 다른 바이오 연료와 비교했을 때, 대량생산에 요구되는 토지면적이 가장 적고 생산에 필요한 물이 가장 적게 소요된다. 또한 미세조류 바이오 연료는 생산원가를 배럴당 30달러까지 낮출 수 있으므로 다른 바이오 연료 뿐만 아니라 기존의 화석 원료와 비교하여도 가격경쟁력이 우수하다.

2009년 사이언스(Science)지에 보고된 바에 따르면 미국에서 6,700만 에이커의 농지에서 생산된 콩을 이용하여 바이오디젤을 생산할 경우 미국의 바이오디젤 소비량의 6%를 공급할 수 있으나, 만약 동일 면적의 농지에서 미세조류 바이오 연료를 생산할 경우 미국 소비량의 100%를 달성할 수 있을 것으로 추정했다.

미국 에너지부는 1978년부터 1996년까지 수서생물 프로그램(Aquatic Species Program)을 통해 약 2,500만 달러를 투자하여 미세조류, 대형 해조류, 부들 등 수서생물을 이용한 재생가능 에너지 개발 가능성을 시험하였다. 최근 엑슨모빌, 쉘, 쉐브론, 코노코필립스 등의 정유업체들은 미세조류 연구에 집중적으로 투자를 하고 있는데, 특히 엑슨모빌의 경우 2009~2013년에 6억 달러를 투자하는 계획을 발표한 바 있다. 이러한 투자 계획은 이제까지 풍력, 바이오 연료, 태양광 등 그린에너지에 대한 투자에 소극적이였던 에너지 기업들의 투자 성향에서 볼때 상당히 이례적인 것으로 평가된다.

한국해양과학기술원의 미세조류 파일럿 플랜트(좌), 배양중인 미세조류 현미경 사진(우)

미세조류를 배양 플랜트 시설에서 배양하여 바이오연료를 생산하게 된다.

● 왜 조류 바이오 연료인가?

전 세계 대기업들이 미세조류 바이오 연료 개발에 많은 투자를 하는 이유는 다음과 같다. 첫째, 석유와 같은 화석 연료와의 유사성을 들 수 있다. 특정 미세조류들은 현재 우리가 사용하고 있는 석유와 분자 구조가 유사한 기름을 자연적으로 생산하므로 가솔린, 디젤류를 직접 대체할 수 있다. 둘째, 기존 시설을 활용할 수 있으므로 시설 투자에 투입되는 막대한 비용이 불필요하다. 바이오 수소 및 바이오 가스 등과 같은 다른 대체 연료들은 생산된 에너지를 운반할 새로운 시설이 요구되는데 비해, 석유와 비슷한 특성을 지닌 미세조류 바이오 연료는 별도의 운송 시설을 필요로 하지 않는다. 셋째, 상업적으로 대량 생산이 가능하다. 미세조류는 현재까지 5종이 상업적으로 사용할 수 있을 정도의 대량 생산이 가능하며, 다른 육상 바이오매스에 비해 3~8배까지 성장 속도가 빠르다. 넷째, 미세조류 연료는 탄소배출 절감 전략에 부합하는 최적의 바이오매스다. 미세조류 바이오매스는 광합성을 통해 에너지원을 생산하기 때문에 이산화탄소를 1 : 1.8 비율로 흡수하고 산소와 기름, 고부가가치 물질들을 생산하므로 친환경적이다. 다섯째, 세계 식량난의 영향을 최소화 할 수 있다. 국제연합(UN)은 바이오 연료 사용을 목적으로 옥수수, 콩, 사탕수수 재배를 확대할 경우 곡물 생산 감소로 식량 가격이 상승하여 빈곤국이 피해를 입을 가능성을 지적했다. 비식량자원인 미세조류 기반 바이오 연료는 세계의 식량난에 영향을 주지 않는다.

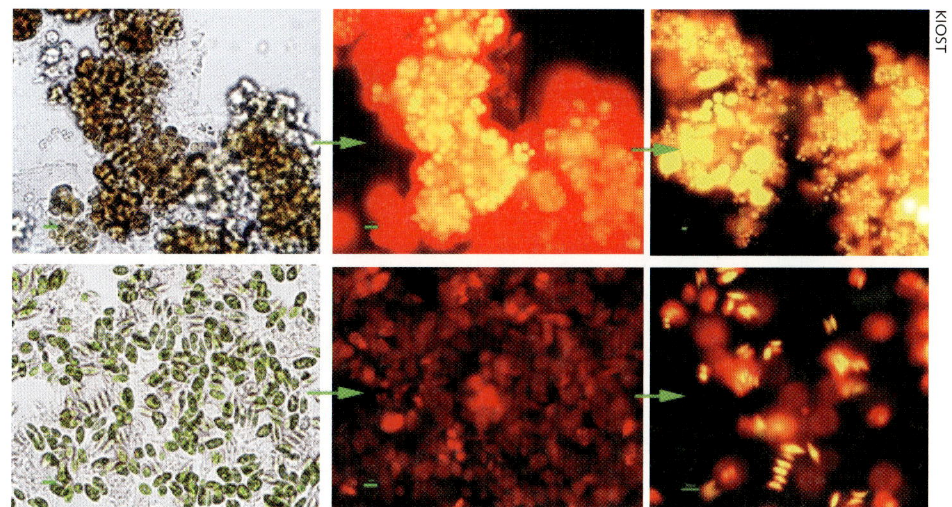

한국해양과학기술원에서 보유하고 있는 미세조류의 현미경 사진

각 미세조류가 바이오 연료의 원료인 중성지방(노란색)을 축적하는 모습

미세조류 바이오 연료들은 육상작물 유래 바이오에탄올, 셀룰로오스계 에탄올 및 바이오디젤보다 지속가능성이 더 높다. 경쟁적인 수요가 없는 담수, 기수, 해수, 폐수에서도 성장할 수 있고, 농작물 경작에 적합하지 않은 비경작지를 이용해 배양할 수 있으므로, 육상작물이 갖는 한계를 뛰어 넘을 수 있다. 미세조류 바이오 연료의 지속가능성을 보다 면밀하게 확인하기 위해서는 자세한 수명주기 평가와 환경영향 평가분석이 필요하지만, 그 자체의 잠재성만으로도 제1, 2세대 바이오 연료들보다 진화된 연료라 할 수 있다. 미세조류 바이오 연료가 대규모로 생산될 경우, 향후 화석연료의 이용을 훨씬 더 감소시킬 수 있을 것이다.

● 상업 생산을 위해 극복해야 할 과제들

현재까지 보고된 수십만 종의 미세조류들 가운데 상업생산에 이용되는 미세조류는 스피룰리나(*Spirulina*), 클로렐라(*Chlorella*), 두나리엘라(*Dunaliella*), 아파니조메논(*Aphanizomenon*), 헤마토코커스(*Haematococcus*), 쉬조키트리움(*Schizochytrium*) 등 5종류이다. 미세조류 바이오 에너지가 실용화되려면 바이오 연료를 생산하였을 경제성이 있는지, 향후 전 세계 연료 수요에 기여할만큼 충분한 양을 제조할 수 있는지를 면밀하게 검토해 보아야 한다.

미세조류 바이오 연료를 상업적으로 생산하기 위해서는 반드시 극복해야 할 과학기술적 도전 과제들이 여전이 많이 남아있는 것이 사실이다. 바이오 연료의 실용화를 위해서는 유용한 미세조류를 선별하고 바이오 연료를 실제로 생산하기 위한 공정 및

바이오 연료별 에이커당 연간 연료 생산량

(단위 : 갤론)

바이오 연료	미세조류	팜(야자오일)	사탕수수	옥수수	콩
생산 가능량	2,000	650	450	250	50

시스템에 대한 지속적인 연구가 필요하다. 그 동안의 연구 결과, 바이오 연료 생산 비용을 결정하는 가장 중요한 요인은 미세조류의 생산성이라는 것이 밝혀졌다. 향후 미세조류의 성장률과 지방 생합성에 영향을 미칠 수 있는 생물생리학 연구가 집중적으로 수행될 필요가 있다.

실험실 수조에서 생산성을 증가시킨 후에는 파일롯 플랜트에서의 시험 생산을 통해 공정을 최적화하는 과정을 거쳐야 한다. 현재까지는 육상 개방형 배양기, 폐쇄식 광생물 반응기, 하이브리드 시스템, 암실 발효 시스템 등이 연구되어 왔는데 그 중에서도 육상 개방형 배양 시스템이 경제성 측면에서 가장 효과적인 방법으로 평가되고 있다. 이 혁신적인 연료 생산 방법이 21세기의 새로운 산업으로 성공하기 위해서는 미세조류의 상세한 생활사 평가와 생태학적 영향 분석 작업이 선행되어야 한다.

● 조류 바이오 연료의 미래

향후 전 세계의 에너지 수요는 2030년에 2005년 대비 약 35%가 증가할 것으로 전망되고 있기 때문에 전 세계의 에너지 기업들은 새로운 에너지원의 개발을 위해 연구개발

KIOST

시화호를 활용한 미세조류 생산단지 상상도

시화호를 활용한 자원융합형 에너지 생산 단지의 모습. 외해 풍력 단지 내 공간을 활용한 박스형 미세조류 바이오매스 생산 시설

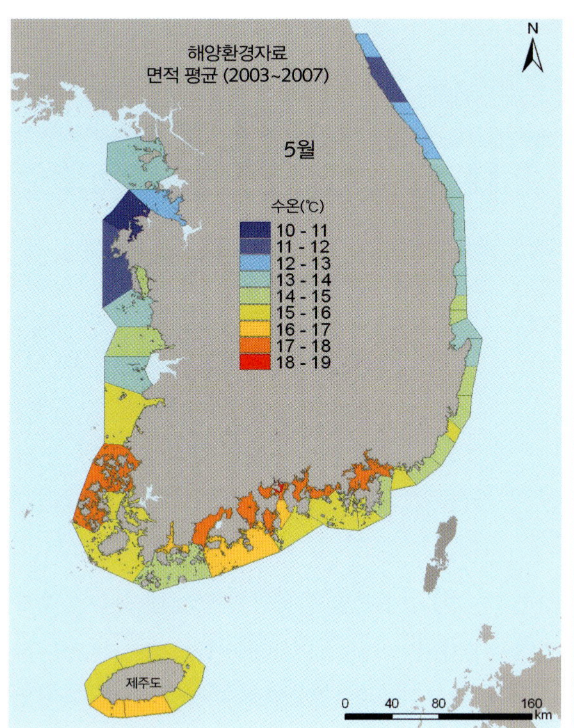

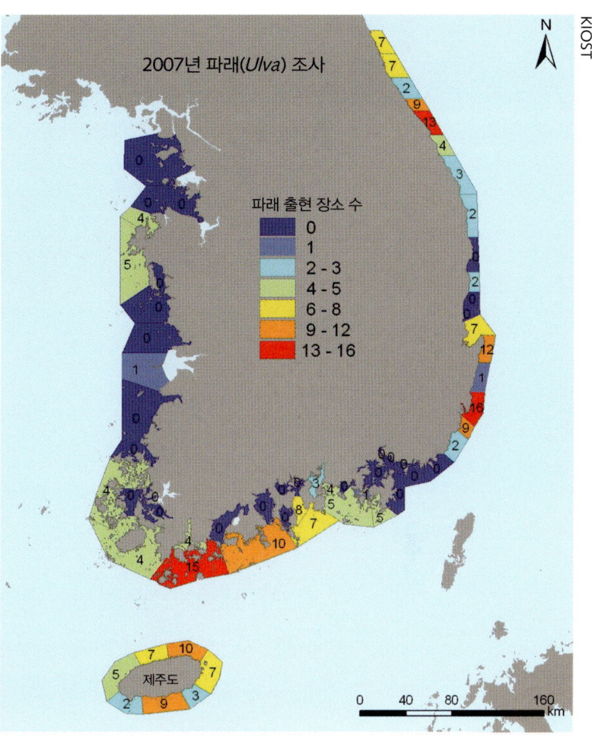

조류 대량배양을 위한 적지 선정

환경-생태-바이오매스 최대 잠재력을 가진 지역의 우선 순위를 파악하기 위한 지리정보 시스템과 바이오매스의 통합자료 분석의 예

투자를 늘리고 있다. 또한 전 세계적인 유가 급등은 각국에서 신재생에너지에 대한 관심을 크게 고조시켰다. 개발 중인 신재생에너지는 바이오, 태양광, 풍력(해상 풍력 포함), 수력, 지열, 조력, 폐기물 등 다양한데, 그 중에서도 바이오 연료를 이용한 에너지 생산은 매년 약 10%대의 급속한 성장이 예상되고 있다.

전세계 에너지 기업들은 미세조류 바이오 연료 기술개발을 통해 머지않아 상업 생산 단계에 도달할 것으로 전망하고 있으며, 2030년까지 전체 에너지의 2.5%를 차지할 것으로 예상한다. 자원 부족국인 우리나라의 경우 미세조류 바이오 연료 개발을 통해 새로운 자원을 확보하고 에너지 기술의 수출도 가능할 것이다. 2012년 우리나라에도 적용될 신재생에너지 의무화 법안(Renewable Portfolio Standard, RPS)에 따라 한국전력 등 발전 주체들은 신재생에너지를 일정 비율 이상 의무적으로 사용해 전력을 공급해야만 한다. 우리나라의 경우 2012년 2%에서 2020년 10%까지 신재생 에너지 사용 비율을 증가시킬 계획이다.

전 세계 모든 국가들이 경쟁적으로 신재생에너지를 준비하거나 시작하고 있는 상황에서, 화석연료 정책에 대한 커다란 변화가 예고되고 있음을 감지할 수 있다. 화석연료에 대한 대변혁은 이미 시작되었고, 대한민국도 그 중심에 서 있다.

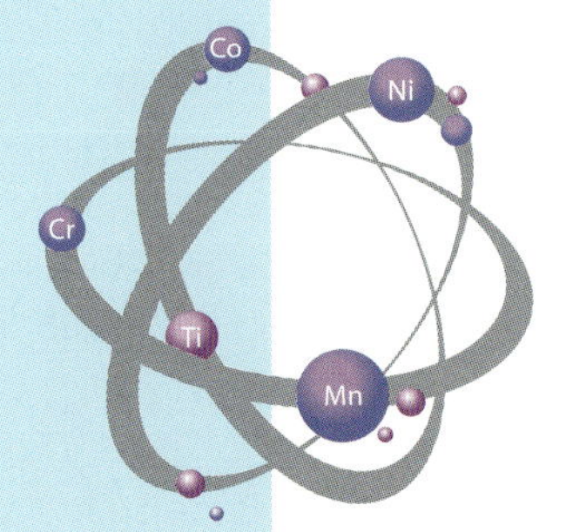

해양광물자원

바다는 석유, 천연가스, 각종 유용광물, 메탄수화물 등 인류의 미래를 위한 광물자원의 보고이다.

지상범 · 김원년 한국해양과학기술원

해양은 에너지, 공업, 농업 등의 산업 분야에 필수적인 광물자원을 제공해 주는 주요 공급원이다. 산업혁명 이후 육상의 지하광물자원이 고갈되어 감에 따라, 30여 년 전부터 세계 각국에서는 21세기 첨단기술 시대의 기반이 되는 광물자원 확보를 위해, 국가의 최우선 정책으로 해양광물 · 에너지 자원 탐사와 연구에 매진하고 있다. 그 결과 전 세계의 대륙붕에서 석유와 천연가스 같은 화석연료의 개발이 진행되고 있으며, 심해저에서는 다양한 금속광물과 망간단괴, 망간각, 열수유화광상 등 국가 발전에 근간이 되는 광물자원의 개발이 활발히 추진되고 있다.

최근 녹색성장이 화두가 됨에 따라 그린 에너지자원으로 메탄 하이드레이트에 대한 관심 또한 높아지고 있다. 뿐만 아니라, 해수 중에 녹아 있는 무형의 광물자원인 마그네슘, 우라늄과 리튬 등은 경제적으로도 개발 가능성이 있으며, 첨단산업 분야에서 매우 중요한 전략적 가치가 있는 것으로 판단되고 있다.

우리나라는 육상광물자원이 절대적으로 부족하여 해외 의존도가 매우 높기 때문에 세계적으로 광물자원의 공급이 불안정한 때마다 매우 큰 경제적 손실을 감수해야만 했다. 광물자원 공급 문제를 근본적으로 해결하기 위해서는 국가 차원의 적극적인 투자를 통해 중 · 장기적으로 안정적인 광물자원 공급체제를 확보함으로써 21세기 자원전쟁 시대에 대처해야 한다.

● 해양광물자원의 분포

해양에 부존된 광물자원은 해저분지뿐만 아니라 지구의 대륙을 이루고 있는 판들의 활동이 활발한 해저산, 중앙해령, 배호분지 등에 주로 분포하는 유형의 해저광물

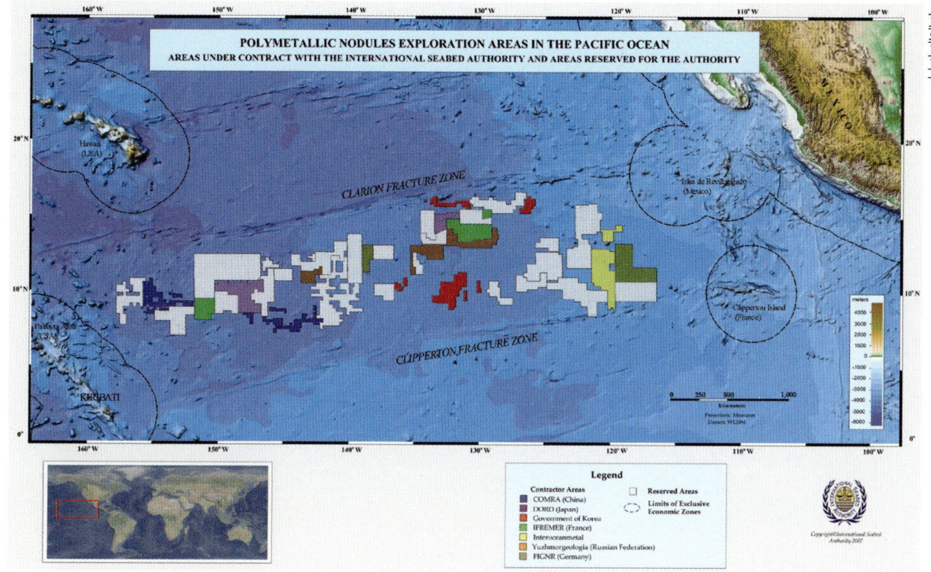

국제해저기구

우리나라 단독개발 광구 (적색)

클라리온-클리퍼톤 해역의 선행 투자국의 광구 현황

자원과 해수 중에 녹아 포함되어 있는 무형의 광물자원으로 대별된다. 해저 광물자원은 매장된 해저수심에 따라 광물의 종류와 분포 양상이 달라진다. 조간대와 해빈에는 다이아몬드, 금, 백금, 티탄철, 저어콘, 자철광, 사철주석, 사금, 중석 등이 분포하며, 대륙붕에는 석탄, 사철, 자철, 티탄철, 금, 주석, 인광, 석회석, 석유, 천연가스 등이 매장되어 있다.

현재 전 세계의 광물 생산량 중 해양광물의 점유율이 높은 것은 지르콘 77%, 주석 66%, 다이아몬드 30% 등이지만 육상자원의 고갈에 따라 해저 광물자원의 개발과 이용이 점차 확대되고 있다. 심해저에는 인광, 망간단괴 등이 다량 매장되어 있다. 특히 수심 500~5,000m에는 막대한 양의 망간단괴와 망간각이 널리 분포하고 있으며, 해저화산활동이 활발한 중앙해령과 배호분지에는 해저열수광상이 부존되어 있다. 이 속에는 철, 코발트, 니켈, 아연 외에도 많은 전략 금속이 함유되어 있을 뿐만 아니라 산출량이 매우 적은 니켈, 코발트, 크롬, 망간, 티타늄 등과 같은 고부가가치의 희유금속이 다량 포함되어 있으므로 상업적 개발을 위해 세계 각국이 경쟁적으로 연구를 진행하고 있다.

해수 중에는 육상에서 알려진 모든 원소가 포함되어 있으며, 주로 소금, 브롬, 마그네슘 등이 상업적인 목적으로 채취되거나 추출되어 왔다. 인류는 예로부터 천일염에서 소금을 얻었으며, 지금도 천일염은 세계 소금 생산량의 약 30%를 차지하고 있다. 일부 선진국에서는 해수로부터 우라늄, 리튬, 중수소 등을 추출하기 위해 해수에 녹아 포함되어 있는 용존금속의 회수 기술을 개발 중에 있다. 현재로는 연간 마그네슘 약 11만 톤, 브롬 약 30만 톤 정도가 해수로부터 생산되고 있으며, 일본의 경우 이미 10.1%의 해수 우라늄 농축에 성공하였으며, 연간 10kg 생산 규모의 시험공장을 가동하고 있다.

우리나라 서해 연안과 대륙붕에도 금, 자철석, 모나자이트, 지르콘 등 고부가가치의 중사광물이 매장된 것으로 추정되고 있으며, 개발 시 원자력산업의 핵 원료와 원자로 노심에 활용될 것으로 기대되고 있다. 동해에는 석유, 천연가스 등과 같은 에너지 자원과 함께 인광석 · 메탄수화물 · 해저 열수유화광물 등이 부존된 것으로 알려져 있다. 특히 동해의 인광석 자원은 러시아와 일본이 동해에서 수행한 자원 조사 결과 부존량이 풍부하여 경제성이 충분한 것으로 평가되었다.

심해의 검은 노다지, 망간단괴

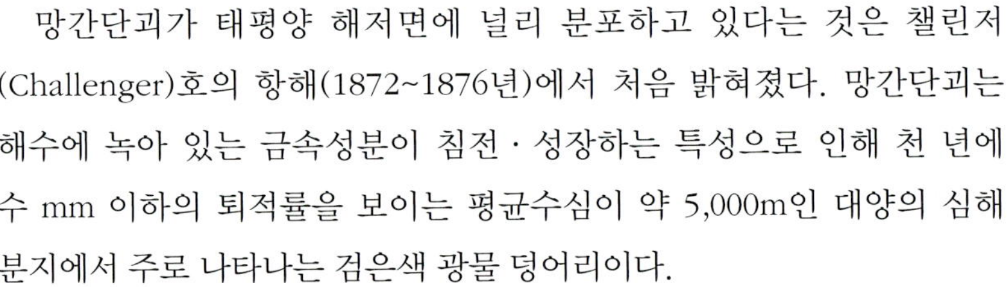

망간단괴가 태평양 해저면에 널리 분포하고 있다는 것은 챌린저(Challenger)호의 항해(1872~1876년)에서 처음 밝혀졌다. 망간단괴는 해수에 녹아 있는 금속성분이 침전 · 성장하는 특성으로 인해 천 년에 수 mm 이하의 퇴적률을 보이는 평균수심이 약 5,000m인 대양의 심해분지에서 주로 나타나는 검은색 광물 덩어리이다.

망간단괴
검은색으로 감자 모양을 하는 망간단괴는 백만년의 1~10mm가 성장한다.

이러한 망간단괴는 퇴적물이나 상어이빨 등을 핵으로 하여 마치 나무의 나이테처럼 동심원을 이루면서 성장하는데, 방사성동위원소를 이용한 연대측정 결과 100만 년에 1~10mm씩 성장하거나 또는 1,000년에 1cm^2당 약 0.2~1.0mg씩 쌓이는 것으로 밝혀졌다. 따라서 망간단괴가 어른의 주먹 크기만큼 되기 위해서는 1,000만 년 이상의 시간이 필요하며, 일반적으로 지름이 약 3~10cm인 검은색 감자 모양으로 나타난다

망간단괴에는 특히 망간과 철뿐만 아니라 산업의 주요 원자재가 되는 니켈, 구리, 코발트 등 금속광물을 다량 포함하고 있기 때문에 국가 성장 동력 측면에서 전략적 가치를 보유한 주요광물 자원이다. 망간단괴는 망간 20~30%, 철 5~15%, 니켈 0.5~1.5%, 구리 0.3~1.4%, 코발트 0.1~0.3%를 비롯한 40여 종의 금속 성분으로 구성되어 있으며, '해저의 검은 노다지' 또는 '검은 황금'이라 부르기도 한다

망간단괴에 함유되어 있는 니켈은 화학 플랜트와 정유시설, 코발트는 항공기 엔진과 의료기기 산업, 구리는 통신 및 전력산업 그리고 망간은 철강산업에 필수 소재다. 육상에 부존된 이들 자원의 고갈과 수요 급증에 따른 금속가격의 상승 그리고 일부 국가에 전략자원이 편중되어 있는 상황을 극복하기 위해서 미국을 비롯한 선진국들은 1970년대 초반부터 심해저 망간단괴 탐사와 채취 및 제련 기술 개발에 나섰다.

국내의 심해저 망간단괴 개발사업의 경우, 1992년부터 본격적인 탐사를 착수하여 1994년에는 국제해저기구(ISA)로부터 북동태평양 공해상의 클라리온-클리퍼톤 해역에 15만 km^2의 할당 광구를 인준 받았으며, 2002년에는 이 중에서 7.5만 km^2를 우리나라의 단독 개발 광구로 확정받았다.

현재는 상업 생산 기반 구축을 목표로 개발 등급 선정과 최적 채광지를 확보하기 위해 광구 정밀탐사와 채광에 의한 인위적 환경변화 평가를 위한 환경탐사를 수행하고 있다. 또한 망간단괴를 효율적으로 채취하기 위한 집광 로봇과 양광 시스템을 자체 개발하고 있으며, 망간단괴에 함유된 금속을 경제적으로 제련할 수 있는 제련 시스템도 개발하고 있다.

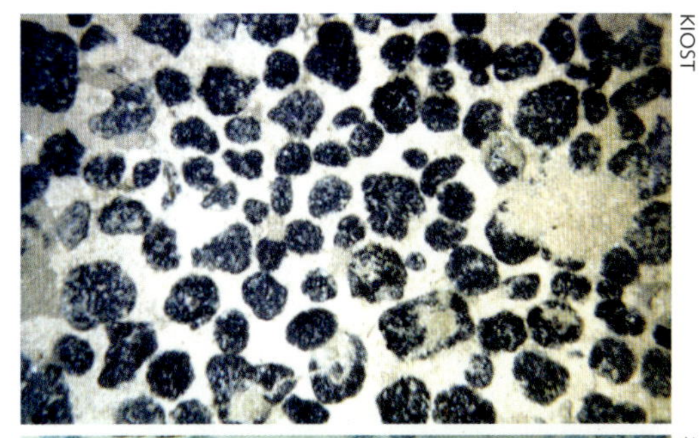
KIOST

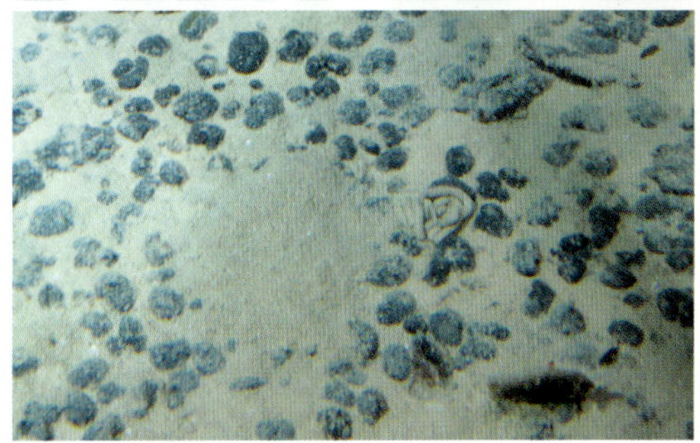
김웅서

퇴적물의 유입이 매우 적은 지역(상)
우리나라 단독개발 광구 해저면에 분포하는 감자 크기의 망간단괴 분포 양상

평균 수심이 약 5,000m인 대양의 심해분지(하)
해저면 망간단괴 분포 양상과 저서생물의 해저면 교란 흔적

● 해저산의 코발트 광맥, 망간각

망간각은 해저산 암반 위를 껍질처럼 피복하고 있다고 하여 붙여진 이름으로, 대양저 전체를 통해서 심해저 암반 위에서 형성되는 유일한 광물자원이다. 일반적으로 망간각은 수백만 년 동안 저층 해류에 의해 퇴적물이 쌓이지 못하는 해저산과 해저산맥의 정상부 및 사면부에서 발견된다. 태평양에는 약 5만 개의 해저산이 존재하고 있다. 이들 해저산 경사면의 암반 위를 아스팔트처럼 두텁게 덮고 있는 망간각은 주로 수심 800~2,500m에 분포한다. 망간각은 해수에 녹아 있는 망간, 코발트, 니켈, 구리, 백금 등 30여 종의 금속이 암반 위에 침전하여 수 mm에서 최고 25cm 정도로 퇴적된 것으로써 망간단괴와 더불어 차세대 개발 유망자원으로 알려져 있다.

망간각에 함유된 금속 중에서 코발트의 함량은 0.8~1.2% 정도인데 육상광상에서 생산하는 코발트의 함량(0.1~0.2%)에 비해 5~10배나 높다. 그 밖에도 망간, 니켈, 티타늄, 지르코늄 뿐만 아니라 백금이 20ppb 이상 함유되어 있어 개발가치가 매우 높다. 망간각은 약 635만 km^2 (해저면의 1.7%)에 분포하고 있으므로, 여기서 약 10억 톤의 코발트를 생산할 수 있는 것으로 평가되고 있다. 특히 코발트 함량이 높고 두께가 두터운 망간각이 분포하여 개발 잠재력이 있는 지역은 중앙 태평양의 존스톤 제도, 남서태평양의 마샬 군도, 마이크로네시아 등과 같은 도서 국가들의 배타적 경제수역(EEZ)과 북서태평양 공해상에 위치하는 해저산 등이다. 망간각은 함유 금속의 가치뿐만

KIOST

집광 로봇
근해역 채광시험에 활용된 집광기 미내로의 진수 장면

아니라 분포하는 수심이 망간단괴에 비해 상대적으로 얕고 배타적 경제수역에 다량 분포하여 개발이 용이할 수도 있지만, 암반 위에 피복되어 있기 때문에 해저암반굴착을 통한 채굴이 어렵다는 단점이 있다. 코발트 함량이 0.6~1.0%인 망간각을 연간 70만 톤 규모로 생산할 경우, 코발트의 세계 소비량(연간 3만 6,900톤)의 11~20%까지 공급할 수 있다.

우리나라는 1989년에는 마샬 군도의 해저산에서 망간각 탐사를 실시한 바 있으며, 1999년부터 현재까지 남서태평양의 도서국 배타적 경제수역 내에 독점적 탐사권의 확보를 통한 금속광물자원의 안정적인 공급원 확충을 목표로 조사를 실시해 왔다.

● 해저화산에서 분출하는 황금, 해저열수광상

해수가 해저지각의 틈새를 통해 스며들면 마그마의 영향으로 온도가 상승하게 되고 동시에 주변 암석과 반응하여 유용한 금속원소들을 다량 함유한 열수광화용액으로 변화하게 된다. 이렇게 변화된 열수광화용액은 다시 해저면으로 상승하며 분출되는데, 이때 차가운 해수와 혼합되어 온도가 낮아지면서 열수광화용액에 함유돼 있던 유용한 금속원소들이 지속적으로 분출·침전하게 되어 검은 굴뚝 형태의 유화물 광체를 형성하게 된다. 이와 같이 마그마의 영향으로 열수광화용액이 만들어지고 순환되는 과정에 의해 형성되는 광상을 해저열수광상이라 한다

심해저의 열수광화작용은 지질시대를 통하여 현재까지 끊임없이 지속되어 왔는데, 이것이 구리, 납, 은, 아연 그리고 카드뮴과 같은 금속이 포함된 유화광물광상을

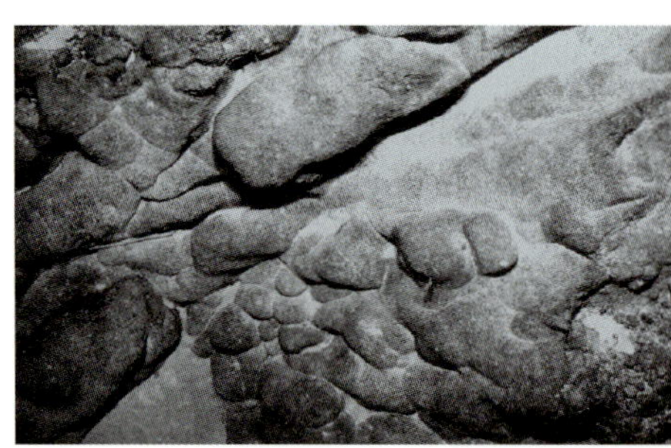

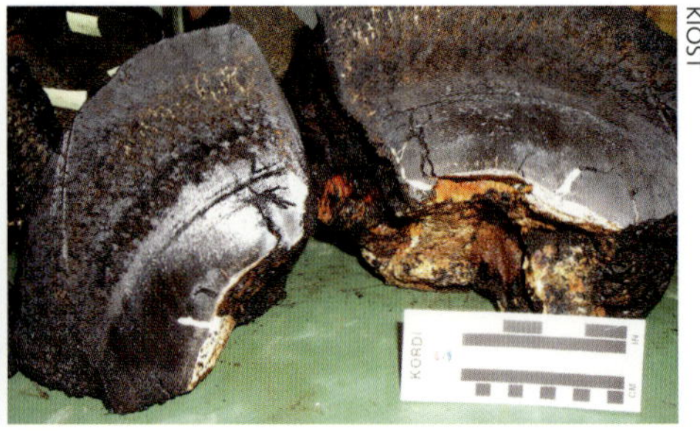
KIOST

망간각 해저사면
해저산과 해저산맥의 정상부 및 사면부에서 발견되는 망간각

망간각 시료
성분 분석을 위한 망간각 시료 절단면

형성하는 직접적인 원인이 되는 것으로 밝혀졌다. 열수광화작용은 지하심부 수 km까지 연장되고 있으며, 이러한 금속덩어리는 해저면에서 원추형의 석순 굴뚝 모양을 하고 있다. 해저열수광상에는 아연 17~20%, 납 0.5~12%, 바륨 13%, 은 1.1% 그리고 톤당 평균 1.2~2.8g의 금이 함유되어 있어서 자원으로의 가치가 매우 높다. 예를 들어, 남태평양의 통가 열도 해저산에서 채취한 황화물 광상의 금 농도는 육상 금광상의 경제적 개발기준 값에 비해 10배 정도 높은 것으로 조사되었으며, 이러한 고품위 광상의 황화광물은 망간단괴와 망간각에 비해 약 1.5배 높은 가치를 갖고 있다.

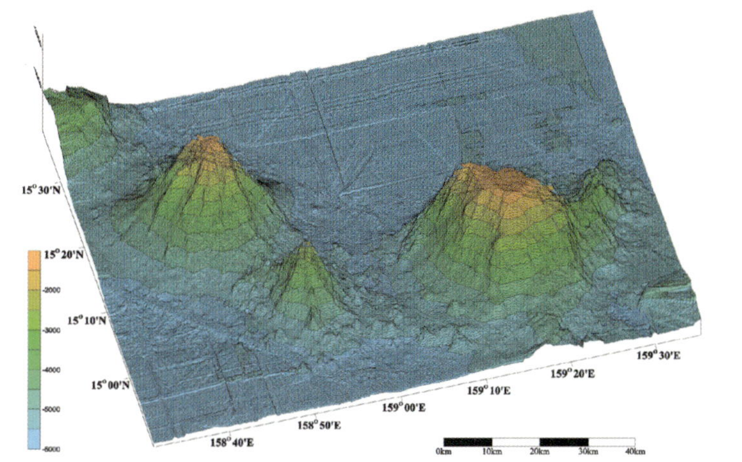

KIOST

망간각 해저산 지형
남서태평양 마샬 군도에 위치한 해저산(OSM 5)

1977년 미국의 심해 잠수정 앨빈 호에 의해 동태평양 해저의 지각확장대인 갈라파고스 해역 수심 2,640m에서 해저 열수분출공이 발견됨에 따라 심해저 광물자원의 새로운 역사가 시작되었다. 미국, 프랑스, 일본 등 선진국들은 열수광상 개발을 위해 배타적 경제수역은 물론 공해상까지 조사를 수행하고 있으며, 호주의 노틸러스사는 파푸아 뉴기니의 비스마르크 해 지역에 분포하는 열수광상 개발권을 획득하여 상업적

KIOST

유화광물광상
통가 열도 해저산에서 발견된 활동성 열수분출공 사진(ROV 촬영)

생산을 추진하고 있다.

우리나라는 1998년부터 현재까지 마이크로네시아의 얍 해구지역, 파푸아뉴기니의 마누스분지, 피지의 북피지분지, 솔로몬 제도의 우드락분지, 통가의 라우분지 및 인도양의 중앙해령 등에서 해저열수광상 개발과 금속광물자원의 확보를 위해 연구를 수행해 왔다. 특히, 통가의 배타적 경제수역 내에서 독점적 개발 광구를 확보하였으며, 높은 경제적 가치로 인해 민간기업의 투자유치 및 개발 참여가 이루어지고 있다.

더욱이 산출량이 적은 희유금속들은 국가주력 첨단산업과 성장동력산업의 필수 소재로서, 다양한 수급 방안을 확보하는 것이 매우 중요한 과제로 인식되고 있다. 우리나라가 개발에 적극적으로 관심을 보이고 있는 망간단괴에 주요 희유금속인 백금이 지각함량 대비 약 400배, 망간각에 텔루륨과 백금이 각각 10,800배, 150배, 해저열수광상에 셀레늄과 인듐이 각각 1,300배, 110배 높게 함유되어 있다. 향후 선별적으로 희유원소를 분리, 제련할 수 있는 기술이 개발될 경우, 글로벌 환경변화에 기민하게 대응할 수 있는 안정적이고 지속적인 희유원소의 공급이 가능하게 될 것이다.

불타고 있는 메탄하이드레이트(좌)
심해저 메탄 하이드레이트(우)
브레이크 릿지 (수심 2,600 m)에서 촬영한 메탄하이드레이트

University of Hawaii

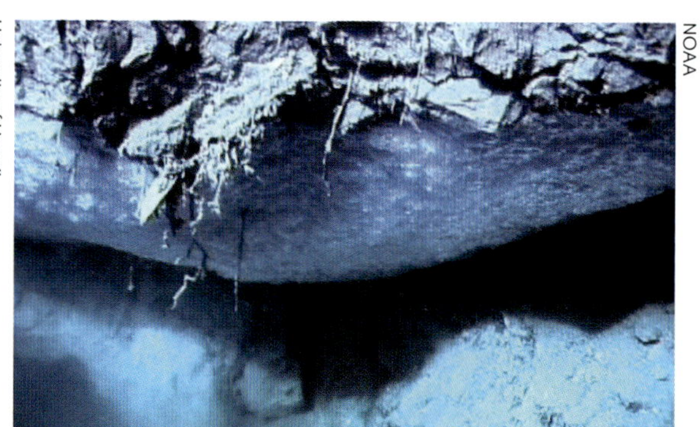
NOAA

● 21세기 신 거대 자원, 메탄하이드레이트

메탄하이드레이트(메탄수화물, 가스 하이드레이트)는 얼음과 유사한 형태로 물의 결정 구조 내에 메탄이 포획되어 있는 고체이다. 이미 1930년대에 메탄 하이드레이트가 발견되었지만 당시에는 원유, 천연가스, 석탄 등의 화석연료가 풍부했기 때문에 개발 고려 대상이 아니었다. 그러나 화석연료가 점차 고갈되어가고, 청정에너지에 대한 요구가 늘어나면서 현재에는 메탄 하이드레이트에 대한 관심이 매우 커졌다. 메탄하이드레이트는 고압 저온 하에서 메탄가스를 고체 상태로 저장하고 있다. 이론적인 메탄가스와 물의 용량 비는 215대 1이므로, 0℃ 1기압 상태에서 1ℓ의 물에 215ℓ의 메탄가스가 함유된다. 메탄하이드레이트는 95% 이상이 메탄으로 이루어져, 연소 시

발생되는 이산화탄소의 양이 휘발유에 비해 0.7배 정도이다. 알코올은 물론 다른 탄화수소가스에 비해 이산화탄소를 적게 배출하는 특성을 가지고 있고, 발열량도 높아 이산화탄소 발생을 상당히 줄일 수 있다.

메탄하이드레이트는 캐나다 북쪽의 비포트해를 비롯, 베링해, 오호츠크해, 울릉도 및 독도부근 해저 그리고 남극 세종기지 주변해역 등에 매장되어 있는 것으로 알려져 있다. 이들 지역은 수심 500~1,000m 이상의 해저로서 공통적으로 고압 · 저온의 환경을 갖춘 지역이다.

전 세계적으로 확인된 메탄하이드레이트의 매장량은 기존 천연가스 매장량의 약 100배인 10조 톤 이상이다. 이는 현재 사용하고 있는 지구상의 화석에너지자원의 2~10배에 해당하는 매장량이며, 대체에너지로서 매우 매력적이기 때문에, 여러 선진국에서는 장기적인 국가정책사업으로 연구를 진행하고 있다. 우리나라는 1996년에 메탄하이드레이트 연구를 착수하였고, 1997년에는 메탄하이드레이트 부존지역을 규명하기 위해 동해, 울산해역을 대상으로 물리탐사를 수행하였다. 현재는 국가적으로

한국석유공사

한국석유공사

해저유전(좌)
우리나라 최초의 석유시추선 두성호.

천연가스(우)
생산 제6-1광구 고래V 구조에서의 천연가스 생산.

여러 나라와 컨소시엄을 구성하여 탐사 중에 있으며, 지식경제부(구 산업자원부)의 지원 하에 한국근해(특히 동해)의 메탄하이드레이트 탐사와 기술개발이 이루어지고 있다.

바다 속의 에너지원, 해저석유와 천연가스

석유와 천연가스와 같은 화석연료는 인류의 주된 에너지원일 뿐만 아니라 세계 경제의 존속을 위하여 필수불가결한 자원이므로, 세계 각국은 육상과 해저에서 석유와 천연가스의 개발에 심혈을 기울이고 있다. 최근 육상 채굴량의 감소로 해저유전의 개발이 적극적으로 추진됨에 따라 해저유전으로부터의 석유와 천연가스의 채굴 비중이

점차 높아지고 있는 추세이다.

육상에서 해저로 연결되는 대륙붕에는 석유, 천연가스, 석탄 등의 자원이 상당량 부존되어 있다. 전 세계적으로 개발된 대부분의 해저유전은 수심 200m까지의 대륙붕에서 발견되었는데, 최근에는 수심 약 1,000m 이상의 심해저에서도 석유개발이 이루어지고 있으며, 현재 소비되는 석유의 약 30% 가량이 해저유전에서 생산되고 있다.

국내에서 사용되는 석유의 대부분을 해외에서 의존하고 있는 우리나라도, 1970년대 두 차례의 석유파동 이후, 석유의 장기 안정적 확보 방안의 일환으로 국내 대륙붕 탐사와 아울러 해외 석유개발사업 진출을 적극 추진하였다. 1997년까지의 국내 대륙붕에 대한 탐사 결과는 국내 대륙붕의 개략적인 지질 구조를 규명함과 아울러 3개의 대규모 퇴적분지(황해분지, 울릉분지, 제주분지)를 확인하였고, 제주분지에서 유가스 징후를, 울릉분지에서 소규모 가스전을 발견한 바 있으나 경제성이 없었다. 그러나 1998년 이후 제6-1광구 고래V구조를 시추한 결과, 국내 최대 규모의 가스층이 발견되었다. 현재의 채취 방법과 원가 및 가격 수준으로 캘 수 있는 매장량을 나타내는 가채매장량이 1,700억~2,000억 입방피트(LNG 환산 340~400만 톤) 규모인 것으로 확인되었고, 2003년부터 가스생산이 이루어지고 있다.

석유와 천연가스는 대체로 함께 산출되며, 동일한 화합물로 이루어져 있기 때문에 그 기원은 동일하다. 석유는 돌에서 나온 기름이라는 의미로써 탄화수소(탄소와 수소)로 이뤄진 화합물이다. 석유와 천연가스는 지질시대에 살던 생물이 남긴 유해로 퇴적층 내에 부존되어 있는데, 담수성 퇴적물보다는 해양성 퇴적물에 보다 풍부하게 존재한다. 퇴적물이 계속 쌓이면 유기물을 포함한 지층이 지하의 온도와 압력 하에서 수천만 내지 수억 년이란 오랜 세월에 걸쳐 매우 복잡한 화학 변화를 일으켜서 석유가 생성된다. 석유와 가스는 고생대 이후의 모든 지층에서 산출되지만, 신생대지층에 총 석유매장량의 약 60%가 들어 있고, 중생대지층에 25%, 고생대지층에 15%가 들어 있다. 석유가 생성되는 최적지온은 약 50~150℃이며, 석유는 약 60~120℃에서, 천연가스는 120~225℃ 사이에서 생성된다. 석유와 천연가스는 생성되는 온도만 다를 뿐 그 성분은 같다.

● 해수에 용존되어 있는 유용광물

해수는 소금 성분인 나트륨 이온(Na^+)과 염화이온(Cl^-)이 주성분을 이루고 있어서 짠 맛을 나타내지만, 지상에 존재하는 92개 원소의 대부분을 미량 포함하고 있다. 해수에 녹아 있는 화학물질을 해수의 용존물이라고 하는데, 해양이 지구 총 면적의 약 70%를 차지하며 해수량이 총 14억 km^3나 되는 것을 감안할 때 그 총량은 가히 엄청나다고 할 수 있다. 해수 중에는 나트륨과 염소 이외에도 브롬, 마그네슘, 칼륨, 리튬 등 경제적으로 이용할 수 있는 자원의 부존량이 막대할 뿐만 아니라 비록 그 농도는 무척 낮지만 금, 은, 우라늄 등 경제적 · 전략적 가치가 큰 물질도 총 부존량을 계산해 보면 다음 세대에 대비한 연구개발의 여지가 충분하다고 할 수 있다.

독일은 제1차 세계대전에서 패망하였을 때, 나라 전체가 황폐화되고 승전국으로부터 거액의 배상금을 요구받자 빈곤에 허덕이게 되었다. 그래서 1920년대에는 해수에 녹아 있는 금을 모아서 배상금으로 갚으려는 시도를 하였다. 그러나 해수 중에 용존되어 있는 금을 추출하는 비용이 얻어지는 금의 값보다도 더 컸기 때문에 이 계획은 수포로 돌아갔다. 다만 해수에서 금속을 얻을 수 있다는 생각을 실현하려 한 점은 매우 뜻 깊은 것이었다. 이후 육상자원이 점차 고갈됨에 따라 선진국들은 해수 중에 용존된 자원을 이용하고자 노력해 왔다. 특히 우라늄의 경우에는 전략물질로서 지상의 매장량이 향후 수십 년 내에 고갈될 것으로 예측되고 있는데, 해수 중에는 1ℓ당 약 3μg (1μg = 10^{-6}g)이 들어 있으므로, 총 부존량은 약 40억 톤에 이른다. 한편, 산업용 신소재로서 합금, 리튬 전지, 냉매, 화학제품 등의 원료로 사용되고 있는 리튬은 해수 1ℓ당 약 170μg이 함유되어 있으며, 총 부존량은 약 2,300억 톤에 달하고 있다. 리튬의 경우에는 우리나라의 육상에서는 전혀 생산되지 않는다. 우라늄의 경우에는 약 1,000톤 정도가 매장되어 있는 것으로 알려져 있으나, 품질이 낮아 경제성이 없기 때문에 산업 및 전략적 측면에서 볼 때 오히려 이들 물질을 해수로부터 추출하는 기술개발이 필요하다.

한국지질자원연구원

해수용존 리튬추출 상용화 플랜트 예상도

리튬은 해수 1ℓ당 약 170μg이 함유되어 있으며, 총 부존량은 약 2,300억 톤에 달한다.

미국, 일본 등 일부 선진국은 해수 또는 해사로부터 유용광물을 채취하는 기술개발에 착수하여 리튬 등 일부 광물에 대해서는 거의 상용화할 수 있는 단계에 들어섰다. 특히, 자원적 측면에서 우리와 비슷한 입장에 놓여 있는 일본은 연간 10kg 생산 규모의 우라늄 추출 공장을 가동 중이다. 우리나라에서도 휴대 전화기의 배터리 소재나 우주항공 기계 내열재 원료 등으로 사용되는 리튬, 지르코늄 등 유용광물을 해수나 해사에서 채취하는 기술개발사업이 추진되고 있다.

해양에너지자원

에너지자원의 보고인 바다, 청정해양에너지 개발은 후손들에게 깨끗한 자연유산을 물려주는 좋은 방안 중에 하나이다.

염기대 한국해양과학기술원

인간이 불을 사용하게 된 이래 인류문명은 에너지 소비증가에 비례해서 발전해 왔다. 특히 18세기에 일어난 산업혁명은 농경사회를 급속하게 산업사회로 탈바꿈시키면서, 에너지 소비를 가속화시키는 계기가 되었고, 에너지의 주공급원도 과거의 목재 위주에서 석탄, 석유, 천연가스와 같은 화석연료로 대체되었다. 그러나 화석연료의 대량 사용은 필연적으로 대기를 오염시킬 수밖에 없었고, 급기야 지구온난화 현상과 같은 전 지구적 차원의 환경문제로 나타나게 되었다.

제2차 세계대전 이후에는 원자력이 새로운 에너지원으로 등장하면서 전력 생산의 상당 부분을 담당하게 되었다. 그러나 이들 자원은 모두 부존량이 유한한 고갈성 자원으로, 이용 가능한 양이 제한적일 수밖에 없다. 대표적인 에너지원인 석유의 경우, 추정 매장량은 약 1조 2천억 배럴 정도로 현재의 소비 수준으로 볼 때 약 40년 후에는 고갈될 것으로 예측되고 있다. 뿐만 아니라 수요와 공급의 불균형에 따른 가격 상승, 원자력의 잠재적 위험성 등과 같은 문제때문에 전세계적인 에너지 장기 수급 전망은 불안하기만 하다.

미래의 에너지 문제에 대비하기 위해서는 우선 기존 에너지자원을 효율적으로 이용하는 방안을 다각도로 연구하고 실천해야함은 물론, 새로운 에너지를 개발함으로써 에너지자원을 다양화하고 절대량을 확보해 둘 필요가 있다. 특히 기후변화협약에 따라 지구온난화를 유발하는 온실가스에 대한 배출규제가 전 세계적으로 점차 강화됨에 따라, 기존의 화석연료를 대체할 수 있는 무공해 에너지원인 태양열, 지열, 풍력, 해양에너지와 같은 천연에너지를 실용화하기 위한 노력이 계속되고 있다. 바다에는 조력, 조류력, 파력, 해양온도차 등 막대한 양의 에너지가 부존되어 있고, 대규모 개발이 가능하기 때문에 기술개발과 함께 경제성을 확보할 수 있을 경우, 신재생에너지자원의 확보는 물론 점차 심화되고 있는 전 지구적인 환경오염 문제에도 효과적으로 대응하는 방안이 될 수 있다.

다양한 해양에너지 자원

해양에너지의 대부분은 태양, 달, 지구간의 상호운동과 태양에서 방사되는 에너지에 기인한다. 태양에서 방사되는 에너지가 지구 대기권에 도달하는 동안 약 30%는 대기중에서 산란되거나 구름, 해면이나 지표면에서 반사되어 우주공간으로 되돌아가고, 나머지 70% 정도만이 대기권에 흡수되어 여러 가지 형태의 에너지로 변환된다.

최종 에너지의 형태로는 크게 바람, 파랑, 해류와 같은 유체 흐름 형태의 운동에너지와 대기, 육지, 해양에 저장된 열에너지로 나누어진다. 이 중에서 약 23%를 차지하는 운동에너지는 풍력, 해류, 파력발전으로 이용될 수 있고, 나머지 47%에 해당하는 열에너지는 온도가 낮아서 효율적인 이용에 어려움이 있었다. 그러나 열대해역에서는 해양온도차발전 등을 통해 활용이 가능하다. 또한 태양, 달, 지구간의 상호운동에 의해 발생하는 조석에너지도 주요 해양에너지 중의 하나이다. 우리나라 서해안과 같이 조석간만의 차가 큰 곳에서는 대규모의 조력발전이 가능하며, 지형적인 특성에 따라 강한 조류가 발생하는 곳에서는 조류발전도 가능하다.

해양에너지
해양에너지의 대부분은 태양, 달, 지구 사이의 상호운동과 태양에서 방사되는 에너지에 기인한다.

mms

시화호 조력발전소 건설 현황
2011년 5월 시화호 조력발전소의 구간의 마무리 공사가 한창 진행 중이다.

KIOST

해양에너지 자원은 고갈될 염려가 전혀 없고, 일단 개발되면 태양계가 존속하는 한 이용이 가능하며, 오염 문제가 없는 무공해 청정에너지라는 장점을 가지고 있다. 그러나 해양에너지는 석탄, 석유, 원자력 등 현재 사용 중인 에너지원에 비해 에너지 추출 비용이 상대적으로 높고, 해양에너지로부터 전력을 생산할 경우 출력 변동과 육상으로의 송전에 문제가 있다. 따라서 해양에너지를 실용화하기 위해서는 개발 비용을 낮추고, 안정성과 신뢰성을 높여야 할 필요가 있다.

● 달과 태양의 힘으로 에너지를 얻는 조력발전

바다에는 밀물과 썰물 즉 조석현상이 주기적으로 발생하는데, 해역의 지형적 특성에 따라서 크기가 다르게 나타난다. 조력발전은 조석현상을 이용해서 전력을 생산하는 것으로, 조석현상이 강한 만의 입구나 하구에 방조제를 설치하여 해수를 가둘 수 있는 저수지를 만들고, 밀물과 썰물에 따라 해수를 출입시키면서 방조제의 내측과 외측의 수위차를 이용해서 발전을 하는 형태로 기본원리는 일반 수력발전과 같다. 조력발전 방식은 조력발전 저수지(조지)의 수에 따라 단조지식(單潮池式)과 복조지식(復潮池式)으로 또는 조석의 이용 횟수에 따라 단류식(單流式)과 복류식(復流式)으로 구별할 수 있다.

단조지단류식은 하나의 조지를 조성하고, 밀물 때 수문을 개방하여 조지 내에 해수를 만조 수위까지 채운 후, 수문을 닫고 조지와 외해 조위 간의 수위차가 생길 때를 기다려 그 낙차를 이용하여 발전하는 방식이다. 썰물 때 수문을 열어 조지 수위를 간조 수위까지 낮춘 후 밀물을 기다려 발전을 할 수도 있으나, 발전 효율면에서는 앞서의 방법보다 약간 불리하다. 어느 경우이든 발전을 할 때 한쪽 방향의 흐름만을 이용하기 때문에 단류식이라 한다. 밀물과 썰물 때에 따라 발전이 잠시 중단되는 단점이 있으나, 발전방식이 간단하고 발전설비의 가격도 저렴하여 가장 실용적인 조력발전 방식이다.

단조지복류식은 밀물과 썰물 관계없이 발전이 가능하기 때문에 단조지단류식에 비해 발전 시간이 연장될 수 있다. 그러나 이 경우에도 역시 조지와 외해와의 수위차가 발전이 가능한 낙차에 이를 때까지 기다려야 하기 때문에, 연속적으로 발전을 할 수는 없다. 또한 수차도 2방향 발전이 가능해야 하기 때문에 단류식 수차보다 구조가 복잡해진다. 그러나 일반적으로 이 발전 방식은 조차가 아주 큰 지역에서는 단류식보다 유리하다.

복조지연결식(復潮池連結式)은 연속적인 발전이 가능하다는 장점이 있으나, 발전 효율면에서는 단조지 발전 방식에 비해 떨어진다. 조력발전 대상 지점이 지형상 2개의 조지 형성이 가능할 경우 하나를 고조지, 다른 하나를 저조지로 조성하여

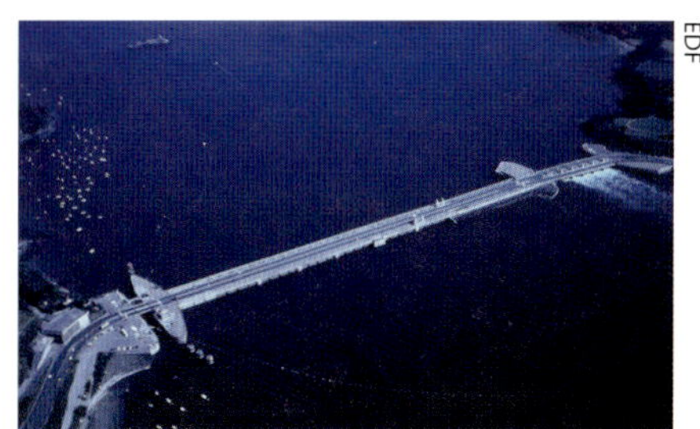
EDF

송원오

세계 최대 규모의 조력발전소

현존하는 세계 최대 규모의 조력발전소인 프랑스 랑스 조력발전소(상)와 캐나다 아나폴리스조력발전소(하).

시화호 조력발전소

2011년 8월 모습을 드러낸 시화호 조력발전소는 창조식 단류발전방식을 채택하고 있으며, 시설용량 25만 4천 kW로 세계 최대 규모를 자랑한다.

한국수자원공사

2개 조지간의 수위차를 이용해서, 고조지에서 저조지로 해수를 유통시키면서 발전하고, 외해의 조석변화에 따라 고조지와 저조지의 수문을 조작하면서 조지의 수위를 계속적으로 조정한다. 복조지분리식(復潮池分離式)은 2개의 단조지단류식 발전소를 독립적으로 운영하여 계통으로 연결시키는 방식이다. 즉, 한쪽 조지는 밀물 때 단류식으로 발전하고, 이와 동시에 다른 한쪽 조지에는 바닷물을 채웠다가 썰물 때 발전함으로써 계속해서 발전을 할 수 있다.

프랑스는 1960년대 후반에 세계 최초로 시설용량 24만 kW 규모의 랑스 발전소를 건설하여 전력을 생산하고 있다. 랑스 발전소는 단위용량 10MW급 벌브형 수차 24기가 설치된 단조지식 발전소로 단·복류식 발전과 양수발전이 가능하다. 랑스 발전소가 건설된 직후 소규모 시험용 400kW급 조력발전소가 러시아 유라만의 키슬라야 구바에 건설되었다. 그 당시로서는 획기적인 건설공법인 케이슨식 부유공법이 적용되었는데, 이 공법은 발전소를 육상 드라이독에서 제작한 후, 물에 띄워서 현장까지 예인하여 미리 준비된 해저 기초 위에 가라앉히는 시공 방법이다. 캐나다는 1984년에 2만 kW급 아나폴리스(Annapolis) 조력발전소를 준공하여 가동하고 있으며, 중국도 수백~수천 kW 규모의 조력발전소를 여러 개 운영하고 있다.

우리나라 서해안은 세계적으로도 조석간만의 차가 크고, 수심이 얕을 뿐만 아니라 해안선의 굴곡이 심하여, 조력발전의 입지로 좋은 조건을 가지고 있다. 경기도 안산-화성의 시화호에 25만 4천 kW 규모의 시화호 조력발전소가 2011년 말 준공 예정이며, 시설용량 52만kW의 가로림 조력발전, 132만 kW의 인천만 조력발전 그리고 강화조력발전 등이 계획·추진되고 있다.

● 조류발전, 조류의 흐름이 빠른 장소를 이용한다

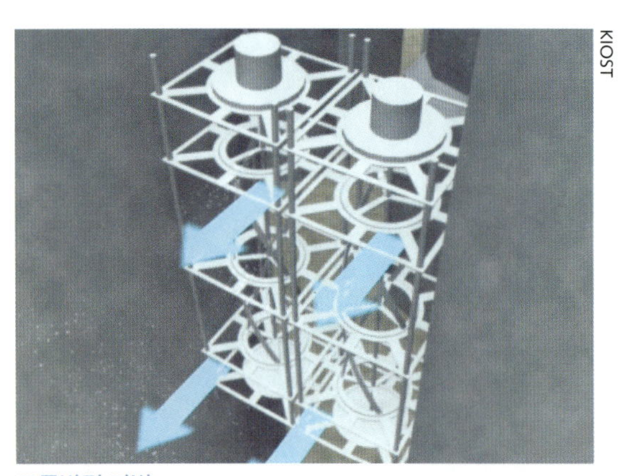

조류발전 터빈

수직축 조류발전 터빈

조력발전이 조력댐을 만들고 조지와 외해 사이의 낙차를 이용하여 발전하는 것과는 달리, 조류발전은 조류의 흐름이 빠른 곳에 수차·발전기를 설치하고, 자연적인 조류의 흐름을 이용하여 설치된 수차·발전기를 가동시켜 발전하는 방법이다. 조류발전은 조력댐 없이 발전에 필요한 지지구조물과 수차·발전기만을 설치하기 때문에 비교적 비용이 적게 드는 반면, 발전에 적합한 지점을선정하는데 어려움이 있고, 발전을 적절히 조절할 수 있는 조력발전에 비해 자연적인 흐름의 세기에 따라

KIOST

울돌목
시험조류발전소

충무공의 명량 대첩 유적지 인근에 세워진 1MW급 울돌목 시험조류발전소. 조류발전은 댐을 조성하지 않고 발전에 필요한 시설만을 설치하므로, 조력발전에 비해 더 환경친화적이다. 우리나라의 경우에는 서·남해안에 조류발전이 가능한 후보지가 산재되어 있어 개발에 따른 기대효과가 클 것으로 예상된다.

발전량이 좌우된다는 단점이 있다. 그러나 해수유통이 자유롭고 해양환경에 미치는 영향이 거의 없기 때문에 조력발전보다 더 환경친화적이다. 조류발전은 풍력발전과 같이 유체의 운동에너지를 이용하여 터빈을 회전시켜 전기를 생산하게 되는데, 해수의 밀도가 공기에 비하여 훨씬 크기 때문에, 같은 시설 용량일 경우 풍력 터빈에 비하여 조류 터빈의 크기가 훨씬 작다는 장점이 있다.

최근 환경보존에 대한 관심과 무공해 에너지에 대한 관심이 고조되면서, 구미 선진국을 중심으로 조류력과 조류발전 수차에 관한 이론적 연구 및 실험적 연구가 활발히 수행되고 있다. 또한 조류발전은 풍력발전과 그 원리가 유사하여 풍력발전에 관한 연구 자료를 활용할 수도 있다. 현재 조류발전 연구는 조류발전 수차의 개발 및 효율 개선 등에 초점이 맞춰져 있다. 조류발전의 상용화는 아직까지 본격적으로 실현되고 있지는 않으나, 영국, 미국, 캐나다, 노르웨이 등에서 실용화를 위한 연구를 진행하고 있다.

조석간만의 차가 크고 리아스식 해안으로 구성된 우리나라의 서 · 남해안은 조류발전을 할 만한 곳이 많으며, 특히 전남 해남군과 진도군 사이 진도수도 내에 위치한 울돌목은 최대 13노트에 달하는 강한 조류가 발생하는 곳으로, 조류발전 최적지로 평가되고 있다. 또한 울돌목 인근의 장죽수도와 맹골수도, 경상남도 사천시와 남해군 사이의 삼천포수도(대방수도), 경기만 내의 서수도 등지에서도 조류발전이 가능하다. 한국해양과학기술원은 2009년 5월 1천 kW급 시험발전소를 울돌목에 설치하여 성공적으로 실해역 실험을 실시한 바 있어 머지않은 장래에 상용 조류발전이 가능할 것으로 예측된다.

500kW급 착저식 진동수주형 시험파력발전소
2012년 제주도 서쪽 차귀도 인근 해역에 설치 예정이며, 실해역 실험을 거친 후 상용화될 것으로 기대된다.

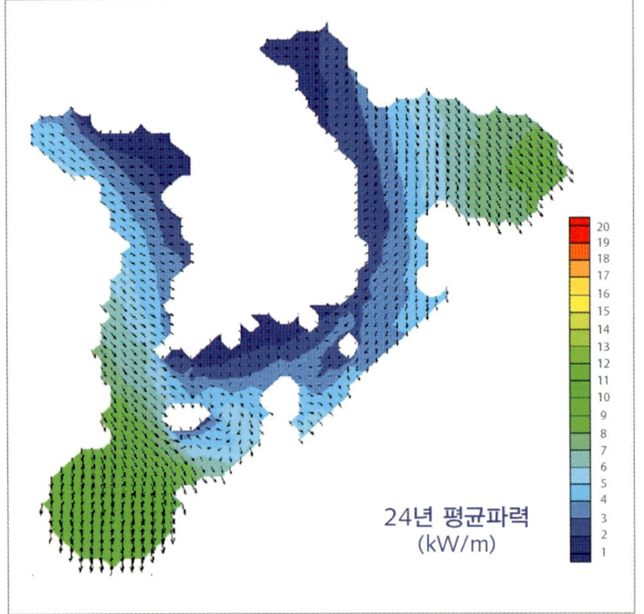

우리나라 주변해역 파력 분포
수치 모델을 이용하여 산출한 우리나라 주변해역 파력에너지 분포 현황 (1979~2002).

● 파력발전

파력발전은 입사하는 파랑에너지를 터빈 같은 원동기의 구동력으로 변환하여 발전하는 방식으로, 설치 방식에 따라 부체식과 고정식으로 구분할 수 있다. 또한 물입자의 운동 방향에 따라 파의 상하운동, 파의 수평운동 또는 파에 의한 수중 압력을 이용하여 각각 공기에너지나 기계에너지 또는 수력에너지로 변환시키는 방법으로 구별할 수도 있다.

파력발전은 파랑의 운동 및 위치에너지를 기계적 에너지로 1차 변환하고, 기계적 에너지를 전기에너지로 2차 변환하여 전력을 생산하게 된다. 파력발전 장치는 1차 변환방식에 따라 파 운동을 기구학적 운동으로 흡수하는 가동물체(Movable Body)형, 파랑에너지를 공기의 유동에너지로 변환하고 이로부터 공기터빈을 회전시켜 발전하는 진동수주형(Oscillating Water Column) 그리고 파랑에너지를 위치에너지로 변환하고 저낙차 터빈을 회전시키는 월파형(Overtopping Device) 등이 있다.

한국해양과학기술원에서는 위의 세 가지 파력발전 장치의 연구개발을 진행하고 있다. 2012년에는 500kW급 착저식 진동수주형 시험파력발전소가 제주도 서남해역에 건설될 예정이며, 현장 실증 실험을 성공적으로 마치면, 파력발전의 상용화를 앞당길 수 있을 것으로 기대된다. 또한 250kW급 월파형 파력발전장치, 가동물체형인 300kW급 부유식 진자형 파력발전 장치도 연구개발되고 있다. 우리나라 서남해역과 제주도 주변해역은 강한 파랑이 발생하는 해역으로 파력발전에 적합한 조건을 갖추고 있으며, 각 해역의 특성에 맞는 발전 장치를 적용할 경우 안전성과 경제성을 확보할 수 있을 것이다.

● 해양온도차 발전

표층의 해수를 고온의 에너지원으로 하고 심층의 해수를 저온 에너지원으로 하여, 그 사이에서 열 사이클을 행하면 에너지를 추출할 수 있다. 이처럼 해양의 표층수와 심층수의 온도차를 이용해서 전력을 생산하는 방식을 해양온도차발전(Ocean Thermal Energy Conversion, OTEC)이라 하며, 표층과 심층의 온도 차이가 큰 열대 해역을 대상으로 실용화 연구가 진행되고 있다. 발전 방식으로는 작동 유체를 해수로 하는 개방 사이클 방식과 해수가 아닌 암모니아, 프로판, 부탄 같은 것을 작동유체로 하는 폐쇄사이클 방식의 두 가지 방식이 가능하다. 폐쇄사이클 방식의 원리는 증발기에서 표층해수를 이용, 작동유체를 증발시켜서 고압의 증기로 만들어 터빈을 회전시키고, 터빈에서 나온 증기는 심층해수를 이용, 응축기에서 액화하여 펌프로 다시 증발기에 보내는 과정을 반복하는 것이다. 개방사이클 방식은 작동유체로 해수를 직접 이용하는 방식으로 폐쇄사이클 방식에 비해 발전효율이 떨어지는 단점이 있으나, 발전과 동시에 담수를 생산할 수 있는 장점이 있다.

KIOST

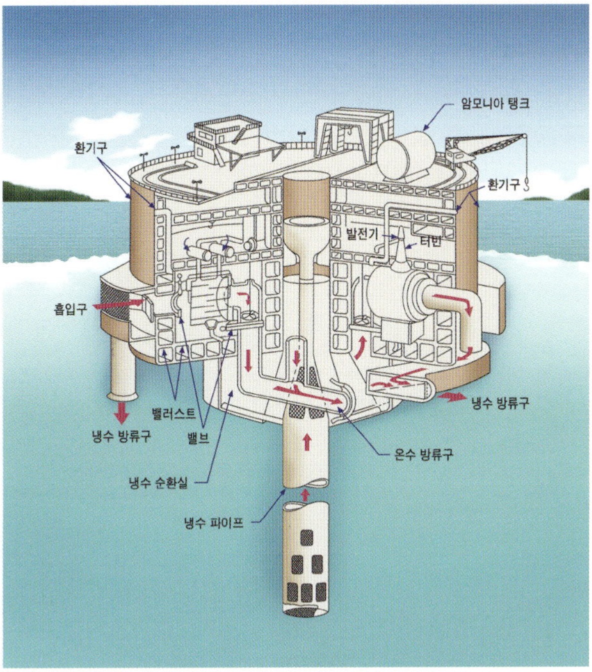

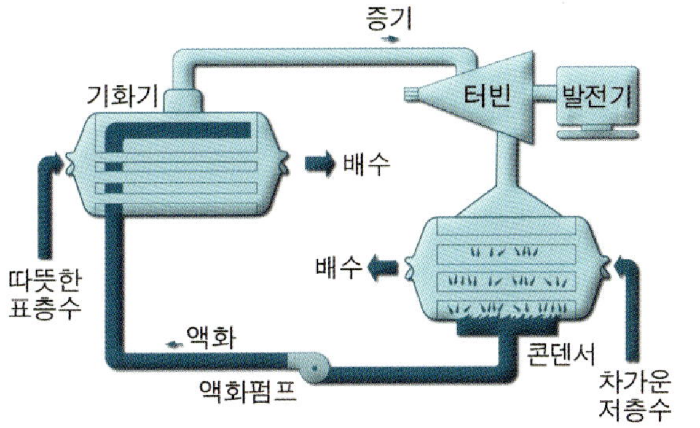

해양온도차발전 개념도(상)

해양에 부존되어 있는 막대한 온도차에너지를 개발하기 위해 대규모의 해수온도차발전 장치가 필요하다.

폐쇄사이클 방식의 해양온도차 발전(하)

해수온도차에너지가 풍부한 열대해역을 중심으로 상용화를 위한 연구개발이 진행 중이다. 우리나라도 열대해역에 있는 국가와 공동으로 개발하는 방안을 강구하고 있다.

● 미래의 해양에너지 이용 기술

현재 해양에너지 기술은 조력, 조류, 파력, 해수온도차 등 각 에너지원별로 기술이 개발되고 있다. 조력발전을 제외하고는 아직까지 본격적으로 상용화되지는 않았으나, 현재 실증 단계에 있는 기술이 많이 있으며, 세계 각국에서 기술개발을 위한 연구가 계속되고 있다. 최근에는 에너지원별 기술개발과 더불어 두 가지 이상의 에너지원을 이용하기 위한 복합발전 즉, 하이브리드 발전 시스템에 대한 관심도 늘어나고 있다.

Siemens

독일 지멘스사가 2007년 발틱해에 설치한 110MW급 해상풍력발전소

1991년 세계 최초로 해상풍력발전소가 건설된 이래 발틱해, 북해 등에 다수의 해상풍력발전소가 운영되고 있다.

미래에는 해양에너지자원을 효과적으로 개발 · 이용하기 위하여 단순히 발전설비를 결합하는 방식이 아니라 복합적으로 에너지를 개발할 수 있는 인공섬 형태의 해양에너지 단지가 조성될 것이다. 상부에는 태양광발전, 풍력발전 시설이 설치되고, 조류/조력발전, 해수온도차발전, 파력발전 설비 등이 결합된 초대형 복합해양에너지 플랜트가 구상되고 있다. 이러한 복합해양에너지 플랜트를 통해 경제성을 향상시킬 수 있으며, 양질의 전력을 지속적으로 공급할 수 있는 시스템이 구축될 것이다. 더 나아가 해양에너지 단지에서 생산되는 에너지를 이용하는 에너지 자족형의 해상도시 또는 수중도시도 가능하다. 예를 들어, 해양온도차발전 시스템에서는 발전을 위해 취수된 심층수나 표층수의 담수화를 통해 상수의 공급, 음료수나 미네랄워터의 제조, 수소 제조, 심층수 얼음 제조, 리튬 회수, 식품 · 의약품 · 화장품 등의 제조, 건물의 냉난방, 어패류나 해조류의 수산양식 등이 가능할 것이다. 또한, 해양에너지 단지의 시설을 활용하여 외해 가두리 양식장이나 바다목장을 조성하는 방법 등을 통해 해양 플랜트와 공존하는 해양환경을 조성할 수도 있을 것이다.

해양에너지는 미래에 도래할 수소경제사회에서 지금보다 더 유망한 에너지원이 될 수 있다. 해양에너지 설비는 바다에 설치되기 때문에 풍부한 바닷물을 바로 이용할 수 있다는 장점이 있다. 수소연료전지 등을 활용한 저장 기술이 보편화 되면, 해양에너지

설비에서 단점으로 꼽히던 송전 비용의 문제가 해결될 수있다. 해상에서 수소를 생산하고 수소연료전지 형태로 저장하여 공급할 수 있으므로, 기존의 해저케이블을 통한 송전 방법보다 비용이 크게 절감되어 경제성이 더욱 향상될 것이다. 이는 해양에너지 개발의 입지를 확대시켜, 우리가 활용할 수 있는 해양에너지의 절대량을 크게 확대할 수 있다. 또한 송전 문제가 해결됨으로써 육지로부터 거리가 먼 대양의 한가운데에서도 해양에너지를 개발할 수 있게 될 것이다. 해양에너지는 자연 현상을 이용하기 때문에 일정한 전력을 생산할 수 없다는 점이 단점으로 지적되었으나, 수소를 생산하는 방식으로 적용되면, 이러한 단점을 보완할 수 있을 것으로 보인다.

21세기는 해양의 시대라는 것은 부정할 수 없는 사실이다. 앞으로의 국가 성장은 누가 해양자원을 잘 보전하고 지속가능하게 이용하느냐에 달려 있다고 해도 과언이 아니다. 해양에너지 개발은 에너지원 고갈과 같은 문제와 이산화탄소의 배출을 저감시켜야 하는 등 시급히 대처해야 할 문제의 대안으로 충분한 가치를 지니고 있다. 국내외적으로 본격적인 해양에너지 개발의 역사는 매우 짧고, 앞으로 기술적 측면에서 해결해야 할 문제점들이 많이 남아 있지만, 해양에너지를 본격적으로 이용하는 날이 그리 멀지 않은 것만은 분명하다.

다기능 에너지 섬 개념도

복합 해양에너지 단지 또는 다기능 에너지 섬 등을 통하여 경제성 향상을 도모하고 해상자족도시 건설 등 공간과 에너지 문제를 동시에 해결할 수 있는 해상도시의 건설이 머지않은 미래에 실현될 것으로 기대된다.

연안개발

생태적 · 문화적 · 경제적 가치가 조화롭게 공존된 연안개발을 통해 우리나라 연안을 아름답게 가꾸고, 지속가능한 개발과 환경보전을 실천해야 한다.

박광순 한국해양과학기술원

연안이 주는 혜택

우리나라는 3면이 바다로 둘러싸여 있는 연안국이다. 깊고 푸른 빛이 감도는 동해, 섬과 바다가 어우러져 아름다운 절경을 연출하는 남해, 그리고 끝없이 펼쳐지는 갯벌의 장관을 만끽할 수 있는 서해, 우리나라의 바다는 3면이 각각 독특한 아름다움을 가지고 있다.

우리나라 해안선의 총길이는 11,542km로서 국토 면적에 비해 해안선이 매우 길다. 육지 면적 대비 해안선 길이의 비율을 살펴보면 한국은 117%, 일본 87%, 영국 57%, 뉴질랜드 56%로 다른 나라에 비해 높은 편이다. 도서지역의 해안선 5,315km를 제외한 우리나라 육지의 해안선은 6,227km로 이 중에서 26.2%인 1,632km가 방조제나 호안 등의 인공해안으로 형성되어 있다.

서해안과 남해안과 동해안은 각기 다른 지형적 특성을 지니고 있다. 서해안과 남해안은 리아스식 해안으로 해안선이 복잡하고 수심이 낮으며, 경사가 완만하고 조수간만의 차가 크고 국토 면적의 2.4%에 해당하는 2,489km²를 갯벌이 차지하고 있는데, 서해안 갯벌은 세계 5대 갯벌 중의 하나이다. 동해안은 주로 암반해안으로 해안선이 단조롭고 수심이 깊으며, 하천이 급경사이고 길이가 짧으며 양질의 모래해안이 분포한다. 우리나라에는 유인도 494개, 무인도 2,721개 등 총 3,210여 개에 달하는 섬이 전국에 산재하며, 전체 섬의 61.1%인 1,966개가 전라남도에 위치하고 있다.

연안은 육지와 바다가 만나는 곳으로 해변, 갯벌, 해안절벽, 삼각주 등 다양한 모습으로 나타나는 지역이다. 1999년 8월에 제정된 '연안관리법'에서는 연안을 영해 12해리까지의 바다뿐만 아니라 해안선에 접한 최대 1km까지의 육지도 포함시키고 있다.

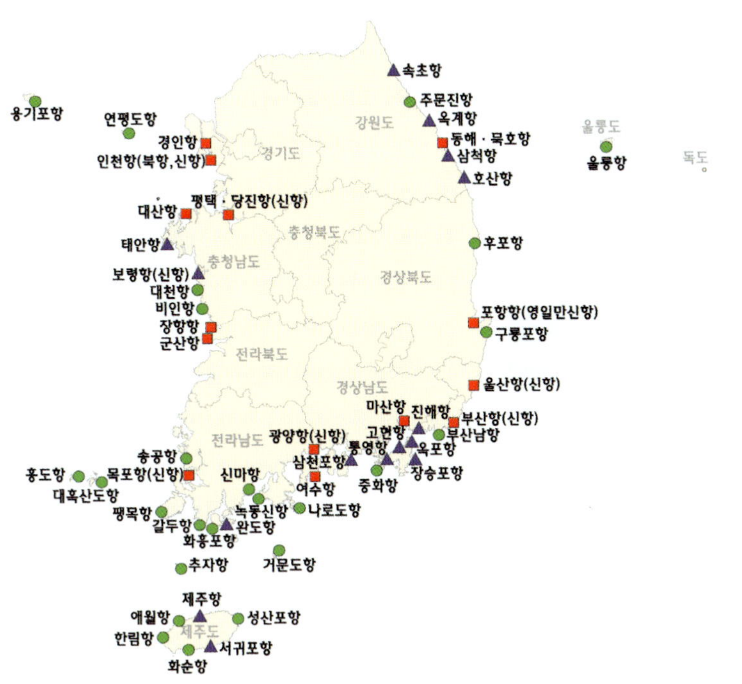

우리나라 무역항 및 연안항의 위치

■ 국가관리항 (14개소)
▲ 지방관리항(15개소)
● 연안항 (25개소)

연안은 육지의 하천 또는 해류의 영향에 의한 퇴적활동으로 영양염이 풍부하며, 각종 해양 동 · 식물의 산란장과 서식지를 제공한다.

연안지역은 해수욕장, 수산양식장, 해상국립공원, 자연환경 보전지역으로 활용되며, 간척과 매립사업을 통해 조성된 토지는 농경지, 공업 단지, 항만, 공항 등 산업용으로 이용되고 있다. 경제발전에 따른 토지 수요의 증가, 육상 환경오염 등을 고려할 때 연안의 공간이용은 더욱 활발해 질 전망이다. 연안은 우리 국민의 소득증대, 삶의 질 향상과 여가문화 증가에 따른 다양한 국민의 해양문화 및 레저활동이 이루어지는 곳이기도 하다.

사회 · 경제적인 측면에서 보면, 부산광역시 · 인천광역시 등 78개 시 · 군 · 구(26개 시, 34개 군, 18개 자치구)가 연안에 위치하고 있고, 그 면적은 31,797 km^2로서 전국 대비 31.9%에 달하며, 우리나라 총인구의 약 27%가 연안 시 · 군 · 구에 거주하고 있다. 189개인 국가 및 지방 산업단지의 44.4%인 84개가 연안에 위치하고 있으며, 이 중 36개 국가 산업단지의 75.0%인 27개가 연안에 배치되어 있다. 또한 지정항만은 총 54개로 무역항 29개항, 연안항 25개항이며, 971개의 어항이 전국에 산재하고 있다. 전국 81개 발전소 중 49.4%인 40개 발전소가 연안에 위치하고 있다. 연안지역은 우리나라 지역 총생산의 약 42%를 차지하고 있는 중요한 국토 공간이다. 한편 1,092km^2의

국토해양부

국토해양부

부산항만공사

신선대 컨테이너부두(상)
부산항 제3단계 개발 사업으로 1991년 개장하여 포스터파나막스급 컨테이너 선박을 수용할 수 있다.

자성대 컨테이너부두(중)
1978년에 개장된 우리나라 최초의 컨테이너 전용 부두

부산 신항(하)
부족한 항만시설을 확충하고, 21세기 동북아 물류의 중심 항만을 목표로 추진된 부산 신항의 위치도와 모습

연안해역이 수산양식장으로 이용되고 있으며, 1,387km^2의 해역이 항만수역에 포함되어 있다. 20개소의 국립공원 중 연안에 위치한 국립공원은 4개소 3,348km^2이며, 이 중 해역이 2,680km^2로 국립공원 총면적 6,579km^2의 40.7%, 연안에 위치한 국립공원 면적의 80%를 차지한다.

우리나라 연안 개발의 현주소

우리나라는 지난 30여 년간 급속한 경제발전으로 농지, 산업단지, 항만 조성을 위해 대규모 연안개발이 추진되었고, 연안에서 골재, 규사 등 해저자원 채취가 활발히 이루어졌다. 또한 최근 연안 인구와 무역 소득의 증가로 인해 산업, 문화, 레저 등 각종 시설이 연안에 밀집되는 경향이 있다.

연안 개발사업에서 가장 중요한 것 중의 하나가 항만개발이다. 무역량 증가, 연안물동량과 연안 여객 수요 증가에 대처하기 위하여 항만시설을 확충하고 지역의 균형 있는 개발이 추진되어 왔다. 대규모 항만개발사업으로는 부산 신항만과 평택 당진항 개발사업 등이 있다. 부산 신항의 경우 부족한 항만시설의 확충을 통해 국가경쟁력을 높히고, 동북아의 중심이 될 수 있는 중심항만(Hub-Port) 개발을 목표로 건설하였으며, 30척의 컨테이너선이 동시에 들어 설 수 있는 터미널이 개장되는 2011년부터는 800만 TEU급 이상의 물동량을 처리할 수 있게 되었다. 1998년부터 개발되고 있는 평택 당진항 개발사업은 62척의 컨테이너선이 동시에 들어설 수 있는 터미널(하역 능력 6,200만 톤)을 건설하는 대형 연안개발사업이다. 특히 평택 당진항은 부산항, 광양항과 더불어 우리나라 3대 국책 항만의 하나로 동북아 중심에 위치한 중추적인 무역항으로서의 역할을 할 것으로 기대된다.

간척사업의 명암

간척이란 바닷물의 침투를 방지하기 위한 제방을 쌓고, 제방 안의 물을 제거하여 해수면 아래의 땅을 이용 가능한 땅으로 바꾸는 작업을 말한다. 간척사업은 조석 간만의 차가 커서 넓은 갯벌이 발달되고, 해안선의 굴곡이 심하며, 해안 앞쪽에 연안사주가 있거나 섬이 많이 있을 경우 유리하다. 이러한 간척사업은 농업용지, 공업용지 등을 확보하고 연안 도시를 건설하기 위해 추진되어 왔다.

대표적인 간척사업으로는 시화지구 간척사업, 서산 · 대호지구 간척사업, 새만금 간척사업을 들 수 있다. 간척사업은 농경지 확보를 통한 식량증산, 방조제를 이용한 새로운 도로와 간척지 내의 간선도로 건설로는 여객 및 화물의 운송교통을 향상시킨다. 간척 시 조성되는 담수호는 부족한 농업용, 공업용 및 생활용수를 공급함으로써 수자원을 확보할 수 있다. 그러나 간척사업은 연안환경의 훼손, 연안습지나 갯벌생태계의 파괴, 수산자원의 감소, 해양오염물질의 증가로 인한 해양환경 악화 등의 부정적인 영향을 초래하기도 한다. 군자만에 12.7km의 방조제를 만들어 여의도의 20배에 이르는 담수호를 조성하려던 시화호는 수질 악화로 인해 담수호를 포기하고 해수호로 전환되었다. 갯벌의 경우, 대규모 간척 매립으로 절대면적의 약 25%가 상실되었으며, 갯벌 주변의 갈대밭과 같은 소금기가 많은 흙에서 자라는 식물 군락이 파괴되는 등

평택 당진항
2011년 7월 2단계 개발사업이 완료되어 명실상부한 서해안권 중추 항만도시로의 위상을 갖춘 평택 당진항 설계 조감도

평택지방해양항만청

새만금 토지이용 계획도

28,300ha(여의도 면적의 140배)의 부지에 농지, 산업, 관광·레저, 주거, 연구개발, 상업·업무, 공원·녹지 등의 권역별로 나누어 개발될 새만금 토지 이용 계획도

갯벌생태계의 생산력과 기능이 크게 저하되었고, 생물의 다양성이 감소되었다. 하지만 최근 수년 사이 해양생태계 보전의 중요성이 제기되면서 무차별적인 연안개발을 막아야 한다는 지적이 설득력을 얻고 있고, 연안개발 및 이용과 환경과의 조화를 모색하기 시작하면서 연안자원의 보전과 지속가능한 개발 방안을 모색하기 시작하였다. 시화호의 오염과 새만금 간척사업에 따른 환경 문제는 대표적인 사례라 할 수 있다.

항만, 공업단지, 도시용지 등의 토지를 확보하기 위하여 다른 곳에 있는 토사 등의 물질을 인위적으로 운반해 와서 해안부에 투여하여 해면의 최고 수위 이상으로 지반을 높이는 것을 매립이라고 한다. 간척과 매립은 엄격히 말하면 구분되지만 보통 매립을 간척의 한 부분으로 보고 있으나, 공유수면 매립법에서는 간척을 매립으로 정의하고 있다. 우리나라의 갯벌은 1987년보다 약 15%인 422.4km²가 상실된 것으로 알려져 있지만 실제로는 30~40% 정도가 상실되었을 것으로 추정하고 있다.

갯벌은 경사가 완만하고 육지와 직접 맞닿아 있으므로 농지 확보 측면에서 개발이 용이한 장소이다. 최근 생물다양성의 중요성이 인식되고 생태계 보존의 필요성이 제기됨에 따라 무분별한 매립에 따른 환경 파괴를 우려하는 목소리가 높아졌다. 갯벌은 완충지대로서 육지로부터 유입되는 오염물질을 여과하고 분해하는 정화작용을 수행하지만, 갯벌이 없어지면 정화 기능도 사라지게 된다.

군산시

군산 국가산업단지 개발 현장
국가차원의 전략 사업지를 조성한 대규모 간척·매립 사업이다.

연안통합관리, 지속가능한 연안자원의 이용을 위하여

연안에서는 간척과 매립, 항만개발 같은 다양한 형태의 개발로 인하여 물리환경이 변화하여 해안과 모래사장이 없어지고, 뱃길이 얕아지며, 토사가 유입되어 양식장이 황폐해지는 나쁜 영향이 나타나고 있다. 바닷가에는 횟집과 콘도형 민박시설이 들어서고, 항만구역, 임해산업단지, 군사시설 등의 시설물들이 연안 경관과의 조화를 고려하지 않고 지어져서 빼어난 경관을 해치는 경우도 있다.

정부에서는 1999년에 '연안관리법'을 제정하여 연안의 생태적, 문화적, 경제적 가치가 조화롭게 공존될 수 있도록 종합적이고 미래지향적인 관점에서 연안통합관리 계획과 연안정비 계획을 수립하도록 하고 있다. 연안통합관리 계획은 연안 자원의 지속적인 이용과 개발 그리고 보호를 위해 바다는 물론 바다에 인접한 최대 1km까지의 육지를 통합하여 체계적으로 관리하는 '연안역 통합관리' 개념을 포함하고 있다. 연안통합관리 계획은 연안자원과 공간의 보전 · 이용 · 개발을 합리적으로 조정하여 지속가능한 개발과 환경보전을 효과적으로 실천하고자 연안육역과 해역의 통합, 관련 행정주체 간 수직적 · 수평적 통합, 보전과 이용 · 개발간의 통합 등을 추구하고 있다. 연안관리법에 의하여 2010년부터 실행되고 있는 '제2차 연안정비 10개년 계획'은 훼손되고 방치되어 있는 우리나라의 연안을 아름답고 안전하게 가꿈으로써 연안을 일반 국민들에게 되돌려 주기 위한 계획이라고 할 수 있다.

해양공간의 이용

해양도시, 해상공항, 해상농장 등 새로운 다목적 생활공간은 바다로 무한히 뻗어나갈 것이다.

안희도 한국해양과학기술원

푸른 바다와 파란 하늘! 인류는 예로부터 이 두 개의 푸른 공간을 동경해 왔다. 바다는 무한한 가능성과 낭만을 간직한 지구상의 마지막 프런티어이다. 현재 약 70억 인구를 거느린 지구는 벌써부터 식량과 에너지 등 자원부족 문제에 공해 문제까지 겹쳐 비틀거리고 있다. 이러한 문제를 해결하기 위하여 인간은 육지에서 그 한계를 느끼고 점차 바다로 눈을 돌리게 되었다. 바다에는 수산자원, 광물자원을 비롯한 각종 자원들이 풍부하다. 하지만 바다는 인간이 활동하기에는 만만치 않은 조건을 지니고 있다. 수심이 깊어짐에 따라 수압이 높아지고, 바닷물의 염분 때문에 재료가 부식하고, 생물부착으로 인해 관측기기의 기능이 떨어지며, 수중에서는 빛이 멀리 도달하지 못해 광범위한 관찰이 불가능하고, 전파 전송에 한계가 있어 통신에도 어려움이 있다. 또한 파랑과 해일과 같은 자연현상이 인간의 접근을 어렵게 하였다. 그러나 최근 과학기술의 진보로 인간은 이러한 악조건을 점차 극복하여 새로운 해양자원 개발과 공간이용이 가능하게 되었다.

해양개발은 1960년대 후반부터 본격적으로 추진되기 시작하여 이제 반세기가 지나고 있다. 오늘날 세계는 해양과학기술의 발달과 함께 유엔해양법협약의 발효에 의해 신해양질서가 형성되고 있으며, 세계 여러 나라들은 자국의 자원보호를 위하여 배타적 경제수역(Exclusive Economic Zone, EEZ)을 앞 다투어 경쟁적으로 선포하고 있다. 이러한 여건의 변화로 인하여 과거 수산업 위주였던 해양산업이 항만을 중심으로 한 대외무역의 증가와 더불어 점차 복합산업으로 발전되어가고 있다. 또한, 인간 활동이 기존의 육지 중심에서 해상도시, 해상플랜트, 해상공항 등 바다 지향적으로 전개되면서 해양공간의 역할과 기능이 그 어느 때보다 중요시되고 있다.

● 인공섬, 바다로 이사가고 싶다.

해양공간을 이용하려는 구상은 1960년대부터 태동되기 시작하였다. 해양공간의 이용은 해상부이(관측용 부이)와 같은 1차원적인 점(点)의 이용 형태에서 지금은 해운·해저터널과 같은 2차원적인 선(線)의 이용형태로 바뀌었고, 앞으로는 플랜트·공항·저장기지, 해중공원과 같은 시설들이 해상·해중 또는 해저에 유치되는 이른바 3차원적인 면(面)의 이용 형태로 다양화되면서 규모도 대형화되어 갈 것으로 전망된다.

육상공간이 과밀화되면서 도시인구의 거주와 활동에 필요한 가용토지가 절대적으로 부족한 상황에서 공간 수요를 충족시키기 위해 해상도시의 건설이 구상되었다. 주거 장소의 건설 위치에 따라 해상도시, 해중도시, 해저도시로 구분되지만 아직은 구상 중이거나 개발 단계에 있다.

1975년 일본 오키나와에서 개최된 해양박람회에 전시되었던 소규모 해양도시 '아쿠아폴리스(Aquapolis)'는 플랜트를 해상에 건설하려는 첫 시도로서, 당시 용지난과 공해문제가 심각했던 일본으로서는 획기적인 발상이었다. 또한 1981년에 완공된 매립식 해상도시인 일본 고베항의 포트아일랜드(Port Island)는 총면적이 약 583ha로, 착공에서 완공까지 16년이라는 오랜 기간이 걸린 광대한 연안 인공섬의 대표적인 예라 할 수 있다.

인공섬이란 해안에서 멀리 떨어진 해역에 건설되는 섬으로, 구조 형식에 따라서

KIOST

초대형 부유식 해양구조물

비행장, 항만, 해양레저 시설로 활용 가능한 대규모 해양공간의 인공섬을 개발하고 있다.

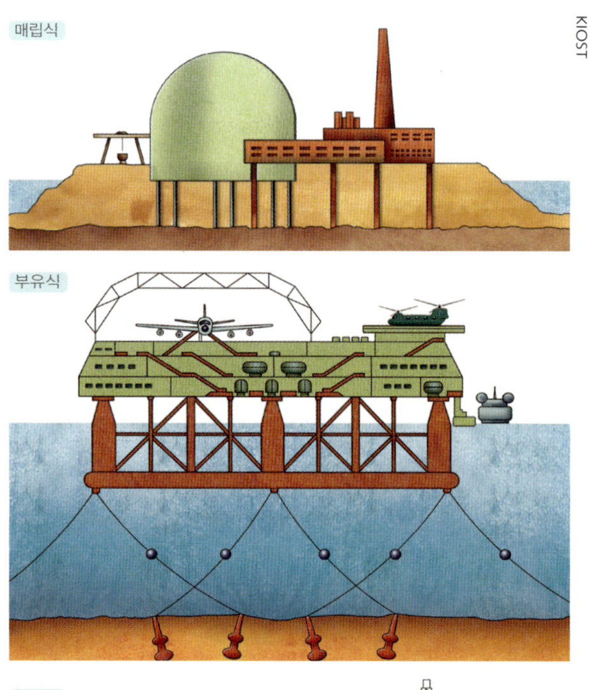

KIOST

해양도시의 건설 방법

해양도시 건설에는 매립식, 부유식, 유각식 공법의 3가지 방법이 있다.

매립식과 부유식 공법으로 나누어진다. 매립식 공법의 인공섬은 수심 약 20~50m 정도의 해역에 만들어지며, 부유식 공법의 인공섬은 좀 더 깊은 수심 약 100m 정도에도 설치할 수 있다. 최근에는 파일(pile)을 해저에 박는 유각식 공법이 많이 제안되고 있다. 그 이유는 매립식의 경우 바다를 흙으로 매립하는 방식이므로 바닷물이 오염 및 해류와 생태계에 미치는 영향이 크기 때문이다. 유각식 공법은 콘크리트 구조물을 이용하므로 환경에 미치는 영향이 적을 뿐만 아니라 공사기간을 단축시킬 수 있다는 장점이 있어서 널리 채택되고 있다.

해상도시의 건설 비용은 토지의 이용 목적, 건설 지점의 해저지반, 파도 등의 해상조건에 의해 좌우되며, 수심 약 30m 정도까지는 매립식 공법이 오히려 경제적인 경우가 많다. 그러나 수심이 약 30m를 넘어 수심이 깊어질수록 석유굴착용 재킷(jacket)이나 잭업(jack-up)리그 등을 활용하는 유각식 공법이 경제적이다.

인공섬은 공항으로도 이용된다. 공항의 활주로는 약 3,000m 이상이 되어야 하는데, 이용시간과 소음 제한 등의 문제를 해결하기 위해 최근에는 해상공항이 추진되고 있다. 그 일례가 수심 20m의 해상에 1,200ha를 매립하여 만든 일본 오사카의 간사이(關西) 국제공항(길이 3,500m 활주로 1개)으로 1994년에 완공되었으며, 제2기 확장공사가 2007년에 완공되어 길이 4,000m의 활주로가 하나 더 생겼다. 또한 2005년에는 나고야의 쥬부(中部) 해상국제공항이 완공되어 운영 중에 있으며, 2006년에는 고베(神戸) 해상공항이 국내선 전용으로 운영되고 있다.

인간의 거주지를 해상에 건설하려는 해양도시의 구상과는 별도로 공장, 발전소, 정유소 등의 산업시설을 해상에 건설하려는 해상콤비나트 구상도 점차 현실화되고 있다. 이러한 기술의 응용분야의 한 예로 해상 쓰레기 소각장 연구가 세계 각처에서

나고야 쥬부 국제공항

나고야 쥬부 해상국제공항
2005년 3월 해상국제공항이 완공되어 운영 중에 있으며, 2006년부터는 고베 해상공항이 국내선 전용으로 운영되고 있다.

활발히 진행되고 있는데, 쓰레기 처리 중에 발생된 에너지를 이용하여 발전과 해수 담수화를 병행하려는 인공섬 건설 계획이 구체화되어 점차 실현 단계에 있다.

최근 일본에서는 해양기술도시 건설계획을 적극적으로 추진하고 있다. 이 도시계획은 바다에 인공섬을 축조하고 그 주위 바다에 호텔, 문화회관, 해양기술관 등의 시설을 건설하여 각각을 해상터널로 연결한다는 것이다. 이 같은 해양도시 건설을 위해서는 기본적으로 다음과 같은 네 가지 조건이 해결되어야 한다. 우선 도시로서의 기능을 발휘하기 위해서는 무엇보다도 첫째로 에너지 확보가 필요하다. 해양도시는 당연히 바다에서 에너지를 얻어 이용하는 형태가 가장 바람직하며, 조류나 온도차발전, 조수간만의 차나 파도의 힘을 이용한 발전 그리고 이와 함께 태양열이나 풍력에너지와 같은 자연에너지를 다양한 형태로 복합시켜 에너지원으로 이용하기도 한다. 둘째로 용수 문제가 있다. 우리나라의 경우에는 연간 평균 강우량이 약 1,000~2,000mm정도로 비교적 풍부한 편에 속하므로, 순환 시스템과 해수담수화 기술을 잘 활용하면 해양도시의 용수 문제는 해결될 것이다. 셋째로 육상과의 교통 문제이다. 해저터널이나 연육교가 건설되고 초고속 대형선박이 개발되면 날씨와 관계없이 전천후로 육상과 연결될 수 있다. 넷째로 통신 문제가 있다. 마이크로웨이브로 통신하는 방안과 함께 통신위성을 이용하여 세계 곳곳의 도시와 통신 네트워크를 구축하고, 도시 내에서는 광케이블을 사용하여 완전한 통신망을 구축하면 통신 문제는 해결될 것이다.

삼성물산

두바이 팜 아일랜드

두바이 워터프런트 계획의 일환으로 2003년 분양된 인공섬 가운데 팜주메이라 섬에는 특급호텔과 빌라, 아파트, 쇼핑센터가 들어설 예정이다.

인간은 지금까지는 주로 바다를 매립하여 육지를 만들고 그곳에 임해도시를 건설해 왔다. 그러나 앞으로는 단순 매립 방법에만 의존하지는 않을 것이다. 최근에 구상되고 있는 해양도시의 건설 방식은 파일을 해저에 박는 유각식 공법과 부력을 이용하여 수중에 관광호텔을 짓는 부유식 공법이 각광을 받고 있다. 외해로 나갈수록 수심이 깊어지기 때문에 매립식 공법으로 인공섬을 건설하는 데는 엄청난 매립 토사가 필요하게 되어 비경제적이기 때문이다. 최근에는 철강판을 물위에 띄워 놓고 그 위에 초고층 빌딩을 세우는 부유식 공법에 대한 연구가 활발히 진행되고 있다. 대표적인 예가 메가플로트(Mega Float) 계획이다. 메가플로트는 여의도의 두 배쯤 되는(약 600만 m^2) 대형 부유체를 물 위에 띄운 다음 여기에 공항, 항만, 호텔, 사무실 등과 같은 각종 시설물을 건설하여 해상도시를 건설한다는 계획이다. 이와 같은 기술 공법의 발전에 따라 차세대 해양도시는 외해에 인공섬을 건설하여 24시간 이용 가능한 공항과 최첨단 해양산업시설을 비롯한 정보 네트워크 서비스(information network service) 기능을 갖춘 해양정보도시가 될 것이다.

해양정보도시의 첨단산업 구역에는 메카트로닉스, 신소재, 생물공학, 초전도 등과 같은 시대의 요구에 부응하는 최신기술을 연구 · 개발할 수 있도록 하고, 에너지 구역에는 태양광이나 파력발전시설을 설치해 전력을 공급하며, 인공섬 주변에 바다목장이나 양식장 등을 설치한다면 신선한 수산자원을 생산할 수도 있을 것이다.

인공섬은 육로, 해로, 공로의 세 가지 방법으로 연결된다. 해저터널이나 연육교, 호화 여객선이나 페리호를 위한 여객터미널 그리고 약 1,500m 정도의 활주로를 건설하여 소형 제트기가 뜨고 내릴 수 있는 공항을 설치한다. 또한 도시구역에서는 첨단 기능을 갖춘 사무지구와 상업지구, 국제교류에 필요한 국제회의장, 전시장, 비즈니스센터 등과 재해발생 시 대처할 수 있는 정보관리 기능을 겸비한 시설 등이 자리 잡는다. 복지문화 구역에는 박물관과 미술관을 만들고 마리나, 낚시터, 해중전망탑 등 해양레저활동을 할 수 있는 시설도 설치한다. 해중전망탑은 해양생물을 자연상태 그대로 관찰할 수 있으므로 교육시설로도 널리 활용될 수 있다. 해중전망탑이 해중에 수직으로 세워진 구조물이라면, 튜브를 수평으로 하여 투명 산책로를 만들면 산책을 하면서 해저경관을 만끽할 수 있는 이른바 해중산책로로 즐길 수 있다. 이와 같이 미래 지향적인 시토피아(seatopia, 해상낙원)는 바다공간을 다양한 목적으로 이용할 수 있는 해양도시, 해상공항, 해상농장 등으로 구성된다. 이렇게 해서 인간의 새로운 생활공간은 바다로 무한히 뻗어 나갈 것이다.

● 새로운 생활공간, 워터프론트

수평선을 오가는 배들을 바라볼 때, 밀려왔다가 되돌아가는 파도소리를 들을 때, 갯바람의 향기를 맡을 때, 신선한 해산물의 풍미를 맛볼 때, 바닷물과 접촉하거나 해수욕을 즐길 때 우리는 알지 못하는 사이에 바다와의 교감으로부터 오감을 통해 정신과 육체가 편안해지며 풍요로움을 느낀다. 인간은 바다와 접촉함으로써 자연에 대한 경이나 신비에 자극받아 새로운 발상이나 지혜를 얻을 수 있을 뿐 아니라, 바닷가와 같은 수변공간이 새로운 경제창출 효과가 있음을 알게 되었다.

최근 도시재개발과 환경정비, 거대한 사회간접자본의 정비와 도시공간개발이 워터프론트(waterfront)라 부르는 공간의 개발로 확대되고 있다. 이는 해양이 가진 광대한 공간을 자원으로 활용하여 인간 활동의 장을 육상에서 바다로까지 연장하여 새로운 생활환경을 형성하고자 하는 것이다. 워터프론트란 단순히 수변이라는 개념이 아니라 노후한 도시의 바닷가를 재개발하여 지역의 환경을 정비하고, 나아가서는 도시 구조, 산업 구조, 문화 구조를 재구축하는 개념이라고 할 수 있다. 세계에서 워터프론트 재개발이 행해지고 있는 도시의 대부분은 일찍부터 항만이 발달했던 도시들이었다.

미국에서 도시 워터프론트의 재개발이 시작된 것은 1960년대부터이며, 동해안에 위치한 보스턴, 뉴욕, 필라델피아, 볼티모어, 마이애미, 5대호 주변의 시카고, 디트로이트 그리고 서해안의 시애틀, 샌프란시스코, 로스앤젤레스, 샌디에이고가 대표적인 예이다. 1980년대에 들어서면서 각지에서는 워터프론트를 재개발하여 쾌적한 공간을 만들어 시민들에게 큰 매력으로 다가가게 되었고, 이는 다시 사람들의 관심을 불러 모으면서 토지가격이 상승하게 되었고 새로운 투자대상으로 주목받게 되었다.

최근에는 개발도상국가들도 선진국의 기술과 경험을 이전받아 워터프론트 개발을 활발히 추진하고 있다. 산업혁명 시대의 선진국 항만도시와 같이 이들 국가에 있어서도 항만은 대량의 화물을 유통시키기 위한 중요한 사회기반 시설인데, 21세기를 맞이하여 산업과 도시구조의 재구축이 중요한 관심거리가 되면서 워터프론트 개발에 대한 관심이 부쩍 높아진 것이다.

워터프론트라는 공간은 자연에 대한 욕구와 행동 욕구, 문화 욕구를 만족시키는 조건이 갖추어지도록 계획되고 있다. 즉 바다와 하천의 워터프론트에는 풍부한 자연환경을 접하고, 다양한 행동욕구를 만족시키는 시설이 있다. 더욱이 도심공간에는 다양한 문화시설을 집중시켜서 지식에 대한 인간의 욕구가 충족될 수 있도록 한다.

현대 도시인의 최대 관심사는 육체의 건강, 마음의 건강, 정신의 건강이며 워터프론트는 이러한 인간의 욕구를 충족시킬 수 있는 공간이다. 현대인들이 바라는 높은 삶의 질은 어떤 면에서 물질의 풍요로움과 스트레스의 해소이며 또한 정신과 문명과 문화적인 성취감이다. 워터프론트의 가장 큰 매력은 우리생활에 활력을 줄 뿐만 아니라 이용자인 인간이 오감을 통해 편안함을 얻을 수 있다는 것이다. 우리 인간은 21세기에 들어서서야 비로소 워터프론트의 가치를 새롭게 인식하고 있다.

부산시

해운대 해수욕장의 비치 파라솔

총 7,939개가 설치된 비치 파라솔은 2008 기네스기록에 등재 되었다.

호주의 골드코스트 해안

바닷가를 재개발하여 지역의 환경을 정비하고 도시 구조, 산업 구조, 문화 구조를 재구축 했다.

남극의 자원

남극과 같은 저온의 극한 환경에 적응한 호냉성 생물, 이들이 만들어 내는 저온적응물질을 활용하기 위한 연구가 진행되고 있다.

강성호 한국해양과학기술원 부설 극지연구소

최근 지구온난화나 오존층 파괴와 같은 전 지구적 환경변화에 따른 남극 생태계의 변화, 저온의 극한 환경에 적응하기 위해 생리적으로 만들어내는 저온적응물질의 활용, 화성의 저온 환경에서 생명체가 존재할 가능성 등에 대한 관심이 커지면서, 남극의 낮은 온도에 적응해서 사는 호냉성 생물에 대한 연구가 주목받고 있다.

남극대륙주변의 해양을 남빙양 또는 남극해라 부르는데, 최근 국제수로기구(International Hydrographic Organization, IHO)에서는 남빙양의 범위를 남극조약 한계인 남위 60° 남쪽의 2,030만 km^2로 한정하고 있다. 남빙양은 다시 남극수렴선 남쪽의 남극권과 수렴선 이북의 아남극권으로 나눠진다. 남극수렴선은 바닷물의 온도와 염분과 같은 물리적 특성이 뚜렷하게 차이가 나는 수괴가 만나는 자연적 경계로서, 해빙이 계절에 따라 얼고 녹기를 되풀이하면서 시간적, 공간적으로 변화하며, 대략 남위 50°에서 60° 사이에서 불규칙하게 오르내린다. 수렴선 남쪽에서 바닷물의 연중수온은 -1.8~3.5℃로 수렴선 북쪽의 남빙양 바닷물(4~10℃)보다 훨씬 차갑기 때문에, 엄격한 의미의 남빙양은 남극수렴선 남쪽을 일컫는다.

● 환경과 생태계

남빙양은 북반구에서 생성된 영양염이 풍부한 심층수가 용승하여, 식물플랑크톤의 대량증식이 일어나 대기의 이산화탄소를 흡수하는 중요한 지역일 뿐만 아니라, 대기와 해양 사이의 열 교환과 해빙의 형성에 의해 남빙양의 표층수가 가라앉아 저층수가 형성되는 지역이기도 하다. 이 저층수는 대서양, 태평양, 인도양으로 퍼져나가기 때문에 남빙양은 전 세계 해양의 해류순환에 매우 중요한 역할을 할 뿐만 아니라 이를 통해

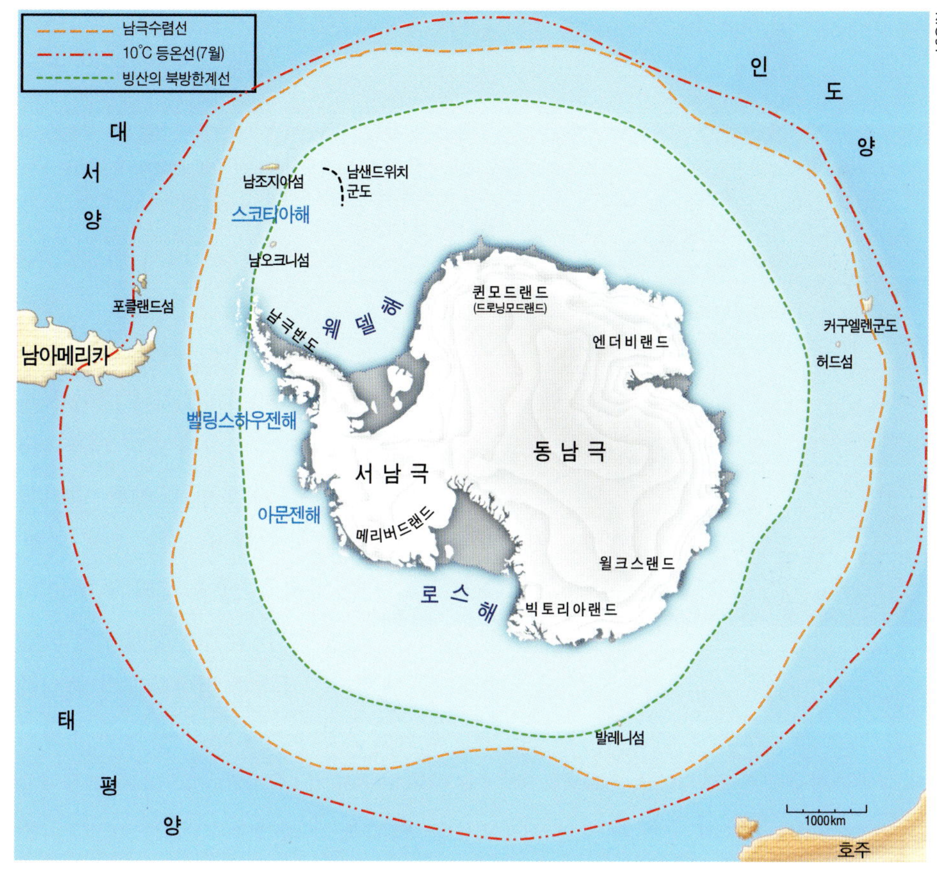

남극대륙 주변 남빙양의 구분

남빙양은 전 세계 해양의 해류순환에 매우 중요한 역할을 한다.

다른 대양 해수의 물리적, 생물학적, 화학적 특성에 큰 영향을 주는 것으로 알려져 있다.

최근 남극 해양생태계는 대기 중에 있는 이산화탄소의 증가로 인한 지구온난화, 오존층 파괴에 의한 자외선 증가 등과 같은 전 지구적 환경변화에 노출되고 있는 가운데, 오랜 기간 물리적으로 안정된 남극환경에 적응하여 진화해 온 남극 생물들은 지구상에 있는 다른 지역의 생물보다 이와 같은 환경변화에 더욱 민감하게 반응하고 있다. 오존층 파괴, 지구온난화와 같은 지구환경의 변화는 특히 빛을 필요로 하는 식물플랑크톤의 생장에 크게 영향을 줄 수 있으며 더 나아가 식물플랑크톤을 주식으로 하는 크릴과 같은 초식동물과 상위포식자인 펭귄, 물개, 어류, 고래 등 해양생태계 전반에 걸쳐 먹이사슬에 연쇄적인 영향을 줄 수 있다.

남극생물 중에서 대표적인 수산자원은 역시 크릴이라고 할 수 있다. 크릴은 주로 남극대륙의 주변을 따라 남빙양 전체에서 발견되지만, 모든 해역에 고루 분포한다기보다는 대서양과 인도양 해역에 집중적으로 분포하고 있다. 남빙양 전체에서 추정된

크릴 자원의 양은 약 1~5억 톤 규모이다. 크릴의 수명은 약 6년으로 추정되며, 다 자라면 약 6cm에 이른다. 해수표면에서 약 200m 이내의 수심에서 발견되며, 종종 큰 떼를 이룬다. 여름에는 식물플랑크톤을 주로 먹지만 겨울이나 먹이가 부족한 상황이 되면 원생동물을 비롯한 다양한 먹이를 소화할 수 있다. 특히 고래, 물개, 펭귄 등의 주요한 먹이가 되기 때문에 남극 해양 생태계 먹이사슬의 중심에 있으며, 자원 측면뿐만 아니라 생태학적으로 매우 중요한 종으로 여겨진다. 현재 남극 해양생물자원보존조약(Commission for the Conservation of Antarctic Marine Living Resources, CCAMLR) 수역 내에서 이루어지는 어업은 크릴이 약 10만 톤, 이빨고기(메로)가 약 1만 5천 톤, 기타 어류가 수천 톤 규모인데, 이와 같은 남극 수산업의 판도가 향후 몇 년 사이에 크게 바뀌지는 않을 것 같다.

남극 해양생태계의 구조
남빙양 해양생태계의 먹이 피라미드는 1차 생산자, 1차 소비자, 최종 소비자로 구성되어 있다.

최근 들어 크릴 자원의 조사를 다시 실시하여 허용 어획량이 약 400만 톤으로 대폭 상향조정되었지만, 크릴 조업이 당장 크게 증가할 것 같지는 않다. 크릴은 현재의 어획 수준이 허용어획량에 비해 매우 낮아 자원 고갈과 같은 문제가 긴급하게 발생하지는 않을 것이며, 잠재적 자원으로서의 위치를 당분간 유지할 것이다. 그러나 조업의 규모가 작더라도 크릴을 먹이로 하는 포식자들이 번식기 동안 어업과 벌여야 하는 경쟁은 계속 논쟁의 여지를 남겨놓고 있다.

● 남극 생물 대상의 생명공학기술

남빙양은 약 250만 년 전 현재 수온으로 냉각된 후, 거의 변화가 없었던 것으로 추측되고 있다. 따라서 이러한 극한 조건에서 안정된 그리고 예측 가능한 환경에서 오랫동안 진화해 온 해양생물들은 나름대로 독특한 적응기작을 발달시켜 왔을 것으로 생각된다. 남극생물들은 저온 환경에 살아남기 위해 오랜 기간 동안 단백질과 세포막의 변화와 유전적인 변화를 통해 저온환경에서 성공적으로 살아남게 되었다.

저온적응생물이 가지고 있는 저온 활성효소는 생체 내 단백질 구조의 유연성이 커져 활성에너지를 감소시켜 저온에서도 촉매반응이 효율적으로 일어날 수 있게 한다. 저온적응생물의 세포막은 저온 환경에 존재하는 영양염과 필요한 물질을 효율적으로 잘 투과시키기 위해 특정한 지질과 결합하여 막 투과성을 높이는 역할을 한다. 저온적응생물도 다른 생물체와 마찬가지로 온도가 낮아지면 활동을 하기 위해 특수한 단백질을 만든다. 이와 같이 저온환경에 적응하면서 진화해 온 극지생물은 생명의 기원과 우주생명체를 연구하기 위한 중요한 대상 생물로 관심을 받고 있다. 발표에 의하면 최근 우주생물학자들이 목성의 위성인 유로파와 화성에 존재하는 얼음바다를 집중적으로 조사하다가 이곳 얼음 층에 지구에 존재하는 미생물과 유사한 생명체가 존재할 가능성을 제기하였다.

최근에는 극지의 초저온 환경 속에서 살아남은 극지생물을 생명공학적인 측면에서 활용하려는 시도가 이루어지고 있다. 현재 산업적으로 이용되고 있는 저온적응생물로부터 얻은 신물질로 세제나 식품가공을 위해 저온활성효소가 이용되고 있다. 또한 극지의 저온 환경에 적응한 생물에서 추출한 결빙방지물질을 이용한 응용연구가 진행되고 있다. 극지에서 추출한 결빙방지 단백질을 이용한 식품저장과 의약 분야에서는 초저온수술, 줄기세포, 난자, 장기, 혈액보관 등에 이용하기 위한 노력이 세계적으로 이루어지고 있다. 기존의 결빙방지 단백질은 자원이 한정되어 있는 극지동물로부터

남극저온적응 생물들
01. 미생물(박테리아)
02. 크릴
03. 미세조류(식물플랑크톤)
04. 저서동물(복족류)
05. 육상식물(이끼류)

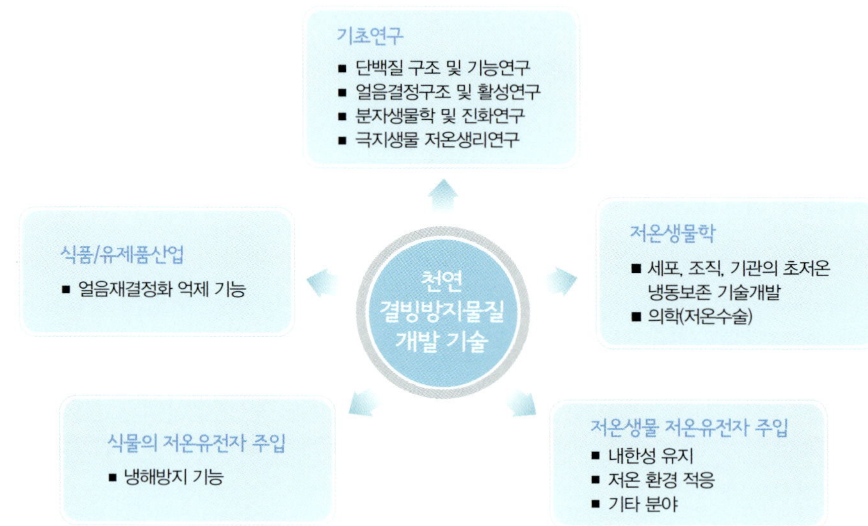

결빙방지물질의 활용 분야 극지생물에서 추출한 천연 결빙방지물질은 다양한 분야에서 활용된다.

추출했기 때문에 대량생산에는 한계가 있다는 약점이 있었다. 그러나 현재 한국해양과학기술원 부설 극지연구소에서는 극지 미세조류를 대량으로 배양할 수 있는 시설을 확충하여 새로운 결빙방지물질을 대량생산할 수 있는 연구가 진행 중이다.

결빙방지 단백질(생체부동액 ; Antifreeze Protein, AFP)은 얼음과 결합하여 얼음결정이 더 이상 커지는 것을 방지하는 특성을 가진 물질로, 극저온의 환경에서 살고 있는 생물이 살아남기 위해 만들어 내는 물질을 말한다. 결빙방지 단백질은 얼음결정의 표면과 수소 결합을 통해 단단히 결합하고, 그 결과 결빙방지물질이 부착되지 않는 곳에서만 비정형적으로 얼음결정의 성장이 일어난다. 1971년 극지의 해산어류로부터 결빙방지물질의 존재가 알려진 이후 꾸준한 연구를 통해 한 종류의 결빙방지당단백질(Antifreeze Glycoproteins, AFGPs)과 네 종류의 결빙방지 단백질의 구조가 밝혀졌다.

남극 저온적응 미세조류의 채집
저온적응 미세조류를 채집하기위해 해빙코어 시료를 관찰하는 모습(좌·중), 해빙코어 시료 속에 얼지 않고 살아 있는 남극 미세조류(우).

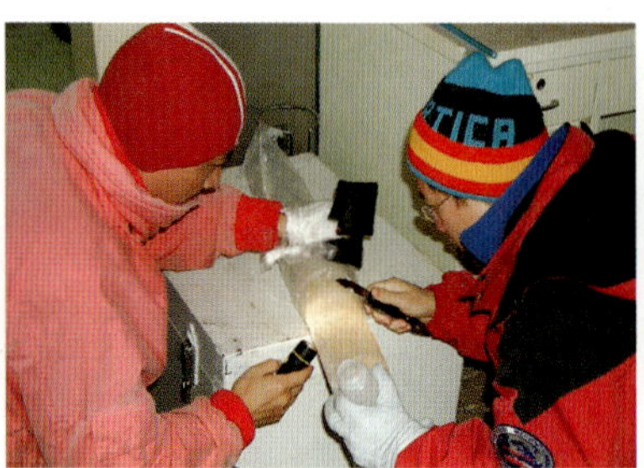
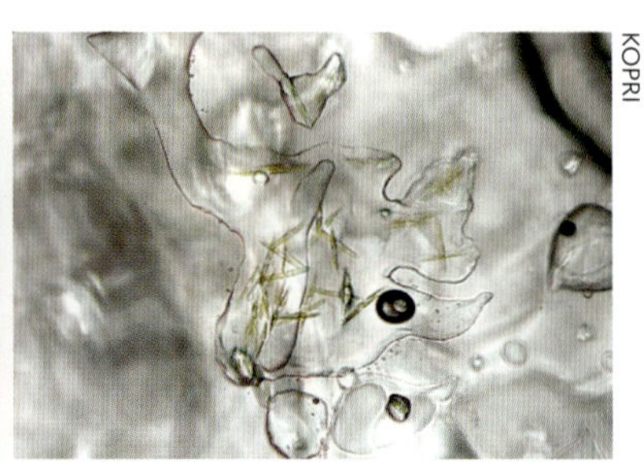
KOPRI

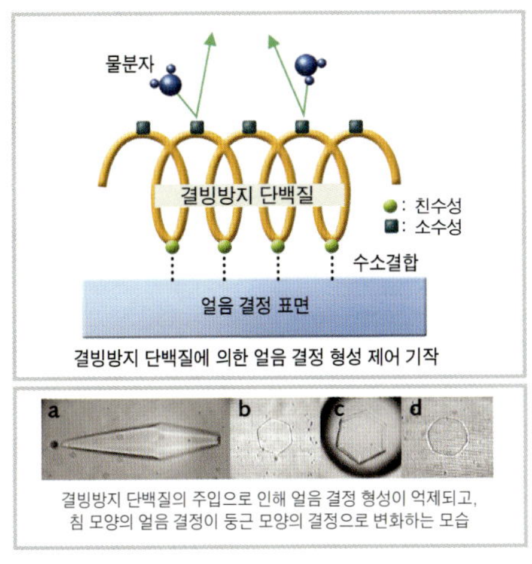

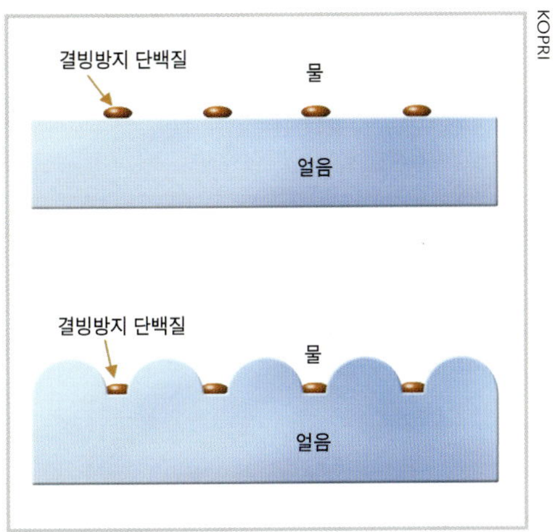

KOPRI

극지 미세조류에서 추출한 결빙방지 단백질의 특징 결빙방지 단백질은 얼음과 결합하여 얼음 결정이 더 이상 커지는 것을 방지하는 특성을 가진 물질로, 얼음결정의 표면과 수소 결합을 통해 단단히 결합하고, 그 결과 결빙방지물질이 부착되지 않는 곳에서만 비정형적으로 얼음 결정의 성장이 일어난다.

캐나다의 경우에는 연어를 대량 양식하는데, 주기적으로 혹한이 오면 양식산업에 약 1억 달러의 손해를 가져온다. 이에 따라 결빙방지 단백질 유전자를 연어의 알에 삽입시켜 형질을 발현하도록 유도하였고, 그 결과 캐나다 양식연어는 성공적으로 결빙방지 물질을 분비하여 냉해에 내성을 갖게 되었다.

극지의 어류에서 추출된 생체부동액의 경우에는 제한된 극지의 어류자원으로부터 추출해야 하기 때문에 생산 단가가 1g에 약 1천만 원으로 가격이 너무 높아서 쉽게 응용할 수 없다는 단점이 있다. 그러나 단세포 생물인 남극해빙의 미세조류가 합성하는 결빙방지 단백질은 대량배양을 통해 다량의 물질을 확보할 수 있기 때문에 가격 경쟁력이 충분하므로, 앞으로 이 물질을 이용하여 쉽고 안전하게 냉동 보관하는 기술 개발이 되고 있다. 극지에서 개발된 천연결빙방지는 농업, 의학, 식품, 양식수산업 등 다양한 분야에 활용될 것으로 전망된다.

결빙방지물질을 만들어내는 남극의 주요 미세조류
Phaeocystis antarctica(좌)
Fragilariopsis sp.(중)
미세식물플랑크톤(우)

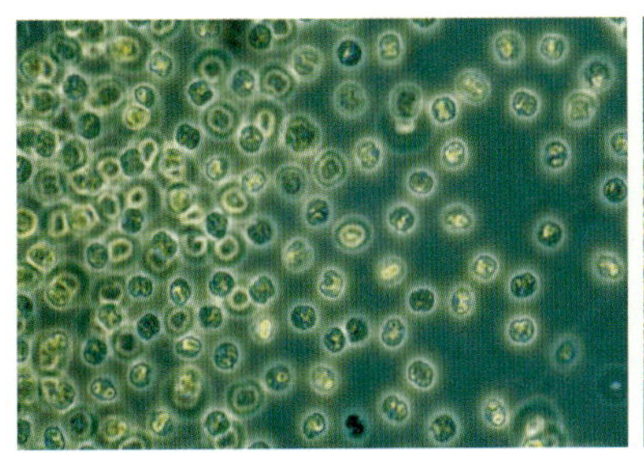

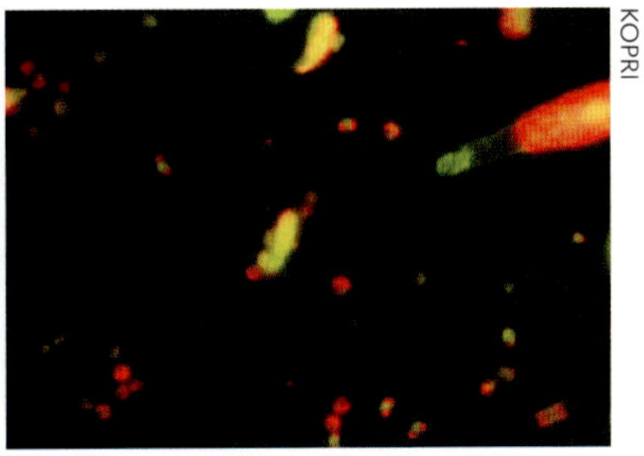

KOPRI

해양환경 보전과 재해방지

Marine Environmental Conservation and Disaster Prevention

우리나라 주변해역은 환경오염으로 몸살을 앓고 있으며, 매년 태풍과 해일 등의 자연재해로 많은 재산피해를 입고 있다.

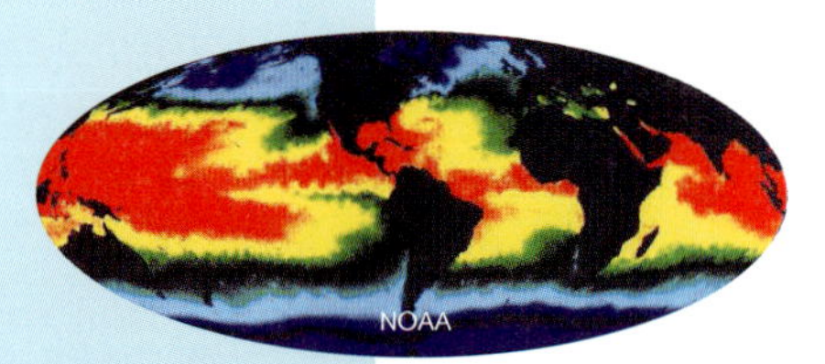

해양과 지구환경의 변화

해양은 지구의 기후를 조절하는 가장 중요한 요인이므로,
해양연구는 지구환경의 변화를 이해하는 출발점이다.

손승규 한국해양과학기술원

지구 표면적의 약 70%를 차지하고 있는 해양은 지구의 기후를 조절하는 가장 중요한 인자 중의 하나이다. 또한 지구 전체에 있는 물의 약 97%를 차지하는 해수는 기온이 급격히 변화하는 것을 방지하여 인류가 살기에 적합한 환경을 유지시켜 준다. 해양은 태양으로부터 복사열을 흡수하고, 해류를 통해 지구의 곳곳에 열을 운반한 후, 다시 대기로 방출한다. 이러한 과정에서 해양은 대기 중의 열과 수증기의 순환에 영향을 미치고 세계 각국의 기후를 결정하게 된다.

최근 지구촌 곳곳에서 극심한 가뭄과 기상이변이 속출하고 폭염과 폭설, 폭우가 빈번하게 발생하여 많은 인명의 피해와 경제적 손실을 초래하고 있다. 이러한 기후 변화의 주요 원인은 온실효과에 의한 지구의 기온 상승과 엘니뇨 및 라니냐 현상 등에 의한 것으로 추정되고 있다. 과학자들은 지구의 역사를 통해 짧게는 수천 년에서 길게는 수백만 년의 주기로 빙하기와 간빙기가 반복되어 왔음을 밝혀내었으며, 화석연료의 사용과 산림 파괴, 오염물질의 방출 등 최근 100여 년간 인간에 의한 각종 산업활동이 만들어낸 지구환경의 변화는 수천~수백만 년간의 자연의 힘에 필적하는 심각한 변화를 초래할 것으로 예측하고 있다.

지구환경의 변화는 몇몇 특정 선진국들만의 문제가 아니라 모든 국가들의 공동 관심사로 부상하게 되었다. 이제 지구환경의 변화는 직 · 간접적으로 국가 경제와 산업에 커다란 영향을 미치고, 나아가 인류의 미래를 좌우하는 매우 중요한 요인으로 작용하고 있다. 이러한 지구 기후변화의 원인을 정확하게 파악하고 미래를 예측하여 적응해 나감으로써 피해를 줄이는 것이 매우 시급하다.

해양은 지구의 기후를 조절하는 가장 중요한 요인 중이 하나이다. 지구환경의 변화를 이해하기 해서는 해양에 대한 연구가 필수적이다.

● 해양은 지구 기후의 조절자

1880년부터 체계적인 기상관측이 시작된 이래, 지난 120여 년 동안 지구의 평균 온도는 약 0.6℃가 상승했다. 이러한 기온상승의 원인이 인간의 활동에 의한 것인지에 대해서는 여전히 논란이 남아 있지만, 기후변화를 연구하는 과학자들은 지구가 더워지면 극심한 가뭄이나 폭우 등과 같은 이상기후가 더 자주 발생하며, 태풍의 강도와 발생 빈도가 높아질 것이라고 예견하고 있다.

18세기 영국에서 일어난 산업혁명 이후, 석탄, 석유, 천연가스와 같은 화석연료의 사용량은 급격히 증가했다. 화석연료는 한번 소비되면 다시 재생이 불가능하며, 연소되면서 에너지를 제공하는 동시에 대기 중으로 이산화탄소(CO_2)를 방출한다. 예를 들어, 1년 동안 화석연료를 사용했을 때 배출되는 이산화탄소의 양은 무려 약 63억 톤에 달한다.

대기 중에 있는 이산화탄소의 농도가 증가하면 온실효과를 유발하여 지구의 기온이 상승하게 된다. 현재 대기 중의 이산화탄소 농도는 산업혁명 이전보다 약 25% 이상 증가했으며, 이러한 추세대로 간다면 한반도에서는 10년에 약 0.25~0.30℃씩 기온이 증가하며, 2070년이 되면 지금보다 약 1.0~4.0℃ 정도의 기온이 상승할 것으로 예상된다. 과거 빙하기와 간빙기의 기온차가 5℃를 넘지 않는 것을 고려했을 때, 100년 미만의 짧은 시간동안 이 정도의 기온 차가 나타난다는 것은 실로 엄청난 것이라고 할 수 있다.

지구온난화를 일으키는 온실가스에는 탄산가스, 메탄, 이산화질소, 염화불화탄소 등 여러 가지 물질이 있는데, 이 중에서도 인위적인 요인에 의해 배출량이 가장 심한

이산화탄소 순환 과정 모식도

대기 중의 이산화탄소 농도는 과거 1860년의 약 290ppm에서 1990년 354ppm으로 증가되었으며, 해마다 평균 1.3ppm씩 증가한다.

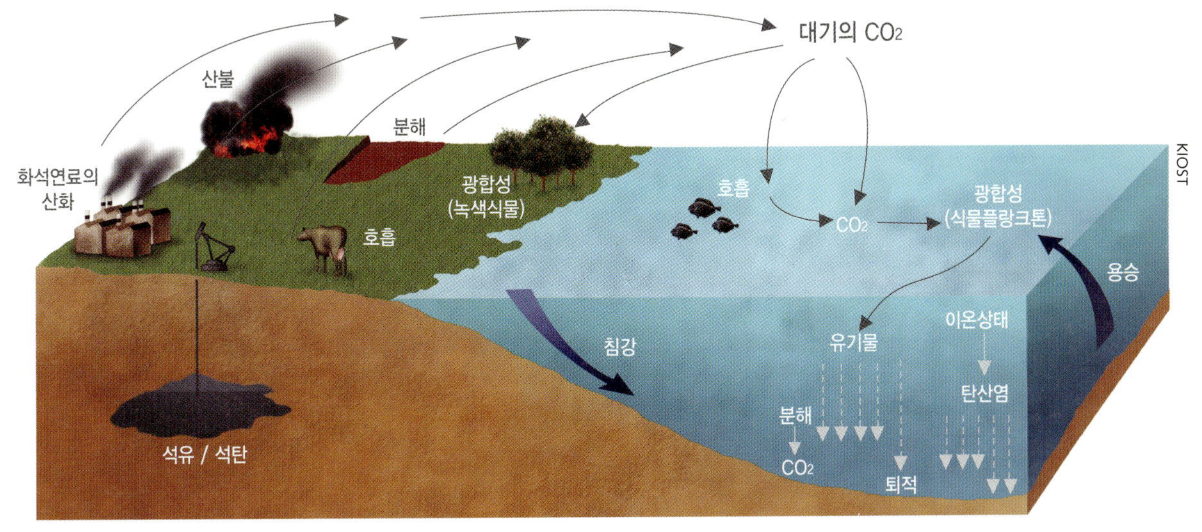

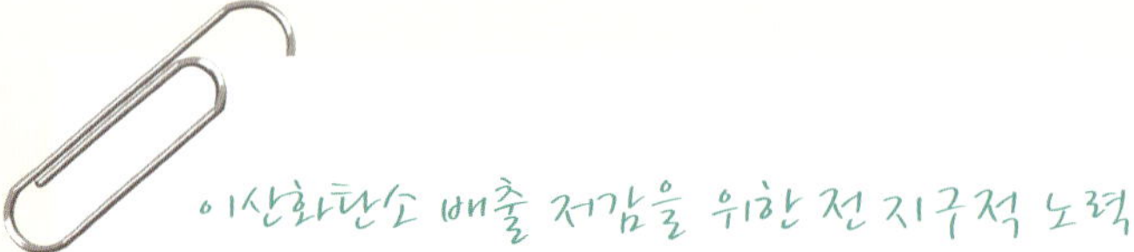

1992년 6월 브라질의 리우에서 열린 유엔환경회의에서 지구온난화에 따른 이상 기후 현상을 예방하기 위한 목적으로 유엔기후변화협약이 채택되었고, 50개국 이상이 가입함에 따라 1994년 3월에 발효되었다.

1995년 3월 독일 베를린에서 개최된 제1차 당사국총회에서 협약상의 감축 의무만으로는 지구온난화 방지가 불충분하다는 것이 인정됨에 따라, 1997년 12월에 일본 교토에서 개최된 제3차 당사국총회에서는 선진국들을 대상으로 제1차 공약기간(2008년~2012년) 동안에 강제적인 온실가스 감축 의무를 설정한 교토의정서가 채택되어 2005년 2월16일에 발효되었다. 의정서에는 선진국의 구속력 있는 감축 목표 설정, 공동 이행, 청정 개발체제, 배출권 거래제 등 시장원리에 입각한 새로운 온실가스 감축 수단의 도입과 국가 간 연합을 통한 공동 감축 목표 달성 허용 등이 포함되고 있다.

획기적인 이산화탄소 배출 저감기술이나 대체 에너지 개발이 수반되지 않을 경우, 결국 온실가스배출 감축이 에너지 소비의 감소로 이어져 국가의 생산 및 소비 활동을 위축시키는 악영향을 초래할 수 있다. 그러므로 에너지의 약 97% 이상을 수입에 의존하고 있는 우리나라의 경우에는 기후변화협약으로 인해 큰 영향을 받을 수 있으므로 국가차원의 대책이 수립되어 추진되고 있다.

연합통신

독일의 화력발전소와 석탄 야적장

산업활동으로 인하여 온실효과를 일으키는 이산화탄소 등이 대기로 방출된다.

물질은 탄산가스이다.

그렇기 때문에 모든 국가의 환경정책은 주로 탄산가스 배출량의 규제에 초점이 맞춰져 있다. 1992년 6월 리우 유엔환경회의에서 채택된 기후변화협약을 이행하기 위해 만들어진 1997년 '교토의정서'는 온실가스의 배출감소를 위한 자구책의 일환이었다.

자연환경에서 이산화탄소의 양을 줄일 수 있는 것은 육상의 녹색식물과 해양의 식물플랑크톤에 의한 광합성작용이다. 호흡을 하는 모든 생명체는 산소를 소비하면서 부산물로 이산화탄소를 배출하지만, 엽록소를 가진 녹색식물과 식물플랑크톤은 태양의 빛에너지를 이용하여 물과 이산화탄소를 합성하여 산소와 유기물을 만들어낸다.

해양은 대기에 비하여 약 50배, 생물권에 비하여는 약 20배 이상의 이산화탄소를 저장하고 있다. 대기와 해양경계면에서는 기체 교환을 통하여 기체 분압의 평형을 이루고 있기 때문에, 만일 대기 중의 이산화탄소가 증가하게 되면 기체 분압이 상승하여 해수 속으로 녹아 들어가게 되고, 이것은 다시 식물플랑크톤에 의해 유기탄소로 변환된다. 현재까지는 대기 중으로 방출된 이산화탄소의 상당부분이 육상의 녹색식물이나 해수 속에 녹아 제거되고 있는 것으로 추정되고 있다. 그러나 산림의 파괴와 해양환경의 변화에 의해 이러한 완충기능이 상실된다면 지구온난화현상은 더욱 가속화될 가능성이 있다.

● 해양, 지구환경의 변화의 지시자

지구환경의 변화를 잘 나타내고 있는 곳이 해양이다. 해양에서 일어나고 있는 해수면 변동, 평균 수온의 변화 등은 지구환경의 변화가 반영되어 나타난 결과이다. 지구온난화가 계속되면 극지의 빙하가 녹아 금세기 말경에는 해수면이 현재보다 9~88cm까지 상승할 것으로 예측되고 있다. 이렇게 되면 섬지역이나 저지대 연안의 상당 부분이 물에 잠기게 될 것이다.

과거 지질시대를 통하여 평균 해수면은 지구의 기후변화에 따라 크게 변동해 왔다. 마지막 빙하기는 약 1백만 년 전에 시작되었으며, 인류가 이미 출현하기 약 1만 년 전까지 지속되었다. 빙하기와 간빙기 사이에는 급격한 기후 변동이 있기 마련인데, 빙하기 동안 얼었던 해수가 간빙기에 녹으면서 해수면은 상승하게 된다. 빙하기 중인 약 15,000년 전에는 평균 해수면이 지금보다 약 120m 아래에 있었다. 그런데 지난 15,000년 전부터 6,000년 전까지 해수면은 1년에 약 1.27mm씩 상승하였고, 6,000년 전부터 현재까지는 약 0.13mm씩 상승하였다.

현재 우리는 우리가 살고 있는 지구의 마지막 빙하기가 완전히 끝났는지 혹은 우리가 현재 간빙기에 살고 있는지 확실하지는 않지만, 최근 지구온난화가 가속화되면서 극지에 있는 빙하가 녹아내려, 매년 약 2mm씩 해수면이 상승하고 있는 실정이다.

● 엘니뇨와 라니냐

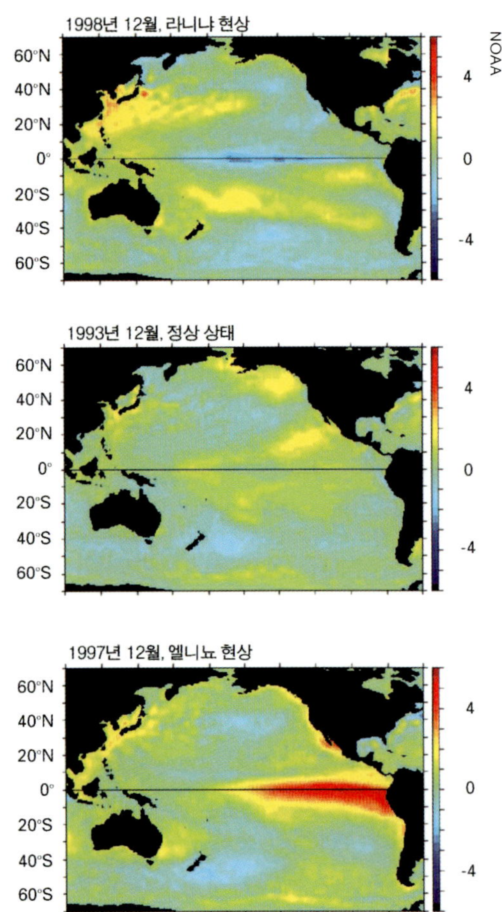

태평양 표층의 이상 수온(℃) 변화

지구 기후변화를 일으키는 것으로 알려진 엘니뇨현상은 평상 수온보다 이상적으로 높거나 낮기 때문에 발생된다. 엘니뇨라는 말은 '남자아이'라는 스페인어로 페루연안 적도 부근에 크리스마스 무렵 수온이 상승하여 따뜻한 바닷물이 형성되는 현상에 이름 붙여진 것이다.

엘니뇨(El Niño)와 라니냐(La Niña)는 지구의 기상이변을 일으키는 한 요인으로서 우리나라의 기상이변과도 관계가 있다. 엘니뇨는 태평양의 페루 부근 적도해역의 해수온도가 몇 년에 한 번씩 불규칙적으로 주변보다 약 2~10℃ 정도 높아지는 현상으로, 주로 9월에서 다음 해 3월 사이에 발생한다. 엘니뇨라는 말은 스페인어로서 '작은 예수 또는 남자아이'라는 뜻인데, 이는 엘니뇨가 보통 크리스마스 전후로 발생하기 때문에 붙여진 이름이다.

태평양의 적도 부근에 있는 따뜻한 표층수는 보통의 경우, 편동무역풍에 의해서 서쪽으로 이동하게 되므로, 상대적으로 해수온도는 동태평양 쪽이 낮게 된다. 그러나 엘니뇨가 발생하여 무역풍이 약해지면 따뜻한 표층수의 이동이 약해져서 서태평양의 해수온도는 평상시보다 낮게 되고, 중앙 태평양 또는 동태평양의 해수온도는 올라가게 된다. 그 결과로 페루 부근은 호우가 발생하고, 반대편 서부해는 큰 가뭄이 발생한다. 페루 앞바다에는 용승류가 약해지므로 오징어, 정어리 등 어족이 사라지게 된다.

엘니뇨현상이 일어나게 되면 해수면의 온도가 평년보다 2~3℃ 높아지므로, 대기의 흐름에 영향을 주어 이상기온을 초래하면서 세계 여러 곳에 가뭄, 홍수, 한파 등의 기상이변을 일으킨다. 최근에 발생하는 엘니뇨는 미국 서해안에는 폭풍과 홍수를, 페루 · 칠레 일부 지역에는 폭우와 어획고 감소를 그리고 인도, 인도네시아, 아프리카 일부 지역에는 가뭄과 그로 인한 산불 등 큰 피해를 일으켜 결과적으로는 농수산물의 가격 폭등을 초래하기도 한다.

엘니뇨현상이 나타날 때 우리나라는 대체로 여름에는 저온, 겨울에는 고온 현상이

ⓒ이유승

태풍 피해로 인해 쓰러진 선박호텔

부산 해운대구 우동 해상선박호텔이 태풍 '매미'를 견디지 못하고 옆으로 쓰러져 절반이 바닷물에 잠겨 있다.

나타나며, 최근 북한의 가뭄현상도 엘니뇨의 영향으로 여겨지고 있다. 반대로 동태평양 해수면 온도가 5개월 이상 평년보다 0.5℃ 이상 낮아지는 경우를 라니냐라고 부른다. 라니냐 또한 기상이변의 주요 원인이 되는데, 인도네시아 등 동남아시아에는 장마가 늘어나고, 페루 등 중남미에는 가뭄을 초래한다.

● 해양연구, 지구환경의 변화의 열쇠를 푼다.

해양에 대한 연구를 시작한 역사는 기원전 4세기까지 거슬러 올라간다. 해양에 대한 관심은 미지의 세계에 대한 도전과 개척정신으로부터 시작되었다. 해양은 대기와 운동량, 열, 수분 및 각종 물질을 교환함으로써 상호 영향을 미치며, 태양 복사에 의해 흡수 축적된 열대 해역의 열을 해류를 통해 공간적으로 재분배함으로써 기후 시스템의 중요한 구성 요소를 이루고 있다. 해양은 수년 그리고 수십 년을 주기로 변동하고 있으며, 특히 엘니뇨와 지구온난화와 같은 대규모 기후변화를 조절하는데 결정적인 역할을 한다.

해양은 인류의 산업활동에 의해 발생하는 온실기체의 상당 부분을 흡수하여 급격한 지구의 기후변화를 완화시키는 역할을 한다. 온실기체가 어떻게 해양으로 흡수되고, 해양 내부에서 어떻게 재현되는지를 예측하는 일은 기후변화의 예측을 위해서 매우 중요하다. 미래의 기후변화를 제대로 예측하기 위해서는 해양대순환을 보다 정확히 규명해야 한다. 결국, 지구의 미래는 해양에 대한 올바른 이해와 활용에 따라 결정된다고 할 수 있다.

해양오염

해양오염의 약 80% 이상이 육상에서 기인된 것으로 추정된다. 그러므로 육상오염원에 대한 관리 없이는 해양오염을 막을 수 없다.

강성현 한국해양과학기술원

우리나라의 연안바다에는 육상에서 흘러드는 오·폐수와 쓰레기, 계속되는 간척·매립, 해양투기 등과 같은 해양오염의 위협요인들이 계속 증가해 왔다. 각종 연안개발 사업은 주변 해역의 환경 조건들을 변화시켰으며, 공업단지가 들어선 연안이나 내만에서는 부영양화가 심화되어 적조 현상이나 무산소 현상이 발생하고, 불법어로에 남획까지 겹쳐서 어장의 생산력은 예전에 비해 크게 떨어지게 되었다. 그러나 더욱 심각한 것은 해양오염의 문제를 먹는 물의 오염이나 대기오염처럼 급박한 문제로 여기지 않는다는 데 있다. 물론 바다를 생활의 터전으로 삼고 있지 않은 대부분의 사람들에게는 바다의 오염이 그다지 크게 실감이 나지 않을 것이다. 더욱이 해양오염의 문제가 사람들에게 알려질 기회라고는 때때로 일어나는 주로 기름 유출사고라든가 적조가 발생하여 어장의 피해가 뉴스에 보도되는 경우에 그치고 있다.

해양오염을 일반적으로 분류하면 도시하수나 생활오수에 의한 오염, 적조, 바다쓰레기, 중금속이나 기름에 의한 오염, 환경호르몬이나 난분해성 오염물질에 의한 오염, 발전소의 온배수에 의한 오염 등으로 나눌 수 있다. 오염원에 의한 분류에서는 간과되기 쉬우나, 우리나라와 같이 연안개발이 활발한 지역에서는 하구언 건설, 간척·매립 등으로 인한 생태계 파괴도 해양환경에 막대한 영향을 끼치고 있다.

육상과 해상의 여러 가지 인간 활동은 고의적이든 아니던 간에 해양환경의 변화를 유발해 왔다. 인구의 증가와 산업기술의 발달은 필연적으로 폐기물의 양과 종류를 증가시켰다. 해안에 인접한 도시와 공업단지에서는 폐기물의 처리능력보다 과도한 양의 오염물질이 생산되었으며, 바다는 오랜 기간을 두고 그러한 부산물들을 말없이 받아들이지 않을 수 없었다.

해양은 막대한 자정능력과 완충능력을 가지고 있기 때문에, 오랜 기간의 환경파괴

연합통신

씨프린스호 기름유출사고

1995년 7월, 전남 여수시 남면 소리도 인근 해상에서 좌초한 키프로스 선적 유조선 씨프린스호의 기름유출사고로 남해안 청정해역이 기름으로 오염되었으며, 주변어장과 생태계에 큰 피해를 주었다.

진재율

허베이스프릿호 기름 유출 사고로 오염된 태안 해안
2007년 12월 7일 충남 태안군 앞바다에서 발생한 사고로 12,547킬로리터의 원유가 유출되었다.

에도 쉽게 오염의 징조를 드러내지 않는다. 그러나 일단 자정능력의 한계를 넘어 순환계가 파괴될 경우, 원상복구를 위해 막대한 노력과 비용 그리고 시간이 필요하게 된다.

● 바다는 오염물질의 최종 종착역

우리가 식용으로 하고 있는 각종 수산물은 연안에서 채취되거나 어획된 것이 대부분이므로 연안오염에 따른 해산물의 오염은 국민 보건에 있어서 매우 중요하다. 예를 들어, 가까운 일본의 경우 급속한 공업화 과정에서 미나마따만의 수은중독사건 등과 같은 수산물 오염사고가 잇따라 발생하자, 공해 문제의 심각성이 널리 알려졌다. 한편 미국에서는 폴리클로리네이티드비페닐(PCBs)에 오염된 생선을 먹은 임산부가 기형아를 출산한 것이 알려지는 등 오염사고를 통해 수산물의 안전성을 인식하게 되었다.

수산물 속에는 먹이사슬을 통해 중금속이나 지속성 유기오염물질이 농축될 수 있으며, 여름철에는 살모넬라나 비브리오와 같이 식중독이나 패혈증을 일으키는 미생물이 문제가 되곤 한다. 중금속이나 유기독성물질 중에는 환경호르몬으로 작용하는 물질들이 많으므로, 수산물을 많이 섭취하는 우리나라 국민들은 자연히 서양사람들보다 높은 위험에 노출될 수밖에 없다. 선박이나 해양시설에 부착하는 해양생물을 제거하기 위해 사용하는 유기주석화합물은 굴의 생산량 저하, 임포섹스 등 해양생물들에게 피해를 유발하는 것으로 드러나 선박도료에 사용을 제한하기 시작했다.

해난사고로 인해 발생하는 기름 유출사고는 해양생태계에 막대한 피해를 유발한다.

연합통신

갯벌을 뒤덮은 죽은 조개들

서해 천수만과 가로림만 등의 갯벌에서는 바지락이 집단폐사하는 사건이 발생하곤 한다.

따라서 이중선체 구조의 유조선을 의무화하고 사고 예방에 많은 노력을 함으로써, 최근에는 대형 기름 유출사고가 현저하게 감소하였다. 그러나 대형 기름 유출사고는 언제든지 예기치 않게 발생할 수 있으므로, 사고의 피해를 줄이기 위해서는 긴급한 상황에 신속하게 투입할 수 있는 방제 선박과 장비, 방제 인력을 확보해야 한다.

바다로 유입되는 쓰레기는 미관상으로도 좋지 않을 뿐만 아니라, 해양생물들에게는 치명적인 영향을 주고 있다. 즉 그물이나 선박과 같이 버려지는 어구로 인해 어류와 갑각류, 포유류, 바닷새들이 죽는 피해는 실로 엄청나다. 연안의 쓰레기 오염은 선원이나 어민들뿐만 아니라 연안을 이용하는 우리 모두에게 책임이 있다.

연안을 살리려면 비점오염을 막아야

바다를 더럽히는 오염물질의 약 80%는 육상으로부터 기인된 것이다. 즉, 육상에서 이루어지는 모든 인간 활동은 궁극적으로 해양오염의 원인이 된다. 싱크대와 욕실이나 변기 등에서 나오는 생활오수와 공장에서 배출하는 폐수는 적절하게 처리되지 않으면 결국에는 모두 바다로 흘러 들어간다. 논밭에 뿌려지는 비료나 농약도 비가 오면 씻겨 강물에 들어가게 되고 결국 바다로 유입된다. 길거리의 흙과 먼지, 타이어가루도 모두 비가 오면 빗물에 씻겨 하천으로 들어간다. 도시에서는 비가 오고 나면 먼 산이 보이고 공기가 상쾌해지지만, 한편으로는 비가 오면 대기 중에 있던 여러 가지 오염물질들은 모두 빗물과 함께 땅으로 떨어진 후, 강을 통해 바다로 유입된다.

전 세계 각국은 육상으로부터 유입되는 각종 오염물질들을 통제하기 위해 많은 노력을 기울여 왔다. 우리나라에서는 아직까지 생활오수나 공장의 폐수를 완벽하게 처리하지 못하고 있다. 1995년 이후 정부는 막대한 예산을 들여 하수종말처리장을 확충해 왔으며, 연안의 하수처리율도 예전에 비해 크게 높아졌다. 그러나 하수관거가 미치지 못하는 지역에서는 가정이나 공장에서 배출되는 오염물질이 그대로 하천으로 흘러들어 강을 오염시키고 있다.

배출수에 대한 농도 규제만으로는 자연적인 정화능력 이상으로 유입되는 오염부하를 통제할 수 없다는 것이 알려짐에 따라, 하천이나 호수, 바다의 자정능력을 초과하지 않는 범위에서 오염총량을 규제하는 제도가 도입되었다. 우리나라에서도 '4대강 특별법'을 제정하여 총량규제를 시작하였고, 바다에서도 마산만과 시화호 등 특별관리해역에서부터 총량규제를 시행할 계획이다. 하지만 오염총량 관리제도가 시행되어 가시적인 효과를 거두려면 많은 시간이 필요할 것으로 보인다.

충분한 오폐수 처리능력을 갖추고 있는 선진국에서조차 비가 올 때면 육상으로부터 들어오는 오염물질들을 줄이는 것이 어려운 일이다. 공장의 폐수나 생활오수와 같은 점오염원을 하·폐수처리장에서 잘 처리하더라도, 비가 올 때 농지나 거리에서 흘러들어가는 비점오염원을 줄이지 못하면 바다의 수질을 일정수준 이상으로 개선하기는 어렵다. 연안의 수질을 개선하기 위해서는 육상에서 비점오염물질의 발생을 최소화하고, 발생된 비점오염물질은 바다로 유입되기 전에 처리하는 제도와 기술이 뒷받침되어야 한다. 현재 비점오염 관리를 위해서 많은 최적관리 기술들이 개발되어 적용되고 있다.

● 적조, 유해조류의 대번성

우리나라의 연안에서는 매년 적조가 발생하여 어장의 피해를 유발하고 있다. 적조란 부영양화 된 해역에서 식물플랑크톤들이 증식하여 해수를 적갈색으로 물들이거나 플랑크톤의 대량증식에 의해 해수의 색깔에 변화를 일으킨 경우를 말한다.

최근에는 적조라는 말보다 '유해조류의 대번성(Harmful Algal Bloom, HAB)'이라는 용어를 사용하는데, 여기에는 해수의 색깔에 변화를 일으키지 않더라도 독성물질에 의해 피해를 유발하는 경우도 포함된다. 적조가 발생한 경우에는 해수 1㎖ 속에 플랑크톤이 수만~수십만 개체가 존재한다. 적조를 일으키는 플랑크톤은 주로 편모조류와 규조류가 대부분이지만 경우에 따라서는 야광충과 같이 다른 생물을 잡아먹는 종속 영양 플랑크톤에 의한 경우도 있다.

우리나라 연안의 적조는 1970년대 중반까지는 주로 진해만과 같은 내만에서 무독성

규조류에 의해 단기간동안 발생하였다가 소멸되곤 하였으나, 1980년대 이후부터는 외만으로까지 적조가 확산되었고, 기간도 장기화되는 양상으로 변화하였다. 1985년 이후 코클로디니움에 의한 적조는 거의 매년 남동해안에서 발생하여 어장의 피해를 유발하고 있다.

적조에 대해서는 지금까지 국내·외에서 많은 연구가 이루어져 왔으며, 그 발생 원인은 수온, 염분, 영양염, 담수의 유입 등 여러 가지가 복합적으로 작용하는 것으로 알려져 있다. 적조로 인한 피해에는 여러 가지가 있다. 적조생물들이 가지고 있는 독소가 패류에 농축되어 이를 먹을 경우 마비현상이 나타나거나 심하면 사망하게 된다. 독을 가진 플랑크톤에 의해 어류가 폐사하기도 하고, 적조생물의 점액질이 어류의 아가미에 끼여 호흡장애를 일으키기도 한다.

표층수에서 이상 증식된 적조생물들의 사체는 해저로 침강하여 분해되면서 많은 양의 용존산소를 일시에 소모하게 되므로, 수온약층이 발달한 여름철에는 저층수의 산소 고갈을 초래한다. 무산소 또는 저산소환경은 어류와 저서생물에게 치명적이므로 저서생태계가 파괴될 뿐만 아니라 우리나라와 같이 양식장이 밀집되어 있는 지역에서는 양식 생물의 대량폐사를 초래하기도 한다.

연합통신

하늘에서 바라본 남해안 적조

적조란 부영양화 된 해역에서 식물플랑크톤들이 증식하여 해수를 적갈색으로 물들이거나 플랑크톤의 대량증식에 의해 해수의 색깔에 변화를 일으키는 경우를 말한다.

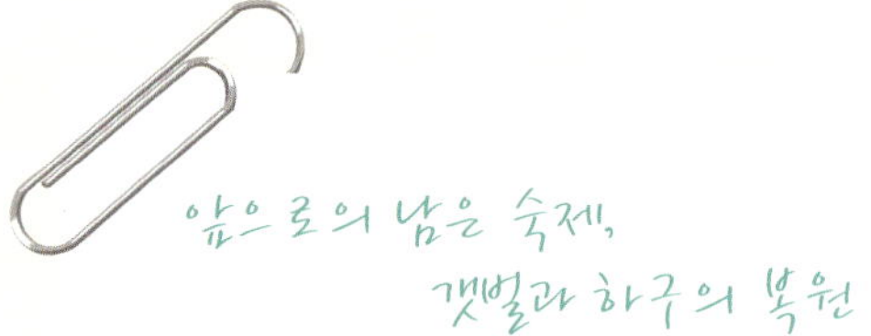

앞으로의 남은 숙제, 갯벌과 하구의 복원

갯벌은 생산력이 매우 높기 때문에 경제적 가치가 매우 높다. 갯벌에 사는 게, 갯지렁이, 고둥, 조개들은 이들을 먹이로 하는 새들을 유인하므로 바닷새들에게 휴식처를 제공한다. 그러나 해안의 매립과 준설, 간척 사업 등 각종 연안개발사업은 주변해역의 환경 조건들을 크게 변화시켰다.

우리나라의 경우에는 계속되는 간척 · 매립사업으로 갯벌의 면적이 급격하게 감소하였고, 갯벌의 자정능력을 떨어뜨려 수질을 악화시키는 결과를 초래하였다. 시화방조제의 건설과 담수호의 조성으로 발생한 시화호의 수질오염 문제는 전 국민적인 관심을 유발하였고, 결국 담수호 조성을 포기하게 만들었다. 시화호 문제는 새만금갯벌의 개발과 보전 문제를 사회적 이슈로 만들었으며, 시화호와 새만금에서 이해당사자 간의 갈등은 여전히 해결되지 못하고 있다.

우리나라의 큰 강 하구는 대부분이 방조제로 막혀 있어서 하구로서의 기능을 상실했다. 하구는 담수와 해수가 만나는 장소이며, 산란장이고, 어린 생물들의 보육장이므로 생태계를 유지하는데 있어서 매우 중요하다. 방조제를 축조함으로써 발생하는 하구의 물리적인 파괴는 오염을 가속화하고, 생태계의 파괴를 초래했다. 하구의 파괴가 심각한 우리나라의 입장에서는 생태계의 복원과 어장의 생산력 회복을 위해서도 하구를 복원해야 하는 큰 숙제를 남겨놓고 있다.

금강하구둑

남양만방조제

새만금방조제

아산방조제

사진 : 한국수자원공사

적조의 발생을 최소화하기 위해서는 근본적으로 육상에서 유입되는 영양염류를 줄여야 한다. 육상기인 오염물질 저감에는 오랜 시간과 노력이 필요하므로 적조를 억제하거나, 적조가 발생했을 때 피해를 최소화하기 위한 기술도 개발 중에 있다.

우리나라에서는 적조 발생 시 황토를 살포하는 방법이 널리 사용되어 왔으며, 최근에는 화학약품이나 생리활성물질의 살포, 오존처리, 초음파조사, 미세기포주입에 의한 부상 후 회수, 해수의 전기분해로 살균제 생성처리, 천적생물이나 미생물을 이용한 생물조절법 등이 연구되고 있다.

● 해양환경 보전을 위한 노력

정부는 1982년 10월 울산, 부산, 진해, 광양 등 4개 해역에 총 934km^{2}의 해면부를 특별관리해역으로 지정했으며, 1995년부터는 육지로부터 유입되는 오염부하를 통제하기 위해 특별관리해역에 육지부를 포함시켰다. 그러나 국토해양부가 설립되어 환경부로부터 관리권이 이관된 이후에도 특별관리해역은 지정만 되어있을 뿐, 실효적인 관리가 이루어지지 못하였다. 그러던 중 국토해양부는 지속가능성, 생태계 중심 관리, 사전예방적 관리, 통합 관리, 의견 수렴 및 동반자적 협력 관리 등 5가지 기본 원칙 하에 2000년 2월 '해양오염방지법'을 개정하면서 환경관리해역제도를 도입하고, 환경보전해역과 특별관리해역을 구분하여 관리하기 시작했다.

특별관리해역 제도나 환경관리해역 제도가 도입된 배경에는 육지부가 배제된 해역중심의 관리만으로는 육상기인 오염부하를 줄이고 개발에 의한 영향을 최소화하기 어렵기 때문이었다. 해양오염의 약 80% 이상을 차지하는 육상으로부터의 오염을 줄이고, 개발과 보전간의 조화를 이루려면 연안 유역 내의 모든 이해당사자가 협력하고, 개별 계획을 통합적으로 조정해 나가지 않으면 안 된다.

바다를 지키는 일은 몇몇 사람의 공무원들이 할 수 있는 일이 아니다. 연안을 보전하고 통합관리를 시행해야 할 주체는 행정기관뿐만 아니라 개발 주체, 지역 주민, 시민 단체 등 지역의 이해당사자들이다. 진정한 연안통합관리를 위해서는 지역의 관리역량의 강화가 필수적이다. 연안의 이해당사자들에 대한 역량강화 교육은 지역에서 건전한 윤리를 실천하도록 사람들을 변화시키는 중요한 역할을 할 수 있다. 오염방지와 환경개선을 위한 교육과 민간 참여가 활성화되면 일반인의 인식이 변화하고, 생활방식의 변화를 촉진하게 된다.

지역에서 역량강화 프로그램을 시행하려면 유아, 학생, 일반인, 산업체, 공무원 등으로 대상을 세분화하고, 특성에 맞는 교육과정과 교재를 개발해야 한다. 또한 교육과정의 운영에 필요한 전문적인 민간인 교사를 양성하는 것도 매우 중요하다. 교사의

연합통신

바다의 쓰레기 오염
플라스틱, 스티로폼, 깡통, 유리병같이 썩지 않거나 부식되는데 수백 년 이상 걸리는 온갖 폐기물들이 바다로 마구 버려지게 되자, 바다의 쓰레기 오염은 또 하나의 중요한 환경문제로 대두되었다.

양성과 훈련은 상당한 시간이 소요되므로, 지역의 전문가들이 참여하여 교사의 양성을 지원할 필요가 있다. 전문 관리 인력의 양성을 위해서는 지방자치단체 공무원, 시민・사회단체 실무자, 환경감시 등 실천사업 주관 담당자, 지역포럼 위원 등에게 해양환경 관리 인식의 제고와 관리능력 배양을 위한 특별 과정을 수료하게 하고, 해외 사례 지역을 방문할 수 있는 기회를 주어야 한다.

지자체의 사업 계획 수립과 시행 과정에서 연안통합관리의 원칙이 충실하게 지켜지려면, 이해당사자들이 참여하는 협의회를 구성하여 상시적인 협의와 조정이 이루어질 수 있도록 해야 한다. 시민 참여란 환경문제에 관심을 갖고 있는 일반인들이 의사결정 과정의 모든 단계에서 의사결정자와 계속적인 의사를 교환하고 시민 스스로 실천 방안을 모색하는 것이다. 정부는 자문위원회와 같은 단순한 차원의 시민 참여를 지양하고, 시민 참여 모니터링 등 다양한 참여 모델을 개발해 나감으로써, 진정한 해양환경 관리 체제를 이룩할 수 있는 기반을 조성해야 할 것이다.

바다가 가지고 있는 많은 자원을 잘 이용하고 바다가 가진 가치를 보전하기 위해서는, 인간 활동에 의한 해양오염의 영향을 최소화해야 한다. 바다를 보전하는 것은 인류의 생존을 보장하는 것뿐만 아니라 인류의 미래를 더욱 풍요롭게 하는데 반드시 필요하다. 인류의 무한한 해양개발은 지속가능성을 전제할 때 비로소 가능하다.

해양환경영향평가

인간 활동에 따른 해양의 영향을 예측하고 평가하여,
해양환경과 해양생태계의 지속성을 유지하고
조화로운 균형을 이루도록 해야한다.

박흥식 한국해양과학기술원

국토가 넓지 않은 우리나라에서는 갯벌과 강 하구 등 매립이 용이한 지역을 중심으로 오래전부터 연안개발이 계속되어 왔다. 매립을 통해 확보된 공간에는 항만이 건설되고, 임해공업단지가 조성되는 등 다양한 산업 활동이 수행되었다. 1970년대 경제개발과 함께 연안의 개발은 우리에게 많은 이익과 편의를 제공하는 기반을 제공하였고, 이를 통해 21세기 선진국으로 진입할 수 있는 기틀이 마련되었다. 그러나 연안개발은 필연적으로 자연환경의 변화를 유발할 수 밖에 없었다. 해양개발로 인한 부작용을 최소화하기 위해서는 개발에 앞서 해양환경의 보전을 먼저 생각하는 시각의 전환이 요구되었다.

개발계획을 마련하고, 시행하는 단계에서 사전에 해양개발로 인한 영향을 최소화하도록 사업을 계획하고, 모니터링과 사후관리를 통하여 환경을 보전하고자 하는 것이 환경영향평가이다. 환경영향평가는 개발에 따른 부정적인 영향을 사전에 예방하기 위한 것으로 자연상태와 인간 활동 간의 경제적, 사회적, 생태학적 지속성을 확보하고, 조화로운 균형을 유지하기 위해 환경을 고려한 개발계획을 수립하고, 의사결정을 지원하는 사회적 절차를 구체화시키는 과정이라고 할 수 있다.

해양환경영향평가의 역사

환경영향평가는 개발계획을 수립하고 시행하는 과정에서 해당사업의 경제성과 환경성을 동시에 고려하여, 지속가능한 사업 계획의 수립과 이행을 도모하기 위해 거쳐야 하는 일종의 의사결정 과정이다. 유엔환경계획(United Nations Environment Program, UNEP)에서는 환경영향평가를 '인간 활동이 환경변화를 일으킬 수 있는 경우 이에 대하여 어떻게 하는 것이 효과적인지를 평가하고 결정하기 위한 행동, 특히 환경변화에 관한 정보를 확인 · 예측 · 분석 · 공표하는 행위'로 정의하고 있다. 따라서 환경영향평가는 개발에 따른 영향을 예측 · 평가하고 지속가능한 발전을 유도하여 쾌적한 자연을 조성하고 유지하는데 그 목적이 있다.

환경영향평가를 실시하는 이유는 정책결정권자의 합리적인 개발계획 수립 및 의사결정을 위한 자료를 제공하고, 지속가능한 개발을 위한 사전 예방적인 수단을 모색하기 위한 것이다. 또한 사업 계획의 효율적인 진행을 도모하고, 환경에 미치는 부정적인영향을 사전에 제거하거나 최소화할 수 있도록 방향을 제공하고자 하는 것이다.

환경영향평가가 가장 먼저 제도적으로 확립된 국가는 미국이다. 미국은 1969년에 제정되고 1970년부터 시행된 국가환경정책법(National Environmental Policy Act, NEPA)에 근거를 두고 환경영향평가 제도를 확립하였으며, 이후 100여개 국가에서 환경영향평가 제도를 시행하고 있다. 국가별로 보면 호주가 1974년, 프랑스가 1975년, 일본이 1984년에 각각 환경영향평가 제도를 도입하였고, 유럽연합(EU)은 환경영향평가에 관한 지침을 설정한 후에, 회원국들이 국내법으로 수용하도록 하였다. 환경영향평가는 아시아 국가들이 먼저 관심을 가지고 시행하였는데, 예를 들면, 필리핀은 1978년, 이스라엘과 파키스탄은 각각 1981년과 1983년에 제도를 도입하였다. 중남미

해양환경조사
다중주상시료채취기(좌)와 CTD(우) 등 다양한 장비를 이용해 해양환경조사를 하고 있다.

김웅서

김웅서

국가들은 1980년대부터, 동유럽국가는 1990년대부터 환경영향평가를 실시하고 있다.

국제기구에서도 1992년 리우회의 이후 부각되고 있는 지속가능한 발전(Sustainable Development) 개념과 '의제 21' 등에 의해 환경영향평가에 대한 관심이 고조되고 있다. 1994년 6월에 캐나다의 퀘벡시에서는 국제환경평가(International Environmental Impact Assessment, IEIA) 회의가 개최되어 개별국가의 환경영향평가와 관련된 각종 시행지침이나 운영에 대한 정보 교환이 이루어졌으며, 유엔환경계획 등 주요 국제기구들도 지구환경 문제에 적절히 대응하기 위한 수단으로서 환경영향평가의 대응방안을 논의하는 단계에 이르렀다.

● 해양환경영향평가 제도의 구성

우리나라에서는 각종 개발계획 및 사업 시행에 따른 환경영향을 사전에 검토 · 평가하여 환경적으로 건전하고 지속가능한 개발을 실현하고자 환경성평가 제도를 운영하고 있다. 환경성 평가 제도는 사전환경성 검토 제도와 환경평가 제도, 사후환경영향평가로 구분되며, 이들 모두는 개발로 인한 환경영향을 분석하여 환경친화적인 개발을 유도한다는 점에서 유사하다. 그러나 사전환경성 검토 제도는 개발 계획이 확정되기 전에 환경적 측면에서 계획의 적정성 및 타당성을 검토하는 제도이며, 환경영향평가 제도는 계획이 확정된 후, 사업 실시 단계에서 환경영향 저감방안을 강구하는 것이다.

박흥식

환경영향조사
환경감시를 위해 연구자가 직접 잠수를 통해 지질 및 생태계 조사를 수행한다.

또한 사후환경영향평가는 환경영향평가 후 실제로 시행되는 사업으로 인해 발생될 수 있는 환경피해를 방지하고, 승인된 환경영향평가가 적절하게 진행되었는지 파악하기 위해, 사업자가 행하는 환경에 대한 조사·분석 및 평가 행위를 말한다.

사후환경관리는 환경영향평가 협의 내용을 이행하고 관리하기 위한 방안으로, 사업자가 환경영향평가를 통해 승인된 내용을 준수하고 있는지의 여부를 조사·확인하고, 이의 이행에 필요한 조치를 취하도록 하여 사업시행으로 인한 환경영향을 최소화하는데 그 목적이 있다.

우리나라는 해양환경 분야에서 항만 건설, 매립, 도로 건설, 국가산업단지 조성 등으로 크게 9개 분야의 19개 사업이 해양환경영향평가 대상 사업으로 규정하고 있다. 이에 반해 선진국의 경우에는 대상사업을 미리 정하지 않고, 어떤 사업이든 대상 지역에서 인간이 살아가는 환경에 조금이라도 영향을 줄 수 있는 사업이라면 모두 평가 대상으로 하고 있다. 또한 환경영향평가 관련 전문가 집단을 체계적으로 관리하고, 대상 사업에 따른 영향의 중요성에 따라 정밀 조사와 광역 모니터링 조사 등 여러 단계로 등급을 정하여 항목별로 조사 내용을 조정하여 수행하고 있다. 우리나라에서도 대상사업별 평가항목을 일률적으로 적용하는 비효율적인 방법을 개선하기 위하여 2001년부터 '환경영향평가서 작성 등에 관한 규정'을 제정하여 사업특성에 따라 필요한

농업기반공사

새만금 간척에 따른 해안선 변화

새만금사업은 2012년 이후 농지 28,300ha와 담수호 11,800ha의 수자원을 확보하여 미래의 식량부족, 물부족 시대에 대비할 목적으로 정부가 1991년부터 국책사업으로 추진하고 있는 대규모 간척사업이다. 사업의 경제성, 갯벌의 가치, 수질오염문제 등 새만금사업을 두고 관련 이해당사자들 간의 이견으로 상당기간 공사가 중단되기도 했다.

항목을 선정하여 평가하는 중점평가 방식을 시행하고 있다.

해양부문에서 환경영향평가 대상 사업별 주요 평가항목을 보면, 항만건설의 경우에는 지형 · 지질, 동 · 식물, 수리 · 수문, 대기 특성, 소음 · 진동, 교통 등을 평가하여야 한다. 개간 및 공유수면 매립의 경우에는 지형 · 지질, 동 · 식물, 토지 이용, 수질, 폐기물 등에 대한 평가와 함께 시설물이 해안선이나 해양에서 진행될 때는 필수적으로 해양환경을 추가하도록 되어 있다.

해양환경영향평가 기술의 개발

오늘날과 같이 산업 생산 규모나 지역 개발의 범위가 거대화되면서 다량의 오염물질이 해양으로 방출되어 생태계에 커다란 변화를 초래하거나 대규모 연안 개발이 이루어질 경우, 자연 환경은 그 복원력을 유지할 수 없게 되어 장기적으로 큰 피해를

박흥식

인천시

연안매립결의 예

국토가 좁은 우리나라는 광활한 갯벌에 초대형 도시를 건설하고 있다.

입게 된다. 그러므로 해양환경영향평가를 위해서는 인위적인 환경 교란을 사전에 예측하여 충분한 대응책을 마련함으로써 적정한 환경의 질을 유지 · 보전해야 하며, 해양학, 공학, 생태학, 생리학, 환경학, 경제학, 사회학, 수문학, 기상학 등 다양한 분야의 전문가 집단에 의해서 수행되어야 한다. 상당 기간 동안의 실측과 조사 작업, 분석 및 시뮬레이션 등을 통해 현상을 해석하고 종합적으로 예측 결과를 산출하여야 한다.

환경영향평가에는 실제로 정량화하기 어려운 항목이 포함되므로 이러한 경우에 최종 결정은 전문가 판단에 의존하기 때문에, 제공된 자료의 양과 질은 평가에서 신뢰도를 좌우한다. 따라서 환경 변화에 따른 영향을 정확하고 객관적으로 분석하여야 하고, 장기적으로 예측하기 위해서는 보다 고도화된 환경영향평가 기술의 개발이 필수적

이라고 할 수 있다.

특히 해양환경영향평가를 위한 작업조사와 분석 작업은 복잡한 여러 가지 평가조사 작업상의 난점들을 극복하여야 하며, 충분한 해석과 해양 시스템을 이해하는데 필수적인 영향평가 요인들에 대한 자료를 장기간 동안 축적해야 한다. 해양환경영향평가를 위해서는 종합적인 분석과 예측이 필수적이기 때문에 최종 의사결정 과정에는 많은 어려움이 따른다.

최근 해양과학기술의 발전으로 해양개발 사업은 연안에서 대륙붕, 대양, 심해저로 확대되고 있으므로 미래의 해양환경평가는 기술 발달과 함께 측정 항목과 예측·평가 방식도 수요에 따라 달라져야 할 것이다. 해양환경영향평가는 해양개발로 인해 불가피하게 초래될 수밖에 없는 환경파괴를 최소화하고 대안을 제시하여 철저한 사후 환경관리를 실시하기 위한 필수적인 분야로서, 지속적인 연구와 개발이 수행되어야 할 분야이다.

1994년 시화호 건설 이후 갯벌의 변화 양상
방조제 건설 이후 갯벌이었던 지역은 퇴적물 속에 포함된 염분으로 인하여 하얗게 변하면서 6년 후에야 육상식물의 가입이 진행되었다.

1998년 (4년 후)

2002년 (8년 후)

박종식

해양환경에 미치는 영향의 조기진단

한번 파괴된 생태계를 다시 복원하는 데는 많은 노력과 비용, 시간이 필요하다. 따라서 가능하면 문제가 발생하기 전에 예방적인 조치를 취하는 것이 바람직하기 때문에 환경관리 측면에서는 자연 개발 이후 나타날 수 있는 변화를 조기 진단하고 미래의 결과를 예측하는 것이 매우 중요하다.

최근에는 해양생물들이 오염물질에 얼마나 노출되었으며 환경변화에 의해 어떤 영향을 받았는지를 알아낼 수 있는 조기 진단 기술이 많이 개발되고 있다. 생화학적 반응에서부터 세포, 조직, 개체, 개체군, 군집 등 각 단계에서 일어나는 변화를 측정함으로써 오염으로 인해 생물의 개체군이나 군집에 어떠한 변화가 일어날 것인지를 사전에 예측하고자 한다. 그러나 해양에 살고 있는 생물들은 자연적인 스트레스와 인위적인 스트레스에 함께 노출되어 있으며, 여러 가지 스트레스들이 복합적으로 작용하고 있으므로 이상 징후를 발견하더라도 어떤 원인에 의해서 발생되었는지를 규명하는 것은 매우 어렵다. 외견상으로는 뚜렷한 변화를 발견하지 못할 정도의 미세한 변화도 측정해 낼 수 있게 된다면 생물들이 항목별 환경변화에 대해 어느 정도 스트레스를 받고 있고 이러한 스트레스가 계속될 경우 어떤 영향을 받게 될 것인지를 알아낼 수 있으며, 환경변화로 인하여 생물들이 죽거나 돌이킬 수 없는 피해를 입기 전에 사전 조치를 취하거나 개선할 수 있다.

● 해양생태계 변화를 예측한다

해양생태계의 변화를 평가하기 위해서는 연안개발이 해양환경에 미칠 수 있는 항목을 선정하고, 생태계 구성원이 반응하는 정도를 분석하여 전체 생태계에 미치는 영향을 파악해야 한다. 현장에서 조사된 자료에 근거하여 지수나 지표를 만들고 이를 이용한 생태계의 변동을 추정하는 방법이 주로 사용되어왔다. 그러나 최근에는 개발이 해양환경에 미치는 영향을 예측하기 위하여 생태계 모델을 이용하는 방법이 사용되고 있다.

생태계 모델링은 현재 알고 있는 사실을 기반으로 생태계 내 구성원들의 동태를 수치화하여 생태계를 기술하는 기법이다. 일단 생태계 전체에 대한 수식화가 이루어지면, 이를 토대로 생태계 동태에 관한 가설들을 검증한 뒤, 예상되는 환경변화에 대한 조건들을 적용하여, 환경변화에 따라 대상 생태계가 어떻게 반응할지를 예측한다.

환경용량 모델은 주로 양식장에서 적정 생산량을 산정하거나 생태관광를 위한 적정 수용력을 추정하여 대상해역에서 지속가능한 사용량을 평가하기 위하여 개발되었다. 환경용량 모델은 프랑스, 일본, 캐나다, 네덜란드, 스웨덴 등과 같은 연안해역의 이용이 많은 나라들에서 개발되어 왔는데, 특히 연안내만과 같은 폐쇄해역에서는 물질순환과 생태계 역학을 고려한 수질예측 모델을 이용하여 육상기인 오염부하를 저감하기 위한 관리 목적으로 사용되고 있다.

앞으로 생태계 모델링과 환경용량 모델링 기술이 발달한다면 개발로 인해 훼손되는 해양생태계의 변화를 정확하게 예측하고, 환경변화를 최소화하기 위한 대응방법별로 비용 대비 효과까지 분석할 수 있게 될 것이다. 미래의 정책 결정자는 이러한 과학적인 의사 결정 지원 도구를 활용하여 더욱 정확한 환경영향평가를 실시할 수 있게 될 전망이다.

KIOST

인천만 조력발전 조감도

2017년까지 강화도 남부와 장봉도, 용유도로 둘러싸인 해역에 3조 9천억원를 투입, 132만 kW의 세계최대 조력발전소를 건설하는 계획이 수립중에 있다.

● 미래를 준비하는 해양환경영향평가

과거 우리나라는 시화호와 새만금 사업 하구언 건설 등 대형 매립 공사나 물막이 공사에서 많은 시행착오를 겪었으면서도 인천만 등지에서 여전히 유사한 사업을 계속 추진하고 있다. 일부에서는 예상되는 영향에 대한 대비와 철저한 관리에도 불구하고, 매립지의 장기 노출로 인한 영향이나 기후변화에 따른 예측량 변동 등과 같이 사전 예방 차원에서 고려되지 않았던 새로운 문제점이 나타난 경우도 있다.

세계 각국은 미래의 부족한 자원을 확보하기 위해 해양에서 공간 경쟁을 치열하게 전개하고 있다. 해양은 인류가 생존하기 위한 마지막 공간으로 인식되고 있기에, 앞으로도 해양 개발에 대한 수요는 크게 증가할 것이다. 그러나 개발이 인간의 삶의 질을 향상시키기 위한 수단인 것은 분명하나, 환경 영향을 고려하지 못한 개발은 오히려 인간의 삶을 힘들게 할 수도 있다는 점을 명심해야 할 것이다.

해양예보기술

바다는 생명체가 존재하는 3차원 생활공간이며,
해양예보는 3차원 바다를 대상으로 한다.

석문식 한국해양과학기술원

해양과 대기는 해수면을 통해 끊임없이 에너지와 물질을 교환하고 있다. 해양은 주로 대기에 열과 수증기를 공급함으로써 대기 중의 여러 운동에너지의 근원이 되고, 대기는 해양에 운동에너지를 제공하여 이것이 해면에서의 풍파를 일으키거나 해류 등의 운동을 일으킨다. 이처럼 불규칙하게 움직이는 듯한 대기와 해양의 운동을 예측하는 예보기술은 현대과학이 풀어야 할 중요한 과제 중에 하나이다.

해양예보의 대상인 바다는 수평적 공간일 뿐만 아니라 깊이가 있는 3차원이다. 우리가 바닷가에서 볼 수 있는 모습 즉, 출렁이며 밀려오고 쓸려가는 파도치는 바다는 2차원 공간이고, 생명체가 존재하는 생활공간으로의 바다는 3차원 공간이다. 이처럼 바다를 3차원 공간으로 인식하는 것은 해양학을 이해하는데 있어서 매우 중요하다. 바다는 얕은 층과 깊은 층이 있는데, 각기 바닷물의 물리특성이 다르기 때문에 그곳에 존재하는 생물들도 다를 수밖에 없다.

3차원인 바다의 물리특성과 흐름을 제시하는 학문적 영역을 해양예보라고 한다. 바다의 해수면의 움직임 즉, 표면파동과 같은 현상의 예보는 파동예보 또는 조석예보라 하며, 3차원의 바다를 예보하는 것을 해양예보라 부른다. 물론 넓은 의미의 해양예보에는 표면파동과 같은 현상도 포함되지만 예보를 위한 접근 방법이 서로 다르다.

해양이나 기상예보의 적중률을 높이기 위해서는 3차원 덩어리인 대기와 해양을 하나의 물리계로 취급하여 그 변화의 메카니즘을 명확히 파악해야 하며, 대기와 해양을 지속적으로 모니터링 할 수 있어야 한다.

지구상에는 수많은 기상관측소가 있지만 그 대부분이 육상에 위치하고 있으며, 지구 표면의 약 70%를 차지하는 해상에서의 관측시설은 오히려 극히 적은 실정이다. 오늘날 라디오존데(radiosonde)를 사용하는 고층대기 관측이 대기를 3차원으로 이해

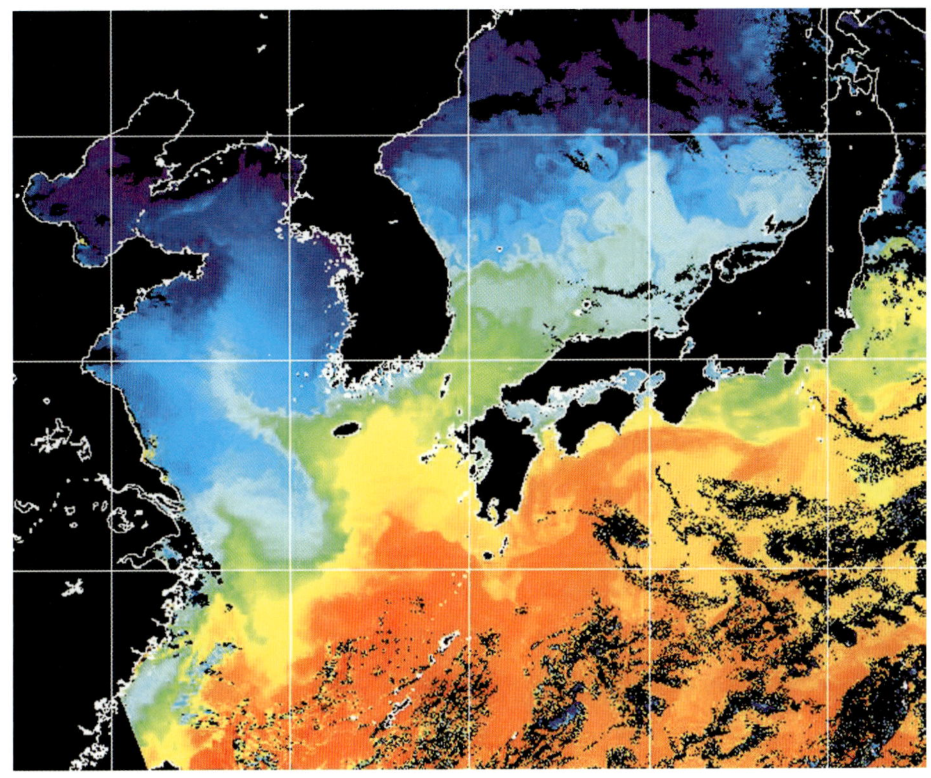
KIOST

해황변동예보의 중요성
주변해역의 수온변화는 우리나라의 기후와 해양생태계 및 관련 산업에 큰 영향을 미치므로 이에 대한 상시관측과 예보가 필요하다.

하고 접근함으로써 기상예보를 가능케 한 것처럼, 3차원적 해양관측은 해양예보를 구현하는 핵심적인 요소이다.

해양선진국들이 주도하고 있는 국제공동연구사업인 전지구해양자료동화실험(Global Ocean Data Assimilation Experiment, GODAE) 사업에서는 해양예보를 실현하기 위해서는 인공위성을 이용하여 해면을 다각도로 모니터링하고, 해양의 수직적 구조를 실시간으로 관측해야만 한다는 것을 지적하였다. 이에 따라 세계기상기구(World Meteorological Organization, WMO)와 정부간해양과학위원회(Intergovernmental Oceanographic Commission, IOC) 주관으로 2001년부터 국제공동해양조사인 ARGO (Array for Real-time Geostrophic Oceanography) 프로그램을 착수하였다.

지구의 표면은 인공위성에 의한 지구관측계획(Earth Observing System, EOS)을 통해 해면수온, 해면고도, 해색, 해상풍 등이 관측되어 첨단 기법으로 분석된다. 해면수온의 경우, 과거에는 적외선 영상에만 의존하였기 때문에 구름으로 가려진 지역은 관측이 불가능한 지역으로 남아 있을 수밖에 없었으나, 적외선 영상과 레이더 영상을 결합하는 기법이 개발됨으로써 연속적이고 지속적으로 해면수온을 모니터링 할 수 있게 되었다. 또한 해면수온을 연속적으로 모니터링 할 수 있게 됨으로써 해양예보의 중요한 경계조건을 만족시켜 모델의 불확실성을 대폭 축소시킬 수 있게 되었다.

연안에서의 자연재해는 기상 조건에 의해 크게 영향을 받기 때문에 기상 조건의 파악과 그에 따른 해면파동 예보가 중요한 과업 중의 하나이다. 따라서 해면파동 예보 시스템은 해상풍수치모델의 입력자료인 해면기압 자료가 자동으로 입력되어 얻어진 해상풍 자료가 파랑모델이나 해일 모델에 연결되는 것이 바람직하다. 이러한 모델이 그 기능을 다하기 위해서는 양질의 입력자료가 제공되어야 함은 물론, 해양관측부이와 인공위성에 의한 해상풍 관측 결과를 이용하여 예보 모델의 결과가 검증되어야 한다.

우리나라에서는 현재 제주도 남쪽 이어도(Socotra Rock)에 기상과 해상상태를 실시간으로 파악하는 해양과학기지를 설치하여, 우리나라 쪽으로 북상하는 태풍을 미리 감지하여 현업에 활용하고 있다. 재해에 대한 신속하고 정확한 예보는 인명과 재산 피해를 최소화하고 연근해역에 대한 해상상태를 예측하도록 하여 해양개발, 어업, 해운 등의 해양 관련 사업의 능률과 경제성을 높이는데 크게 기여할 수 있다. 미국, 일본, 유럽 등 선진 해양국가에서는 지난 50여 년 동안 많은 연구 인력과 막대한 투자의 결과로써 해양연구조사선, 해양관측부이, 인공위성, 슈퍼컴퓨터 등의 첨단기술을 이용한 다각적인 예보체제를 구축하고 있어 예보의 적중률이 매우 높으며, 지속적인 예보기술의 향상을 도모함으로써 국민의 복지와 안녕에 크게 기여하고 있다.

● 해양예보의 대상

해양예보의 대상은 3차원인 바다의 물리특성, 바다의 흐름 그리고 해면상태 등과 같은 해황 요소를 말한다. 따라서 해황은 바다에 존재하는 모든 물리현상을 망라하여 크기에 따라 파랑, 조석과 조류, 수온과 염분, 해류, 대순환, 심층순환 등과 같이 분류하기도 한다. 그러나 좁은 의미로의 해황은 어장환경과 어업대상 어종의 상태 등을 나타내는 어황에 대응해서 사용되기도 하여, 바다의 물리 특성과 흐름의 세기와 경로를 뜻하기도 한다.

해황 연구의 중요성은 지구상에서 발생하는 가장 뚜렷한 해양의 현상이라고 할 수 있는 엘니뇨현상에서 잘 드러난다. 엘니뇨는 열대 동태평양에 큰 수온 변동을 발생시키고, 중위도 해역에서는 반대 방향의 수온변동을 발생시킨다고 분석된 바도 있다. 그런데 열대해역으로부터 멀리 떨어져 있으며, 거의 폐쇄된 우리나라 동해에서도 1981년의 수온이 1960년대 이후 가장 낮았고(일부 관측점에서는 평년보다 5℃ 이하 하강), 반대로 1982년에는 이상고온 현상을 보였다. 한편 1998년 우리나라 연안수온은 전반적으로 평년보다 높은 경향을 보였으나 여름에 군산, 부산, 포항 연안에서는

해양예보 시스템
Korea Ocean Prediction System(KOPS)

우리나라 전 해역에 대한 해양관련 긴급사항과 국민의 일상활동에서 요구되는 3차원 해류, 수온, 염분 및 해면고도 등 해양예보 정보를 원하는 시간과 장소에서 얻을 수 있는 해양예보 시스템 구축

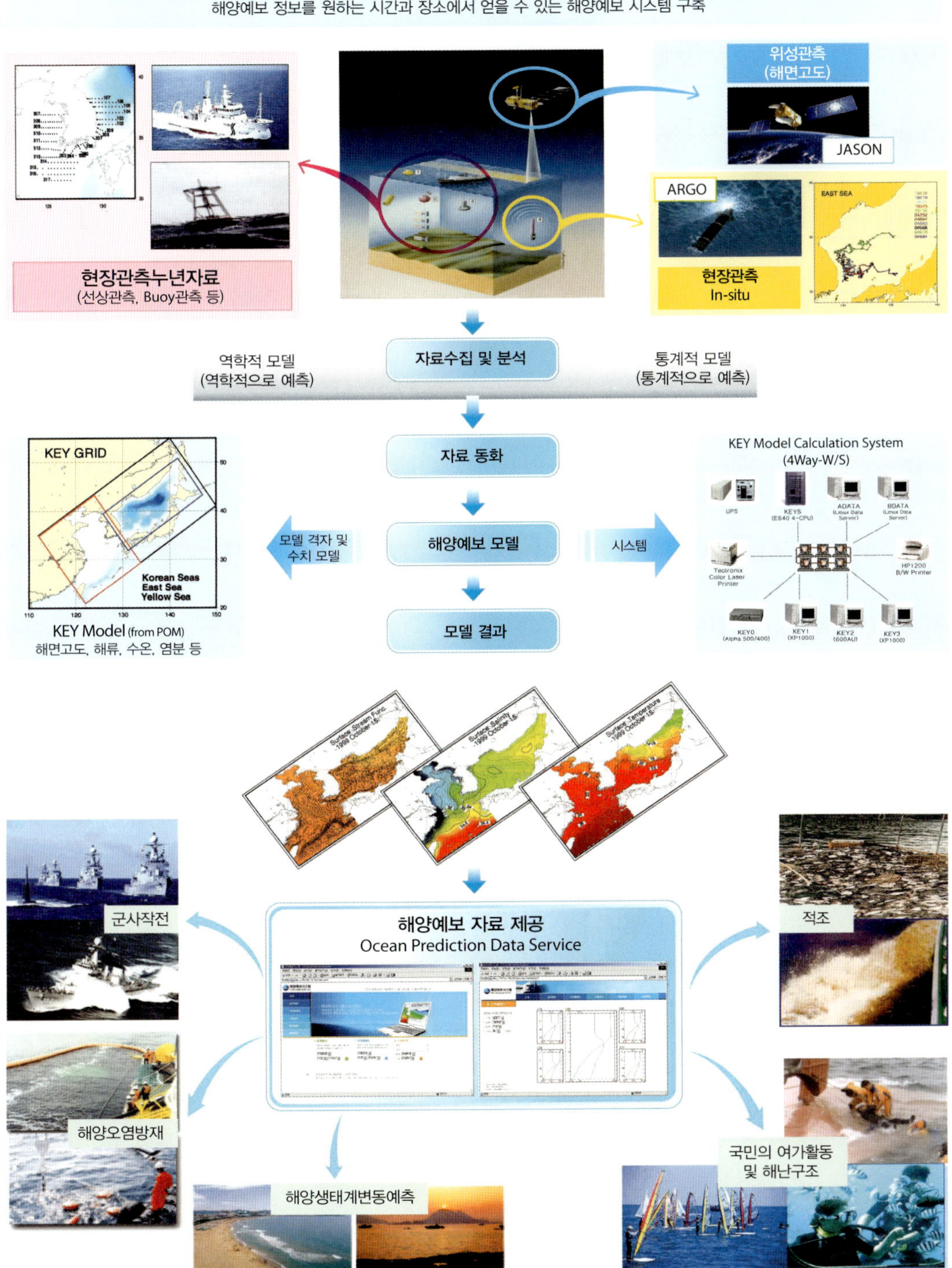

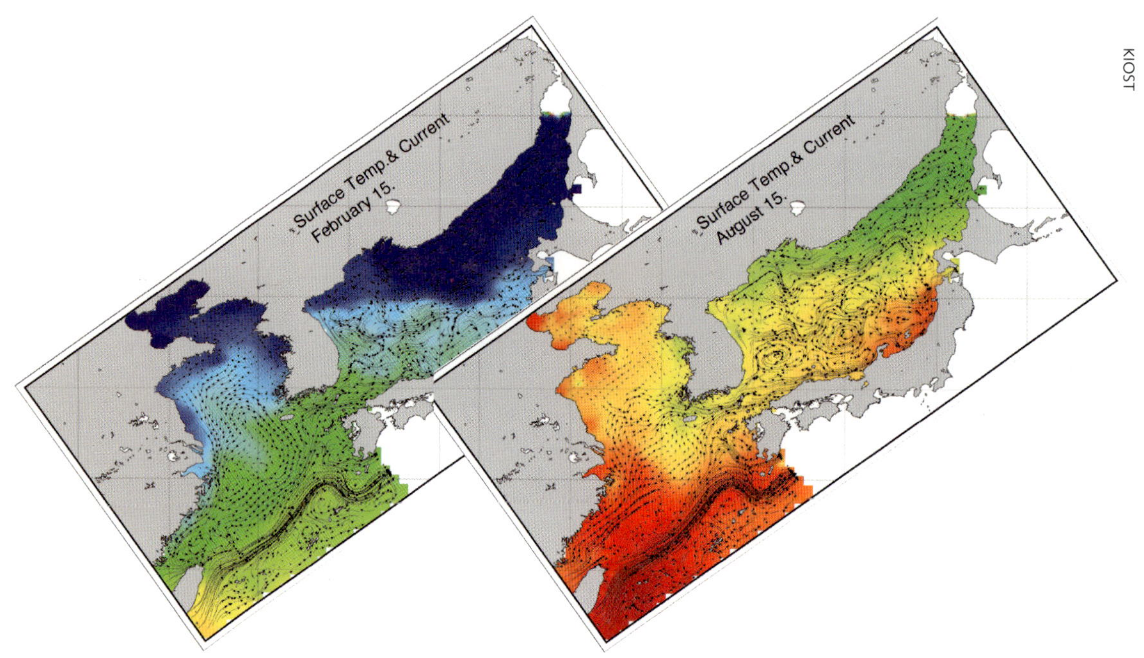

수치 모델로 재현한 표층수온과 해류
해양예보를 하기 위해서 관측자료와 수치 모델을 활용하여 해양현상을 실제에 가깝게 재현한다. 겨울(좌), 여름(우)

다소 낮은 경향도 나타났다.

수온이 3℃ 이상 변한다면 해양생태계는 엄청난 충격을 받게 된다. 어류의 산란과 성장에 영향을 미칠 뿐만 아니라 회유에 큰 변화가 발생한다. 한 가지 예로 난류성 어종인 꽁치가 여름에 청진까지 북상해야 하는데도 불구하고 묵호 이남에서 머물고, 북에서 남하하는 명태가 북한 수역에만 머물 수가 있어 수산업에 큰 영향을 주게 된다. 수온이 예년에 비해 3℃ 이상 낮을 경우에는 해안지방 기상은 물론 우리나라 전체가 이상한 파를 당하지 않을 수 없다. 또한 3℃의 수온변화는 우리나라 주변해역 전체의 난류, 한류의 세기와 경로를 크게 변화시키므로 해역에 따라서 오염된 연안수가 외해로 이동 · 확산되지 못할 수도 있으며, 선박이 해류를 거슬러 올라가야 하는 경우가 발생하여 연료 소비가 증가할 수도 있다. 해황의 변동은 군사작전에도 큰 영향을 미칠 수 있다. 예를 들어, 속초와 죽변 사이 연안에는 여름 한철 폭이 매우 좁으나 빠르게 남하하는 해류가 있어, 무동력선을 타고도 단시간에 휴전선을 통과할 수 있다. 이와 같이 해황은 기후, 수산, 안전 항해, 환경, 군사 등에 우리가 예상하는 것보다 훨씬 큰 영향을 끼치고 있다.

한편, 동해에 연중 항상 바다 속에 존재하는 수온약층은 보통 수직적으로 안정적인 수온 구조를 보이지만, 4월부터 7월초까지 간헐적으로 수온 변동의 폭이 벌어져서 7월말에는 하루에 6~7℃까지 수온이 낮아지는 등 변화가 심하다. 이는 계속되는 더위로 강한 태양열이 바다의 표층수온을 크게 상승시켜 바다 속 중층과의 수온 차이가 꾸준히 벌어진데 따른 것이다. 여름철 더위가 오래 지속될 경우, 바다 속 중층의 산소가 부족해지면서 이곳에 서식하는 어패류가 호흡곤란을 일으키며, 심할 경우에는 폐사하기도 한다.

● 해양예보의 정확도 제고

해양예보는 수치모델을 근간으로 관측자료의 자료동화 절차를 통하여 이루어진다. 이상적으로는 예보하고자 하는 해양의 3차원적인 수온, 염분, 해류 분포를 초기 조건으로 하여 수치모델을 구동하고, 해양의 개방경계나 대기-해양경계인 해양표면에서의 제반 강제력을 실시간으로 입력함과 동시에 해양내부에서의 관측자료를 모델에 동화시킴으로써 정확도가 높은 예보 결과를 제공할 수 있다. 현재로서는 해양에서 동시성 있는 해수특성 분포와 해류 분포의 관측이 불가능하므로, 예보를 위한 정확도가 높은 초기 조건을 모델에 입력하기는 어렵다. 모델의 초기 조건에 정확도가 높은 경계 조건이 실시간으로 입력되더라도, 모델 구동 중 자료동화가 이루어지지 않으면, 예보의 정확도는 시간이 지날수록 떨어지게 된다. 이는 초기 조건에 포함된 오차와 경계 조건의 오차 그리고 정해진 모델 해상력으로 분해가 불가능한 아격자 규모(sub-grid scale)의 해양현상에서 원인을 찾을 수 있다.

현 단계에서 자료동화는 해면고도와 같이 주로 인공위성에 의해 관측되는 광역, 동시적 자료를 활용한다. 해면고도는 해양 내부와 역학적으로 연계되어 있으므로, 기존자료를 이용하여 해면고도와 역학적 심도와 같은 해양내부구조와 상관관계를 구할 수 있고, 이러한 상관관계를 정해진 시간 간격으로 제공되는 해면고도에 적용하여, 해양 내부의 정보를 모델에 연속적으로 동화시킴으로써 모델의 예측 능력을 향상시키려는 노력이 시도되고 있다.

기상예보의 경우에는, 광역에 걸쳐 대략 12시간마다 기온 및 습도 분포의 수직적 구조를 제공하는 라디오존데를 활용하여, 예보 모델의 초기화 및 자료동화를 실시함으로써 비교적 정확도가 높은 예보 결과를 제공한다. 해양에서도 광역에 걸쳐 기상의 라디오존데와 같은 장비를 활용하여, 실시간으로 해류를 포함한 해양의 내부 구조를 모델에 동화시킴으로써, 비교적 정확도가 높은 예보 결과를 생산할 수 있을 것이다.

Argo 투하

관측선에서 Argo 뜰개를 투하하고 있다. 일정한 수심에 잠수하도록 설계된 Argo 뜰개는 그 수심의 해류를 따라 정해진 기간 동안 움직이다가 표층으로 부상하면서 정보를 인공위성에 송신한다.

해양관측에서는 고전적인 방법과 함께 최첨단 기법을 활용하는 방향으로 발전해 나아가고 있다. 즉, 조사선을 통한 관측과 인공위성에 의한 관측을 병행하고 있다. 인공위성에 의한 관측 기법은 해표면에 국한되는 단점이 있기는 하지만, 광역의 해역을 짧은 시간에 조사할 수 있다는 장점이 있으며, 고성능 센서의 개발로 정밀도가 향상되고, 분석 기법이 발전되고 있으므로, 앞으로 위성관측의 비중은 더욱 커질 것으로 예상된다. 또한 해양과학자들은 넓은 해역의 중저층에서 흐름과 물리특성의 수직적 구조를 실시간으로 지속적으로 관측하기 위하여 장비를 개발하고 자료 분석 기법을 개발하는데 많은 노력을 기울이고 있다. 예를 들면, 수심 2,000m 심층해류와 물리특성의 수직적 구조를 관측하기 위해 Argo 뜰개를 이용하는데, 이 뜰개는 흐름을 따라 이동하다가 일정시간이 경과하면 표층으로 부상하면서 CTD로 수심에 따른 수온과 염분을 측정하여 자료를 자신의 위치 자료와 함께 인공위성으로 송신한 후, 다시 하강하여 관측하는 것을 반복한다.

슈퍼컴퓨터의 개발과 전자산업의 발달에 맞추어 수치 모델도 급속도로 발전하여, 격자를 와류(eddy)까지도 분해가능한 대양 대순환 모델이나, 대기-해양 결합 모델까지 개발이 가능하게 되었으며, 해양 대순환과 엘니뇨와 같은 대규모 해양현상을 적절히 잘 재현하고, 일정 수준에서는 장기 예측도 가능한 정도로까지 발전하였다. 예전에는 표층수온을 보다 정확하게 예보하기 위해서 경험적 모델, 표층혼합층 모델, 인공위성 적외선 자료 등을 활용하는 모델에 의존하였으나, 오늘날에는 인공위성으로 관측된 적외선 영상과 레이더 영상을 결합해서 분석하여 제공되는 표면수온 자료를 사용할 수 있으므로, 연안 및 원양어업을 위하여 이 자료를 직접 활용할 수 있다.

선박항해 등에 유용한 표층해류의 세기와 경로를 예보하기 위해 기존의 각종 조사자료, 표층뜰개 자료, 음파유속계(ADCP) 장비 등에 의한 조사선 관측자료, 인공위성자료, 경험적 모델 또는 수치모델을 복합적으로 활용하는 체계가 개발되고 있다.

● 해면파동 예보

삼면이 바다로 둘러싸인 우리나라는 여름철에 대륙성 고기압과 태평양 및 동중국해에서 발달하는 해양성 저기압의 영향권에 있으므로, 급격한 기상변화로 인한 폭풍이 빈발하며, 해마다 연례행사처럼 태풍을 겪고 있다. 이러한 자연재해에 의한 피해를 줄이기 위해서는 사전 예측 · 예보기술의 개발이 필요하다. 해면파동 예보 중에서 파랑은 경험적 법칙에 근거한 예보 모델을 이용하고 있으며, 해저지형이 복잡한 천해역에서의 예보에 초점을 맞추고 있다. 조석은 수cm 오차범위 내에서 예보가 가능하지만, 천해역의 조류는 아직 정확하게 예보되지 못하고 있는 실정이다.

우리나라의 경우에는 기상예보에 발표되는 파랑예보는 아직까지 목측이나 원시적 경험에 의존하고 있어서 신빙성이 높은 예보체제로 전환될 필요가 있다. 조석의 경우는 비교적 잘 구성된 관측망 덕분에 정확한 예보가 이루어지고 있으나, 외해 조석과

연합통신

조류에 대한 체계적인 관측망을 구축할 필요가 있다.

연안에서는 해마다 태풍, 폭풍 등 악천후에 의한 큰 풍파로 인해 선박이 좌초되거나 침몰되고 해양시설물이 파괴되거나 유실되는 등 많은 인명과 재산의 피해를 입고 있다. 해양에서의 자연재해로 인한 피해를 줄이기 위해서는, 비교적 단기적인 예보가 요구되는 것과 장기적인 추정이 요구되는 것으로 구분할 수 있다. 단기적인 예보로서 예방적 조치가 가능한 것 중에서 대표적인 것으로는 선박 운항과 관련된 해난이다. 연안 시설물의 안전도 검토와 설계, 건설 등에는 해상 상태의 장기통계정보가 필요하다. 신뢰성 있는 설계파의 산출은 미래에 내습할 악조건에 대한 기존 연안시설물의 안정도 검토와 대책을 위해 기본적인 것이며, 연안재해방지를 위한 시설물의 설계와 건설에 필수적이다.

해양예보 자료의 활용
파랑관측망으로부터 획득되는 자료는 연안구조물의 안전도 검사와 설계의 정밀도를 높여 연안재해방지에 크게 기여한다.

미국, 일본, 유럽 등의 선진 해양국가에서는 지난 십여 년 동안 자동전산화 된 해양 및 연안관측 시스템을 운영하고 있다. 이들 국가에서는 연안재해방지대책을 위한 연안파랑 및 수위의 설계기준 자료를 산출하고, 해안에서의 효율적인 경제활동을 계획하는 데 필요한 해상 상태의 장기 통계를 얻기 위해 관측자료를 수집·축적하여 활용하고 있다. 그러나 연안구조물의 안정도 검토를 위한 천해파 변형, 파력 계산, 항내 정온도 검토가 필요하게 됨에 따라 더욱 정확하고 복잡한 해면 상태의 정보가 요구되고 있다. 예를 들면, 과거에는 유의파 정보만 이용해 왔으나 향후에는 파랑 스펙트럼,

쓰나미로 인한 피해
2004년 12월 26일 인도네시아 수마트라 섬에서 발생한 강력한 지진으로 인한 해일이 스리랑카의 콜롬보 남쪽을 덮쳐 해안근처의 가옥들이 물에 잠겨 있다.

연합통신

2차원의 파향, 파랑 스펙트럼의 관측 정보, 파랑 위상과 관련된 파랑군(wave group) 등의 정보가 필요하다. 파랑 관측망으로부터 획득되는 자료는 신속한 해상 상태의 보고와 단기예보에 이용될 수 있으므로, 정부기관과 해양관련 종사자에게 항해, 어로, 건설, 군사작전 등 여러 해상 활동을 안전하고 경제적으로 수행하기 위한 유용한 정보를 제공할 수 있다.

● 해일재해 예보

급작스런 외력에 의해 비정상적으로 해수면이 상승 또는 하강하는 현상을 해일이라 부른다. 정상 해수면보다 해면이 급격히 상승하면, 연안 저지대의 범람으로 시설물이 침수될 뿐만 아니라, 해면상승으로 인해 평상시에는 도달할 수 없던 지점까지 파랑이 진입함으로써, 파력에 의한 구조물의 파괴 및 해변 침식 등을 유발하여 막대한 재산 피해를 가져온다. 한편 해수면의 하강에 의한 재해도 무시할 수 없다. 특히 연안에 위치한 원자력 발전소와 같은 임해 공업시설의 취수구가 해수면 하강으로 인해 그 기능을 상실할 경우 심각한 재해를 유발할 수 있다.

해일은 가해지는 외력에 따라 폭풍해일과 지진해일로 분류된다. 폭풍해일은 특히 태풍 및 발달한 온대성 저기압과 같은 강한 저기압이 주된 발생 요인이다. 지난 20년간의 수로국 검조자료로부터 천체운동에 의한 규칙적인 천문조위를 떼어 폭풍해일을 계산한 자료에 의하면, 우리나라의 폭풍해일 발생 빈도는 동해에서 서해로 갈수록 높은 것으로 나타났다. 서해에는 겨울철에 많이 발생하고, 남해에는 태풍철인 여름과 가을에 많이 발생한다. 폭풍해일에 의한 해수면의 상승은 수심이 깊은 동해는 30~68cm, 남해에는 43~90cm, 서해는 86~109cm가 기록되었다. 한편 해일에 의한 해수면 하강은 서해에서 뚜렷이 나타나서 최고 약 120cm의 해면이 하강했으며, 이는 대륙성고기압이 확장될 때 발생하였다.

지진해일은 해저에서 화산 폭발, 지진, 지반의 함몰 등과 같은 지각 변동에 의해서 발생되며, 수 분에서 수십 분의 주기를 갖는 장주기 파랑이다. 주기가 비교적 길어 전파속도가 매우 빠르며, 천해에 진입한 해일의 파고는 천수효과로 인해 증폭되므로, 만과 같은 지형에서는 그 증가폭이 매우 크다. 지진해일은 수일 동안 진행되는 폭풍해일과는 달리 10여 시간 동안 나타나며, 해수면 상승폭은 폭풍해일에 비해 훨씬 크다.

2004년 12월 26일 인도네시아 수마트라 섬 근처에서 발생한 지진해일은 인접 연안은 물론 인도양을 가로질러 인도, 스리랑카, 몰디브 등에 전파되어 30여만 명의 인명피해와 엄청난 재산피해를 가져왔다. 1983년 5월 26일 동해 중부지진에 의한 해일의 경우에는 진원에 근접한 해안에서는 10m 이상의 해수면 상승이 기록되었다. 특히, 이 지진에 의한 해일로 우리나라 묵호의 해수면 상승이 390cm를 넘었으며, 가장 피해가 컸던 임원의 경우 4m 이상으로 추정되었다

폭풍해일의 예측을 위해서는 해면기압과 해상풍 및 수심자료가 기본적으로 필요하다. 해일은 전파되는 동안 지형의 변화에 의해 변형되므로 복잡한 해안선을 갖는 지역에서는 수치 계산으로 이를 산정해야 한다. 지진해일은 폭풍해일과 마찬가지로 장주기 파랑이므로 지형에 의해 굴절되며, 이에 의한 파랑 변형을 예측하기 위해 수치계산법이 많이 사용되고 있다. 지진해일은 돌발적으로 일어나고 전파속도가 매우 빠르므로, 수치 계산에 의한 예상 전파도를 작성하고 경보망을 통해 재해를 최소화하는 것이 바람직하다. 해일 재해를 막기 위해서는 인공구조물을 설치하고 그 구조물에만 의존하는 재해방지책보다는 해일정보망과 대피훈련 계획을 병행하여 시행하는 것이 효과적이다. 해일을 막기 위한 구조물로는 연안에 제방 또는 호안을 쌓거나 해수유입을 줄이기 위해 만 입구에 좁은 개구부를 갖는 방파제를 축조하는 것이 일반적이다. 제방 또는 호안의 축조는 연안개발 및 해안의 접근을 제한하므로, 최근에는 외해에 방파제를 축조하는 방향으로 전환되고 있다.

일본의 경우 나고야 시는 폭풍해일의 피해를 줄이기 위해 8,250m에 달하는 방파제를 건설하였고, 오푸나토 시는 지진해일에 의한 해면상승을 억제하기 위해 540m의 방파제를 건설하여, 해일피해를 상당히 줄인 것으로 밝혀졌다. 이러한 인공구조물을 축조하기 위해서는 해일에 관한 정확한 자료가 필요하므로, 우선 우리나라에서 발생하는 해일에 대한 체계적인 연구가 선행되어야 할 것이다.

연안재해의 방지

체계적인 해양관측 시스템의 구축과 과학적인
연구개발을 통해 연안재해를 방지한다.

박광순 한국해양과학기술원

우리나라에서는 매년 태풍이나 폭풍과 같은 자연재해로 인해 인명피해는 물론 연안시설물이 파괴되고 유실되어 적지 않은 재산피해가 발생한다. 연안재해의 원인으로는 태풍이나 온대성저기압에 의한 폭풍해일, 해저지진, 해저화산 폭발, 해저사면 붕괴, 해안의 붕괴 등에 의한 지진해일(쓰나미, 津波, tsunami), 태풍, 온대성저기압 통과 시 강풍에 의한 큰 파도, 바람, 해류의 변동 등에 의한 이상조위상승, 해수의 진동이나 불규칙한 기상에 의한 부진동 등을 들 수 있다. 간척이나 매립, 항만개발 등 연안개발 사업으로 인하여 연안환경이 변화되면서 해안침식, 모래사장 유실, 항로 매몰, 토사유입에 의한 양식장 황폐화 등과 같은 문제도 발생한다.

● 폭풍해일에 의한 연안재해

1959년 제14호 태풍 '사라' 는 사망 및 실종자 849명, 선박 9,329척과 주택 12,366동 파손, 재산 손실 약 2,400억 원의 피해를 유발했다. 1987년 7월 태풍 '셀마' 때는 3,116척의 선박이 피해를 입었으며, 약 1조 원 이상의 재산 피해가 발생했다. 태풍 '셀마'의 피해가 컸던 이유로는 '셀마'의 내습 시간이 야간이었고, 강우 강도가 높은 집중호우를 동반했으며, 태풍의 중심이 경남 마산지역을 스치면서 만조시간과 겹쳐져서 강한 폭풍 해일을 유발했기 때문이다.

1997년 8월 19일 새벽에는 백중사리와 태풍 '위니'의 간접 영향이 겹쳐 해안의 해수 수위가 급상승하면서 범람하기 시작했고, 8월 21일까지 3일간 주택 1,526동, 농경지 약 1,727ha가 침수되었고, 노후 방조제가 유실되는 등 약 221억 원의 재산피해가 발생했다.

기상청

태풍 위성영상
강한 비바람을 몰고 한반도로 접근하고 있는 태풍. 북서태평양에서는 연간 평균 27개 정도가 발생하며, 그 중 우리나라에 영향을 미치는 태풍은 2~3개 정도이다.

2003년 제14호 태풍 '매미'는 9월 12일 오후 8시경 경남 사천시 부근 해안에 상륙한 후, 영남 내륙 지방을 통과한 뒤 울진 부근 동해안으로 빠져나갔는데, 그 위력은 기상관측 100년 이래 가장 강했던 것으로 평가되었다. 태풍 '매미'로 인해 인명피해 132명(사망 119, 실종 13), 이재민 4,089세대 10,975명, 주택 21,015동 및 농경지 약 37,986ha의 침수 등 재산피해가 약 4조 7,810억 원에 달하였다.

● 지진해일의 위력

발생 빈도는 적지만 지진으로 인한 지진해일은 태풍이나 폭풍 때문에 발생하는 폭풍해일보다 훨씬 강력하다. 바람이 만드는 파도는 바다의 표면에서만 파도가 일렁이지만 지진해일은 바다 밑바닥에서부터 표면에 이르기까지 바닷물 전체가 출렁이기 때문이다. 지진해일의 파고는 바다 중심에서는 1m 이하로 경미하지만, 육지 쪽으로

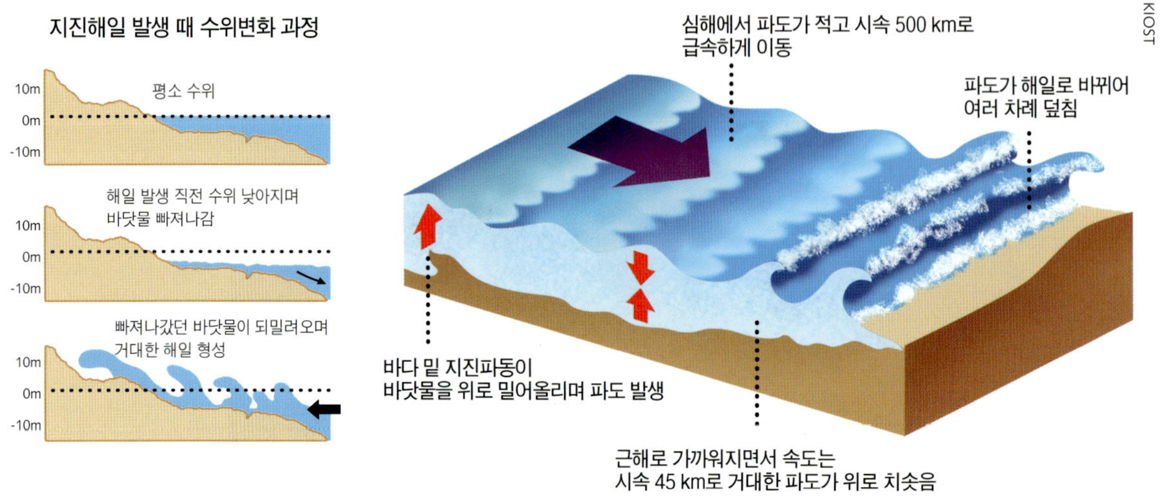

지진해일의 발생 과정

지진해일을 뜻하는 '쓰나미'는 해안의 파도를 뜻하는 일본어에서 유래했다. 바다 밑바닥부터 표면까지 물 전체가 출렁이기 때문에 폭풍으로 발생하는 폭풍해일보다 훨씬 강력하다.

가까이 올수록 급격히 높아진다. 이것은 육지 쪽의 수심이 얕으므로 그만큼 위 아래로 움직이는 파동이 커지기 때문이다. 파고는 해안선 지점마다 다르지만 보통은 10m 정도의 것이 흔하지만 3m 이상인 것도 있다. 파도의 마루 간 거리는 100km, 속도는 시속 최대 900km에 이르기도 한다.

전 세계적으로 지진해일의 80% 이상은 태평양 지역에서 집중적으로 발생한다. 우리나라는 일본이 태평양과 우리나라 사이에 위치하고 있어, 지진해일의 직접적인 피해가 적으나 가끔 지진해일이 발생하기도 한다. 폭풍해일이나 지진해일은 하천의 홍수와는 달리 빠른 시간 안에 해안선의 넓은 범위에 걸쳐 침수가 일어나기 때문에, 인구가 밀집한 지역에서는 지진해일에 대한 경보 및 대피가 적절히 이루어지지 않을 경우에는 커다란 인명 피해가 발생할 수 있다.

2004년 12월 26일 인도네시아 자카르타에서 북서쪽으로 약 1,620km 떨어진 북수마트라 섬 서쪽 해저에서 발생한 리히터 규모 약 9.0인 해저지진의 경우, 진앙에서 가까운 인도네시아는 물론 태국, 스리랑카, 인도, 방글라데시, 미얀마, 몰디브까지 휩쓸며 남아시아의 대부분을 폐허로 만들면서 지구촌 전체를 지진해일 공포에 몰아넣었다. 이 지진해일은 1900년 이후 5번째로 큰 규모이며, 수소폭탄 270개, 제2차 세계대전 때 일본의 히로시마에 떨어진 원자폭탄 266만 개의 위력에 해당한다고 한다. 이 지진은 직접적인 피해뿐만 아니라 최악의 지진해일을 동반하여 그 피해가 더욱 컸고, 동남아시아뿐만 아니라 진앙에서 인도양을 건너 약 6,000km 떨어진 동아프리카의 에티오피아와 소말리아 그리고 탄자니아 등의 해안 국가들도 저지대가 침수되는 등의

연합통신

연합통신

참혹하게 파괴된 반다아체

미국의 상업위성 사진 회사인 디지털 글로브가 2004년 12월 30일 공개한 인도네시아 아체 주의 주도 반다아체지역의 항공사진. 2004년 6월 23일 촬영한 사진(상)에서는 뚜렷하게 보이던 해안선과 해변마을이 2004년 12월 26일 발생한 지진해일로 인해 12월 28일 촬영한 사진(하)에서는 참혹하게 휩쓸려 나간 것을 확실히 알 수 있다.

피해를 입었는데, 소말리아의 경우에는 100명이 넘는 어부가 목숨을 잃었다. 인도네시아, 스리랑카, 인도, 태국을 포함해 지진해일 피해를 직접적으로 받은 11개국의 전체 사망자는 약 22만 명 이상에 이르렀으며, 이 지역에서 거주하거나 여행하던 우리 국민 중에서도 지진해일의 피해자가 발생하였는데, 사망 15명에 실종 5명이었다.

우리나라에서 최근 지진해일로 인한 대표적인 피해는 모두 일본에서 발생한 지진에 의한 것으로 1983년과 1993년의 피해이다. 1983년 5월 26일 일본 혼슈 아키다 현 서쪽

임원항
지진해일 피해
1983년 일본 아카다 현 중부지진에 의한 우리나라 임원항의 지진해일 피해 (해수면 하강 후의 부두 전경)

근해에서 리히터 규모 7.7의 지진이 발생하였는데, 지진이 발생한 직후 우리나라 동해안에 1시간 30분~1시간 50분 동안 10분 주기로 지진해일이 밀려오면서 동해안의 여러 지역에 많은 피해를 주었다.

당시 최대 파고는 일본 아키타 현 북측에서 기록된 14.9m이며, 우리나라 동해안에서의 파고는 묵호 3.9m, 속초 1.5m, 울릉도 1.2m, 포항 0.2m로 각각 관측되었다. 동해안 최대 피해지는 임원항으로 최대 4m 이상이었던 것으로 조사되었다. 당시 현지 주민의 증언에 의하면 "콰!"하는 굉음과 함께 수심 5m의 항구바닥이 드러날 정도로 한꺼번에 바닷물이 빠져 나갔다가 10분 후 "쏴"하는 소리와 함께 다시 밀려 왔다고 한다. 원덕항, 삼척항, 울릉도, 울진 등에서의 재산 피해는 총 약 3억7천여만 원이었고, 인명 피해는 사망 1명, 실종 2명, 부상 2명에 이재민이 405명이 발생하였으며, 건물 피해 44동, 선박 피해 81척 등이었다고 한다.

1993년 7월 12일 일본 홋카이도 오쿠시리 섬 북서해역에서 리히터 규모 7.8의 지진이 발생하였고, 지진이 발생한 직후 우리나라 동해안에 1시간 30분~3시간 동안 10분 주기로 지진해일이 밀려와 많은 피해를 주었다. 울릉도와 속초시 대포항, 장사항의 어선침몰을 비롯하여 동해, 삼척, 임원항에 이르는 강원도와 경상북도 동해안 일원에 최대 2~3m의 지진해일이 발생하였는데, 기상청의 지진해일 특보로 다행히 인명 피해는 없었으나 어선 33척이 피해를 입었다.

박광순

2011년 3월 11일 일본 혼슈 센다이 지역의 179km 동쪽 해저 24km 지점에서 발생한 리히터 규모 9.0의 해저지진은 일본 지진해일 관측사상 가장 큰 규모이며, 전 세계적으로도 4번째로 큰 지진이었다. 이 지진은 2004년 인도네시아에서 발생한 지진과 마찬가지로 10m 이상의 지진해일을 유발했으며, 연안까지 도달한 시간이 너무 빨라서 피해가 더욱 컸다. 더욱이 지진이 발생한 직후에도 리히터 규모 6.0 이상의 대규모 여진이 8회에 걸쳐 발생하였기 때문에 피해는 더욱 가중되었다. 일본 경찰청에 의하면 이 지진해일로 인해 약 15,000여 명의 사망자와 8,000여 명의 실종자, 40만 명 이상의 이재민이 발생했으며, 건물 72,000여 호, 도로 및 교량 2,100여 개소 파손, 화재 254건 등의 재산피해가 발생했다고 한다.

쓰나미의 내습은 후쿠시마 제1원전의 냉각기능을 마비시켜 원전의 폭발을 초래했고, 많은 양의 방사능 물질이 대기로 방출되었다. 방사능 물질은 냉각수와 함께 해양으로도 유입되어 우리나라를 포함한 태평양 연안국들은 긴급 해양조사를 실시하는 등 자국에 미치는 영향을 파악하는데 많은 관심을 기울이고 있다. 쓰나미뿐만 아니라 다양한 해양재해에 대비하여 세계 최고의 방재 시스템과 대응체제를 갖추었던 일본의 이번 피해는 전 세계에 큰 충격을 주었다. 자연의 위협 앞에 연안재해방지를 위한 인류의 준비는 너무 미흡하다는 것을 보여주었으며, 철저한 사전 예방이 절실히 필요하다는 것을 자각하는 계기가 되었다.

연합통신

지진해일 피해를 입은 일본 혼슈 센다이 지역

2011년 3월 11일 발생한 리히터 규모 9.0의 해저지진은 전 세계적으로도 4번째로 큰 지진이었다.

● 연안재해방지 대책

2003년 제14호 태풍 '매미'가 남해안을 강타했을 때 마산과 부산을 비롯한 남해안의 항구도시는 태풍으로 인한 해일 앞에서 사실상 무방비 상태였다. 부산에 비하여 피해가 컸던 마산시에서는 도시의 30%가 바닷물에 잠겼는데, 이는 해안을 따라 조성된 시가지 대부분이 과거 바다였던 곳을 메워 만든 매립지였기 때문이었다.

'2004 해양수산통계연보'에 따르면 1980년 이후 공유수면 매립 현황은 면허 338건에 약 14억 569만 m^2 인데, 이 중 준공된 곳이 187건에 약 1억 3,760만 m^2 이고, 현재 매립이 진행 중인 곳이 145건에 약 10억 5,909만 m^2 이다. 이들의 용도는 공업용지, 도시용지, 농업용지, 발전용지, 쓰레기용지 등인데, 매립이 완료된 부지 가운데 약 38% 정도가 비농업용으로 사용되고 있는 것으로 추산되며, 이와 같은 비농업용 매립지 대부분이 방파제나 호안시설 등 제대로 된 방재시설을 갖추고 있지 않다. 따라서 연안매립지의 상당 부분이 유동인구가 많은 상업용지로 사용되거나 공원, 주택 또는 항만부지 등으로 이용되고 있어, 큰 폭풍해일이나 지진해일이 내습할 경우 막대한 피해가 우려된다.

매립지 위에 조성된 상가부지나 주택지의 경우에는 매립 시 여유 높이가 충분치 않은 지역임에도 불구하고, 외해로부터의 해일 등의 영향에 대비한 방재시설이 없는 경우가 많아, 만조기에 폭풍해일이나 지진해일이 내습할 경우, 해일재해 앞에 무방비 상태로 노출된다. 우리나라의 경우에도 태풍으로 인한 폭풍해일이나 지진으로 인한

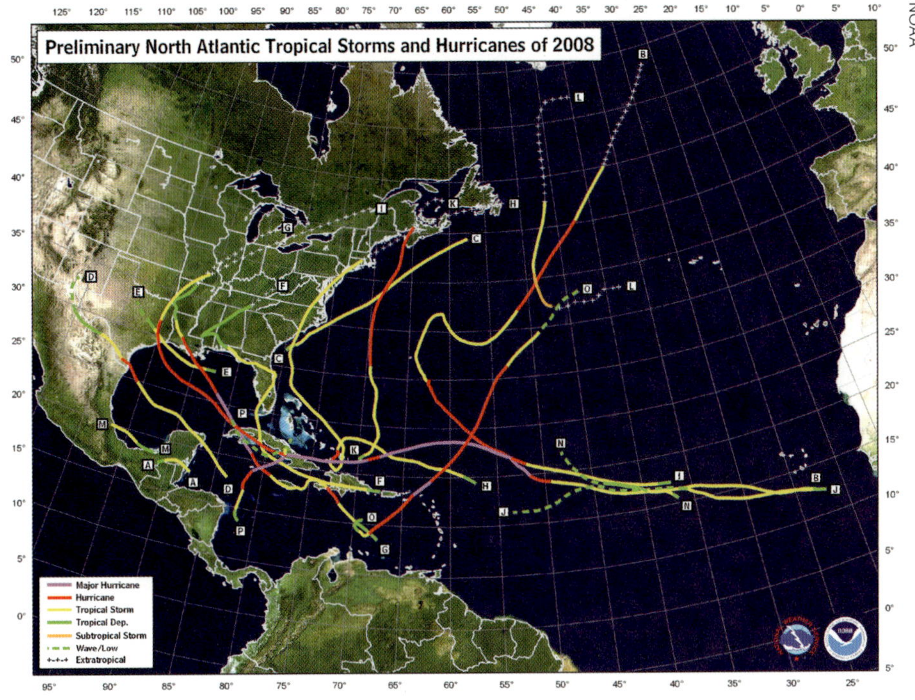

NOAA

허리케인 예보 시스템
2008년 미국 해양 대기청(NOAA) 산하 국립 허리케인센터에서 발표한 허리케인 이동경로 예보

지진해일의 잠재적인 위험이 상존하고 있으며, 이러한 잠재적인 위험은 현재 국내 인구의 약 40% 이상이 연안에 거주하고 있는 상황에서 상상을 초월하는 재해피해로 나타날 수 있다.

한편 금세기 중에 지구온난화에 따른 지구기후변화에 의한 재해가 자연재해에 의한 발생보다 훨씬 증가할 것으로 예상되고 있으며, 정부간 기후변화위원회(Intergovernmental Panel on Climate Change, IPCC) 2001년 제3차 평가보고서에 의하면, 1990~2100년 사이에 지구의 평균기온은 1.4~5.8℃ 상승할 것으로 전망되어, 결과적으로 집중호우의 빈도가 증가함에 따라 홍수, 사태, 태풍의 최대 풍속, 최대 강수량의 증가 등으로 인한 자연재해가 증가할 것으로 예측되고 있다.

또한 해수의 열팽창이나 빙하의 소실에 의해, 지구의 평균 해면수위는 9~88cm 정도 상승될 것으로 예측되고 있다. 지구온난화에 의한 해면상승에 더하여 이상 해면 상승 또는 폭풍해일, 지진해일 발생 시 우리나라 전국 연안, 특히 서해안 전역과 남해안의 방파제, 방조제 등 방재시설이 무력화될 것으로 예상된다. 해수범람으로 인한 피해는 연안저지대와 농경지, 주거지의 침수, 연안침식, 산업시설 파괴, 인명피해를 유발할 것이다.

우리나라에서도 연안재해 피해를 줄이고 방지하기 위해 폭풍해일, 지진해일, 높은

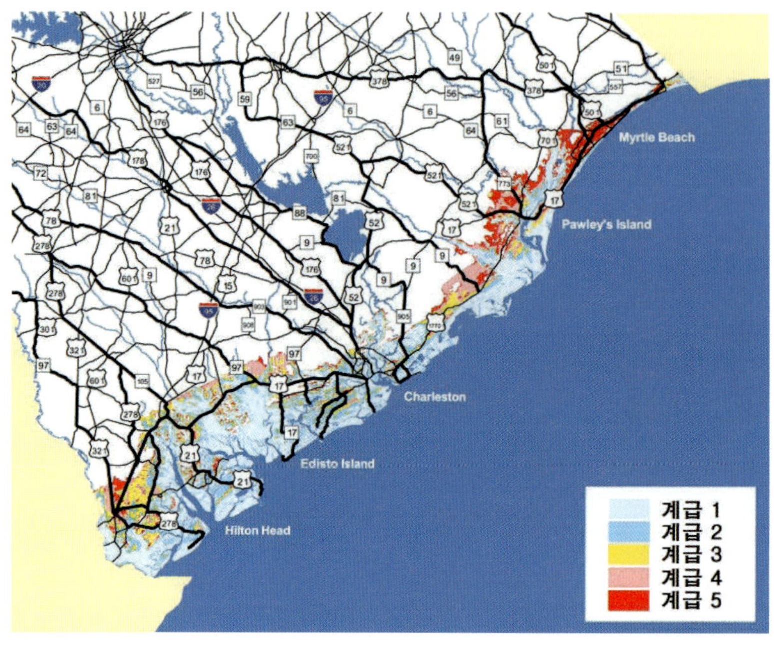

카테고리(계급)별 해일 침수(범람)도

미국 사우스캐롤라이나 지역에 대해 작성된 허리케인의 계급별 해일 침수도

파도 등 연안 재해요소에 대한 정밀 예·경보 시스템을 구축하고, 해일피해 예상지역의 침수구역에 대한 지도를 작성하도록 하며, 방재시설물에 대한 설계 조건 산출 등 연안재해에 대한 과학적 대처기술을 지속적으로 개발하고 있다.

폭풍해일의 경우 미국을 비롯한 선진 외국에서는 실시간 해일관측 시스템 및 지역적 특성을 고려한 폭풍해일 수치 모델링 기법을 통한 해일피해 예상지역의 해일재해도 시스템이 구축되어, 해일로 인한 연안침수 및 시설물 보호를 위한 방재 대책에 활용되고 있고, 효율적인 대피 및 대비책을 마련하고 있다.

미국 해양대기청(National Oceanic and Atmospheric Administration, NOAA)에서는 허리케인의 예보 및 해일과 관련된 해수면 관측 및 폭풍해일 예보업무를 담당하고 있다. 해양대기청 산하 국립기상서비스(National Weather Service, NWS)를 포함한 산하기관들은 해양예보를 위한 연구개발을 통해 허리케인 해일과 관련한 감시, 관측, 예보, 분석 및 경보 등을 수행하고 있다. 또한 국립기상서비스에서는 자체 연구·개발한 해일예보 모델을 전국연안에 걸쳐 34개의 영역으로 나누어서 현업 예보에 활용하고 있으며, 허리케인에 의한 피해가 빈번한 멕시코 만, 동부 해안, 카리브해를 대상으로 해일 예·경보 시스템을 운영 중에 있다. 예를 들면, 국립기상서비스의 해일예보 자료를 토대로 작성된 미국 동부연안에서의 침수범람 재해도는 허리케인의 계급별로 5개 카테고리(계급)로 구분하여, 해일로 인한 침수구역의 재해도를 제공함으로써, 대책을 수립하고 이를 토대로 대피명령을 내려 인명과 재산의 피해를 최소화하고 있다.

● 지진해일 조기경보 시스템

연안에서 자연재해에 의한 재해피해를 줄이고 방지하기 위해서는 가장 시급하고

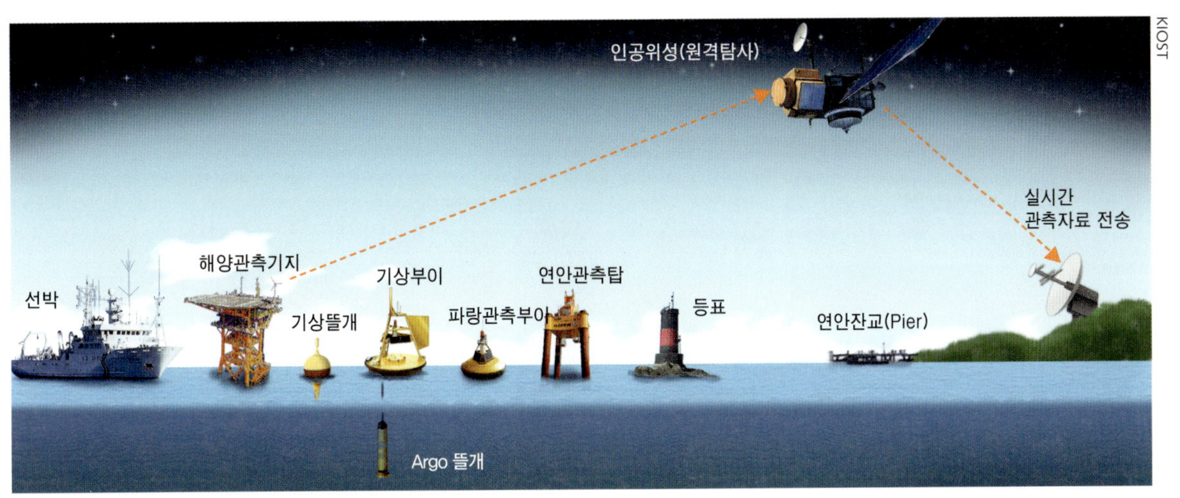

실시간해양관측망의 플랫폼
실시간해양관측망에는 해양관측기지, 연안관측탑, 등표, 기상부이, 파랑관측부이, 기상뜰개, Argo 뜰개, 인공위성, 관측조사선 등 다양한 플랫폼을 통해 해양자료를 수집하고 있음

중요한 것이 국지에서 재해를 유발하는 요소들에 대한 예 · 경보체제를 갖추는 것이다. 동남아 지진해일 피해가 큰 이유는 '지진해일 조기경보 시스템'이 없었기 때문이다. 선진국에서는 태풍이나 폭풍 내습 또는 지진해일 발생 시 연안 해일재해 발생 가능성에 대한 지역별 발생 예상시간, 해일의 높이, 침수 예상지역 및 해일피해 예상지역의 침수구역지도 작성 등 정밀 해일예보 등에 대한 지속적인 연구개발 및 투자를 통해 예 · 경보 시스템을 구축하고 있으며, 보다 정밀한 관측과 예측을 위한 노력을 지속적으로 기울이고 있다.

지진해일은 해안에 닥칠 때까지 시간이 있기 때문에, 미리 준비하고 있다면 인명 및 재산 피해를 크게 줄일 수 있다. 현재의 과학기술로 지진발생을 예측하기는 어렵지만, 다행하게도 먼 거리에서 발생한 지진해일에 대해서는 그 도착시각을 어느 정도 예측할 수 있다. 가령 지진이 동해 북동부 해역에서 발생할 경우, 이로 인한 지진해일은 1시간~1시간 30분 후에 동해안에 도달하므로, 적절한 경보로 30분~1시간 정도의 대비시간을 가질 수 있다. 지진이 발생한 직후 지진해일이 발생할 것인가에 대한 확실한 증거를 찾는 데는 상당한 시간이 소요되므로, 만일의 사태에 대비하여 해상에서 일정한 규모 이상의 얕은 지진이 발생하는 경우에는 '주의보' 또는 '경보'를 발표하는 것이 국제적인 관례이다.

우리나라에서는 지진해일 감지 및 특보 발령은 기상청이 주관하는데, 통상적으로 지진해일 발생 가능성이 있는 리히터 규모 7.0 이상의 지진이 발생하면 즉각 해일의 발생 및 피해 가능성에 대한 분석에 들어가고, 5~10분에 걸친 분석이 끝나면 곧바로 해일 경보나 주의보를 발령한다.

지진해일은 다른 해일과는 발생하는 원인이 다르므로 다음과 같은 사항을 유념하여 대처하여야 한다. 우리나라는 먼 태평양에서 밀려오는 지진해일에 대해서는 비교적 안전한 편이나, 주변해역에서 발생하는 지진해일은 주의를 필요로 한다. 격심한 지면 진동을 느끼면 가까운 곳에서 큰 지진이 난 것이므로 해안지역의 주민은 즉시 높은 지대로 대피하여야 한다. 왜냐하면 해안 가까운 곳에서 발생한 지진해일은 몇 분 이내에 해안으로 밀려오므로 지진경보를 듣고 대비할 여유가 없기 때문이다.

해안에서 먼 거리에 발생한 지진해일에 대해서는 기상청이 해일특보를 사전에 발표하므로 이를 기준으로 재해대책요원의 안내에 따라 대비하거나 필요한 안전조치를 하여야 한다. 지진해일은 약 10분 간격으로 반복되며, 제3~4파(약 30분 후)에서 최대가 되고, 이러한 상태가 약 3~4시간 지속된 후, 점차 약화되면서 하루정도 지속된다는 점에 유의하여야 한다. 지진해일 특보가 발표되면 수영, 보트놀이, 낚시, 야영 등의 해안 활동을 즉시 중지하여야 한다. 또한 먼 바다에서 조업 중인 선박은 해일경보가 해제될 때까지 귀항하지 말고, 시간적 여유가 있을 경우에는 항구 내의 선박도 먼 바다로 대피하는 것이 안전하다.

한편 높은 파도나 폭풍해일 등으로 인한 연안재해를 방지하고 피해를 줄이려면 방파제, 방조제 등 연안방호시설들에 대한 설계조건이 정밀하게 설정되어 연안방호 시설들이 건설되어야 하며, 연안제방, 방조제, 방파제 등에 대한 안전진단과 정비가 이루어져야 한다.

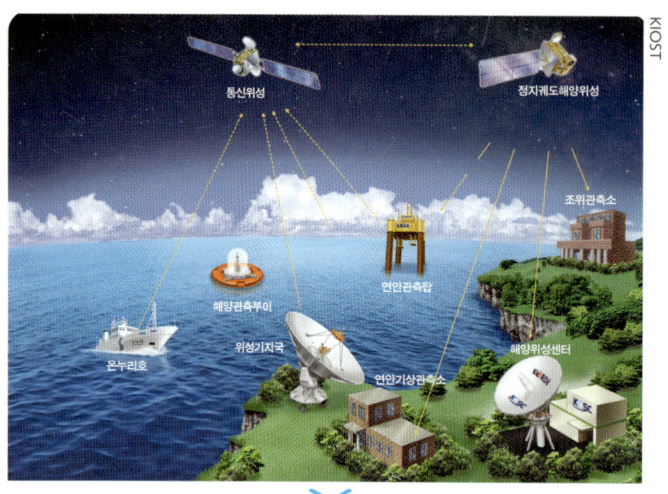

해양정보 생산 및 제공

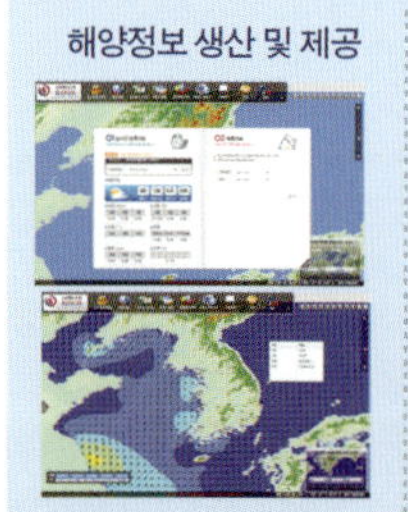

수치 해양예보 모델링

자료 관리 및 분석

해양예보시스템의 모식도

해양관련 국가기관, 산업체, 민간이 각종 해양활동 및 현안문제 해결을 위해 필요로 하는 해양환경 변화 현황과 수치모델을 통한 예측 정보를 생산·제공하는 시스템

이어도 해양과학기지 (2003년)

가거도 해양과학기지 (2009년)

독도 해양과학기지 (구축 중)

KIOST

● 실시간 해양관측 및 해양예보의 중요성

국토해양부에서 구축하여 운영 중인 해양과학기지

최첨단 해양, 기상, 환경 관측체계를 갖추고, 해양 및 기상정보, 어장예보, 지구환경문제 및 해상교통안전, 연안재해방지와 기후변화 예측에 필요한 자료를 실시간으로 수집, 제공할 수 있도록 순수 우리 기술로 건설된 최첨단 종합 해양과학기지

현재 국토해양부에서는 우리나라 주변 해양과 연안을 지속적으로 개발 · 이용하고 자연재해 피해를 최소화하기 위해 해일, 파고, 해류, 조위, 조류, 수온, 염분 등의 해양 정보를 실시간으로 제공할 수 있는 체계적인 실시간 국가해양관측망을 구축하고 있으며, 이와 함께 한국해양과학기술원에서는 실시간 해양관측소에서 생산된 관측자료의 관리 및 정보유통 시스템, 국지적인 연안해일예보 시스템 및 해일이 예상되는 침수 지역의 지도 작성에 관한 연구개발을 추진 중이다.

국토해양부에서는 2003년 '이어도 해양과학기지'를 비롯하여 2010년까지 약 114개소의 실시간 해양관측소를 구축하여 운영 중에 있으며, 앞으로 독도 인근해역에 독도 해양과학기지를 건설하는 등 지속적으로 국가해양관측망을 확대할 계획이다. 또한 한국해양과학기술원은 2009년부터 해양예보 시스템을 구축하기 위한 연구를 수행하고 있다. 이는 실시간 국가해양관측망을 통해 관측되는 파고, 조석, 해일, 수온, 염분, 해양기상 자료와 인공위성 등과 같은 원격탐사를 통한 관측 자료를 이용하여 해양수치 모델을 통해 생산된 해양정보를 국가기관, 산업체, 국민 등에게 신속히 제공함으로써 해양산업활동을 지원할 뿐만 아니라 연안재해를 줄이고 방지하는데 기여할 수 있을 것으로 기대된다.

그러나 폭풍해일이나 지진해일과 같은 자연의 위협으로부터 피해를 최소화하려면 무엇보다도 재난에 대한 사회의 안전의식을 높여야 할 것이다. 그 어떤 첨단 장치나 기술보다도 국민들이 폭풍해일이나 지진해일 등 연안재해에 대한 대처방법과 안전의식을 충분히 인지하여야 하며, 국민들의 상식과 판단이 연안재해를 예방하는데 있어서 매우 중요한 역할을 한다는 사실을 인식할 필요가 있다.

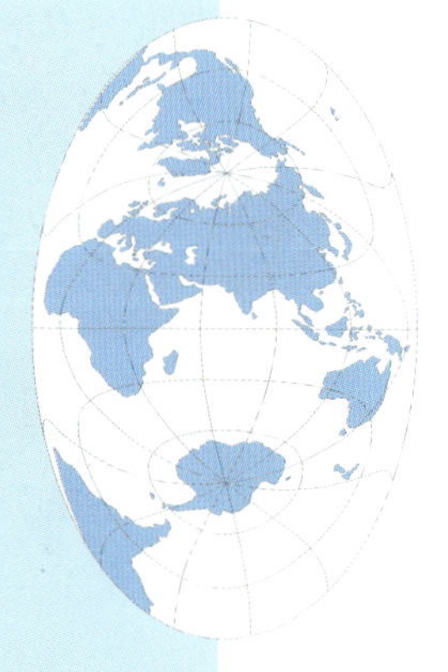

극지의 환경

극지는 지구의 역사와 환경변화의 기록 보관소이다.
극지연구는 지구의 환경변화를 예측하기 위한
귀중한 정보를 제공한다.

이종익 한국해양과학기술원 부설 극지연구소

● 지구의 역사에 대한 연구

역사학자들이 고문서 속에서 새로운 역사적 사실을 발견하는 것처럼 지구과학자들은 암석이나 대기, 바다 등과 같이 지구를 구성하고 있는 모든 대상물로부터 과거 46억 년 간에 걸친 지구의 역사를 추적하고 있다. 또한 오존홀, 지구온난화, 해수면 상승 등과 같은 20세기 후반 이후에 나타나기 시작한 급격한 기후변화 현상을 규명하고, 이에 대처하기 위한 연구를 활발히 수행하고 있다.

극지란 북극과 남극을 중심으로 펼쳐 있는 고위도 지역으로, 대부분이 만년빙으로 덮여 있어서 산업과 인간 활동의 영향을 가장 적게 받았고, 그래서 중위도나 적도의 다른 어느 지역보다도 지구의 모습을 그대로 간직하고 있기 때문에 '지구의 역사와 환경 변화의 기록 보관소'라 불리기도 한다. 극지에서 이루어지는 지구의 역사에 대한 연구 범위는, 시간적으로는 지구 탄생 46억 년 전부터 현재까지이며, 공간적

남극 세종과학기지(좌)
1988년 2월 남극반도 북부의 킹조지 섬에 세종기지를 건설하여 남극연구를 시작하였다.

북극 다산과학기지(우)
2002년 4월에 북극 스발바르 군도 스피츠베르겐 섬 니알슨에 북극 연구를 위한 다산과학기지를 개소하였다.

KOPRI

USGS

세계 각국의 남극 상주기지
2011년 현재 남극에는 총 20개국 39개의 상주 과학기지가 운영되고 있다(30여개의 하계기지는 제외). 우리나라는 2014년 3월까지 동남극 빅토리아랜드 테라노바만에 남극대륙 전문연구기지인 '장보고 과학기지'를 건설할 예정이다.

으로는 지구대기의 최상부 층에서 해양과 만년빙으로 덮인 얼음 속을 지나 지구 내부의 맨틀과 핵에까지 걸쳐 그 대상이 되고 있다. 1957년을 '국제 지구 물리의 해(International Geophysical Year, IGY)'로 정하여 지구의 여러 가지 동적인 현상을 이해하고자 노력해 온 세계의 학자들은 50년이 지난 2007년을 '국제 극지의 해(International Polar Year, IPY)'로 정하여 남극과 북극지역에서 지구의 역사와 기후환경 변화에 대한 이해의 폭을 한층 높이고자 국제적인 대규모 연구들을 수행하고 있다.

우리나라도 1988년 2월 남극반도 북부의 킹조지 섬에 세종과학기지를 건설하면서 남극연구를 시작하였고, 2002년 4월에는 북극 스발바르 군도 스피츠베르겐 섬 니알슨에 북극연구를 위한 다산과학기지를 개소하면서 연구 지역을 양극 지역으로 확대하였다. 또한 본격적인 남극대륙의 연구를 위해 제2남극기지인 '장고보과학기지'를 동남극 빅토리아랜드 테라노바 만에 2014년 3월까지 건설할 예정이다. 현재는 한국해양과학기술원 부설 극지연구소를 중심으로 본격적인 극지연구를 하고 있는데, 지구과학분야에서는 세부적으로 지질학, 지구물리학, 우주과학, 대기과학, 해양학, 고기후학 그리고 빙하학 분야에서 지구의 역사를 밝히고, 다가올 미래에 지구의 환경변화를 예측하기 위한 다양한 연구를 하고 있다.

남극 제2기지인 장보고 과학기지 조감도
우리나라는 2014년 3월까지 동남극 빅토리아랜드 테라노바 만에 남극대륙 전문연구 기지인 장보고과학기지를 건설할 예정이다.

● 지구 탄생의 비밀을 간직한 남극의 운석

현재까지 지구상에서는 38억 년 전보다 더 오래된 암석이 발견되지 않기 때문에 지구과학자들은 46억 년 전의 지구탄생 초기의 역사를 이해하기 위해 운석을 연구한다. 화성과 목성 사이의 소행성대에서 지구로 떨어지는 많은 운석의 대부분이 지구처럼 46억 년 전에 형성되었지만, 이후에도 특별한 변화를 겪지 않았기 때문에 지구탄생 초기의 기록을 그대로 간직하고 있어서 지구를 이해하는데 많은 도움이 된다. 그러나 운석은 그 종류도 다양하고, 어떤 것은 지구의 암석과 비슷하기 때문에 운석을 발견하기는 무척이나 힘들다.

현재까지 인류가 확보한 약 6만여 개 운석의 약 80% 정도는 지구표면의 약 3%에 해당하는 남극대륙에서 발견되었다. 이러한 점에서 남극대륙을 운석 저장소라로 불리기도 한다. 남극 운석은 대륙 내부의 고지대에서 출발한 빙하가 해안가로 흐르다가 산맥에 가로막혀 빙하는 승화되고 빙하 속에 있던 돌들만 남게 되는 지역에서 많이 채집되기 때문에, 운석학자들은 남극해안가 산맥의 내륙지역을 탐사 대상지역으로 삼아 집중적으로 운석을 채집한다.

남극대륙에서의 운석 농집 과정
남극 설원에 떨어진 운석은 빙하에 묻혀 서서히 낮은 곳으로 이동한 후, 빙하의 흐름이 차단되는 산맥에서 빙하가 바람에 의해 깍여 나가면서 노출된다. 따라서 남극에서의 운석은 2,000m 이상의 고지대 산맥 옆 춥고 바람이 강하게 부는 곳에서 주로 발견된다.

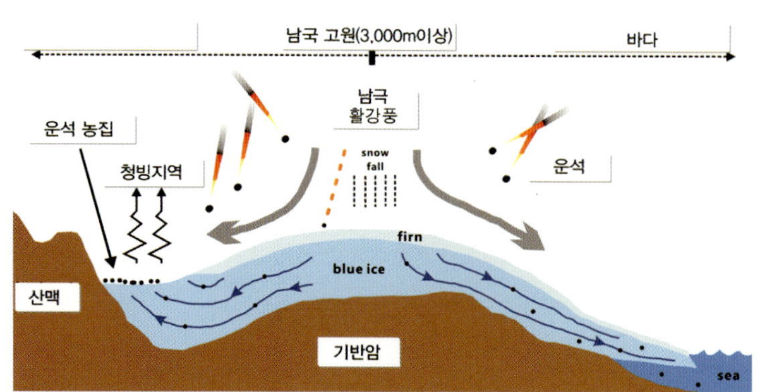

KOPRI

우리나라 최초로 운석을 찾기 위해 남극대륙에 운석탐사 팀이 설치한 베이스캠프 (2007년 1월) (좌)

우리나라가 남극에서 회수한 최대 크기 (5.0kg)의 석철질 운석 TIL08004 (우)

TIL08004는 남극운석 공식명칭으로 남극 티엘 산맥(Thiel Mountains)에서 2008년 탐사기간 중 네 번째로 회수된 운석을 의미한다.

운석탐사는 잘 훈련된 남극전문가들에 의해 수행되는데, 현재 이런 운석탐사 팀을 운영하고 있는 나라는 미국, 일본, 이탈리아, 중국 그리고 우리나라 등 5개국이다. 우리나라는 극지연구소에서 2006~2007년도부터 운석탐사 팀을 파견하여 총 4회에 걸쳐 146개(2011년 6월 기준)의 운석을 회수하였다.

남극에서 회수된 운석은 인류가 영구히 보관해야 할 과학유산으로 연구용 이외의 다른 어떤 목적으로도 사용할 수가 없다. 현재 극지연구소에서는 남극에서 회수한 운석을 분류하여, 국제기구에 등록하고, 연구용 시료를 배분하는 일련의 큐레이션 임무를 수행함과 동시에, '태양계 최초의 고체물질 형성 과정'과 '지구형 행성의 진화과정' 규명이라는 두 가지 주제를 중심으로 연구에 매진하고 있다.

● 과거 초대륙의 모체인 남극대륙

20세기 후반에 정립되기 시작한 판구조론은 지구과학의 혁명이라 할 수 있는 커다란 과학적 발견이었다. 지금도 지구 과학자들은 판구조론을 보다 체계화하고, 과거 지구의 모습을 복원하고자 연구하고 있으며, 대륙이 생성된 이래 합쳐져 대륙을 형성하고 다시 분리되는 것을 반복했다는 사실을 알게 되었다. 남극대륙은 약 10억 년 전에 로디니아 초대륙의 일부였으며, 약 6억 년 전에 아프리카, 인도, 호주대륙과 함께 동곤드와나 대륙으로부터 떨어져 나왔다가, 다시 3억 년 전에 거의 모든 대륙이 모인 판게아 초대륙의 일부가 되었다. 약 2억 년 전부터 남극대륙은 다른 대륙들로부터 분리되어 신생대에 현재의 위치에 지금과 같은 얼어붙은 백색의 대륙이 되었다. 남극대륙과 해양에는 이런 남극의 진화과정이 잘 남아있다.

남극 장보고과학기지는 남극횡단산맥, 빅토리아랜드 등 남극대륙 진화의 열쇠를 쥐고 있는 지역과 가장 가까운 지질 연구의 적지이다. 그래서 여러 지질현상들을 규명하고, 예전 대륙들이 뭉치고 흩어지는 거시적 지각운동과 고지리 변화의 맥락에서 이해하려는 다양한 지질학 분야의 연구 활성화를 도모하고 있다.

초대륙의 형성과 분리과정

극대륙은 약 10억 년 전에 로디니아 초대륙의 일부였으며, 약 6 억 년 전에 아프리카, 인도, 호주대륙과 함께 동곤드와나 대륙으로 떨어져 나왔다가 다시 3억 년 전에 거의 모든 대륙이 모인 판게아 초대륙의 일부가 되었다.

특히 최근 밝혀진 동곤드와나 대륙과 한반도 캠브리아기 퇴적층의 강한 연관관계는 과거 남극대륙과 한반도가 같은 대륙에 위치해 있었음을 알려주고 있기 때문에 향후 층서, 고지리 연구를 통한 보완 연구가 필요하다. 장보고과학기지 주변의 빙하와 주변지역에 대한 지구물리탐사를 통해 빙하의 움직임을 모니터링하고, 이것이 주변 지질환경과 어떤 상호작용을 하는 지를 추적하는 연구도 수행 중이다. 또한 주변 화산에 대한 모니터링과 연구를 통해 재해 발생 가능성의 판단과 신생대 화산 활동을 이해하려고 한다.

남극반도와 남미대륙은 남극대륙에서 가장 마지막으로 분리된 지역으로, 킹조지섬이 위치한 남극반도 북부 남쉐틀랜드 군도에서 육상 지질조사를 통해 분리되는 과정을 연구해 왔다. 특히 남극반도 지역과 남미대륙의 마그마에 의해서 일어나는 모든 작용인 화성활동의 유사점과 차이점을 비교하고, 화성활동에 의하여 수반되는 유용광물이 만들어지는 광화작용의 특성을 중점적으로 연구하여, 미래에 활용될 수 있는 광물자원을 확보하기 위한 자료를 수집하고 있다.

남극반도 북부에 위치하고 있는 드레이크 해협에서는 탄성파탐사, 천부지층탐사, 지자기탐사 등 다양한 해양 지구 물리탐사를 통해 3천만 년 전부터 태평양과 대서양을 분리시킨 스코티아판과 태평양에서 가장 작아진 해양판인 피닉스판의 진화과정을 연구하고 있다. 최근에는 이런 다양한 지구물리탐사를 통해 남극반도 북부해역에서 미래의 청정에너지 자원인 가스수화물 층을 발견하는 성과를 올리기도 하였다. 이 가스수화물 층의 추정 매장량을 현재 우리나라가 사용하는 천연가스 소비량으로 계산하면 약 400년 정도를 사용할 수 있는 엄청난 양이다.

● 지구 환경 변화의 타임캡슐, 빙하

남극대륙의 만년빙은 매년 내리는 눈이 겹겹이 쌓여 형성된 것으로 평균 두께가 약 2,500m에 이른다. 이 빙하 층은 최대 80만 년 전까지의 자연적인 지구환경 변화(빙하기와 간빙기의 반복된 기록 변화), 가스나 에어로졸의 대기성분 변화, 엘니뇨나 화산폭발 그리고 대규모 산불 등의 자연이변 등 환경 변화의 기록을 그대로 간직하고 있어서 '얼어 있는 타임캡슐'로 불린다.

빙하 시료로부터 과거 지구의 환경 변화를 알려주는 다양한 대기화학 성분을 분석하여, 과거 지구의 환경 변화를 복원할 수 있으며, 이런 자료들은 기후변화를 조절하는 요인들과 그에 반응하는 대기환경 변화를 규명할 수 있는 연구에 사용된다.

이러한 빙하 시료는 남극대륙, 그린란드, 히말라야 산맥 등 빙하 층이 오랜 시간 겹겹이 쌓인 곳을 시추하여 얻어지는데, 다양한 기술과 많은 비용이 필요하기 때문에 주로 국제공동연구로 수행된다. 현재 우리나라는 덴마크, 미국 등 14개국이 참가하는 북극 그린란드 심부 빙하 시추 프로그램(NEEM)에 참여하고 있으며, 프랑스, 이태리, 일본, 중국 등 다양한 국가들과의 국제공동연구 프로그램을 통해 남극과 북극의 빙하 연구를 수행하고 있다. 또한 자체 기술로 200m 깊이까지 시추할 수 있는 빙하 시추기를 개발하여, 몽골 알타이 산맥의 고산빙하 시추를 비롯한 아시아 지역 고산빙하 연구를 수행하고 있다.

빙하 속에서 과거 지구의 기후변화를 알려주는 여러 화학성분(온실기체, 이온성분, 미량원소 등)들은 매우 극소량이기 때문에, 빙하연구는 매우 세밀한 분석 기술과 오염

KOPRI

북극 그린란드 NEEM 빙하 시추 현장

과거 기후변화 복원을 위하여 전 세계 14개국이 참여하여 북극 그린란드에서 2,537m 깊이의 빙하코어를 시추하였다.

되지 않은 청정 실험실을 필요로 한다. 자랑스럽게도 우리나라의 한국해양과학기술원 부설 극지연구소는 이 분야에서 세계적인 수준의 실험실과 분석 기술을 보유하고 있다.

● 심해퇴적물 속에 담긴 과거 지구의 환경기록

인간이 기후변화를 기록할 수 없었던 과거 수천 년~수 천만 년 전의 기록은 바다 속 심해저에 퇴적되어 있는 퇴적물을 연구하면서 점차 복원되고 있다. 지난 50년 동안 평균기온이 2.5℃(지구 평균의 약 4배)까지 상승하고 있는 세종과학기지 주변의 남극반도 지역은 지구환경변화 연구와 관련하여 세계적인 관심지역 중 하나이다.

우리나라는 이 지역에서 과거 수만 년 동안 일어났던 고기후 및 고해양 변화에 대한 기록을 찾아냄으로써, 현재 지구의 급격한 기온상승의 원인을 밝혀내기 위한 연구를 하고 있다. 특히 최근에는 세종과학기지 앞 맥스웰 만의 빙해양퇴적물을 이용하여, 지난 2,000년 동안 500년 주기의 소빙하기가 네 차례 발생하였으며, 그 원인이 북대서양의 심층수 순환 변화와 연관되어 있음을 규명하였다.

이 외에도 남극반도 해역의 고해상도 고해양/고기후 자료와 남극반도 육상호수퇴적물에 나타난 신생대 후기의 고기후 정보 확보, 남극반도의 해빙/빙붕의 조절원인을 규명하기 위한 연구를 중점적으로 수행하고 있다.

이런 연구를 통해 향후 기후변화협약(예: 교토의정서)에 따른 국제사회로부터의 요구에 우리나라의 입장을 대변하는 과학적 근거 자료를 제시하고, 21세기 환경보존 기술의 국제 무기화에 대처할 수 있는 자체 기술을 보유할 수 있다.

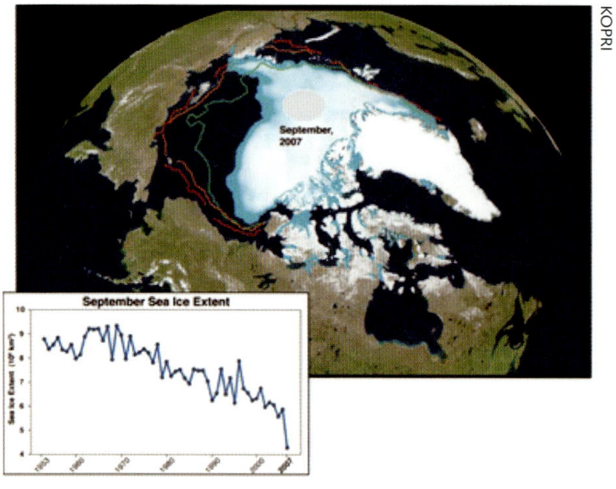

북극의 시간에 따른 해빙 면적의 변화와 면적의 시계열
최근들어 북극의 여름 해빙이 급격히 감소하고 있다

● 극지, 기후변화의 열쇠

극지는 고위도임에도 불구하고 이산화탄소의 증가에 대해서는 더욱 민감하게 반응하는 것으로 알려져 있다. 극지의 온난화가 저위도에 비해 크게 나타나는 이유는 극지를 덮고 있는 눈과 얼음이 주변의 해양이나 지표에 비해 태양에너지를 더 많이(3~6배) 반사시키기 때문이다. 온난화에 의해서 극지의 해빙이나 육상빙하가 감소하게 되면, 태양에너지의 반사율이 줄어들어서 많은 양의 에너지가 흡수되기 때문이다. 북극주변과

서남극은 온난화 정도가 심해서 내륙의 빙하와 북극해 해빙의 양이 급격히 줄어드는 것으로 관측되고 있다.

북극의 해빙 감소에 따른 극지의 에너지 증가는 극지뿐만 아니라 지구 전체의 온난화를 초래하기 때문에 지구 전체 기후변화에 매우 중요한 의미를 갖는다. 나아가 북극의 해빙 감소는 북극진동을 약화시키고 중위도에 한파를 일으키는 역할을 하기도 한다. 통상 중위도 기압이 북극보다 높기 때문에 대기 전체에 걸쳐 북극을 중심으로 고리 모양의 편서풍 제트류가 발달한다. 북극진동은 중위도와 북극의 대기압력이 상대적으로 수시로 변하는 현상을 말하는데, 중위도 기압이 북극보다 높으면 극진동지수가 양의 값이 되고, 제트류 고리가 팽팽해진다.

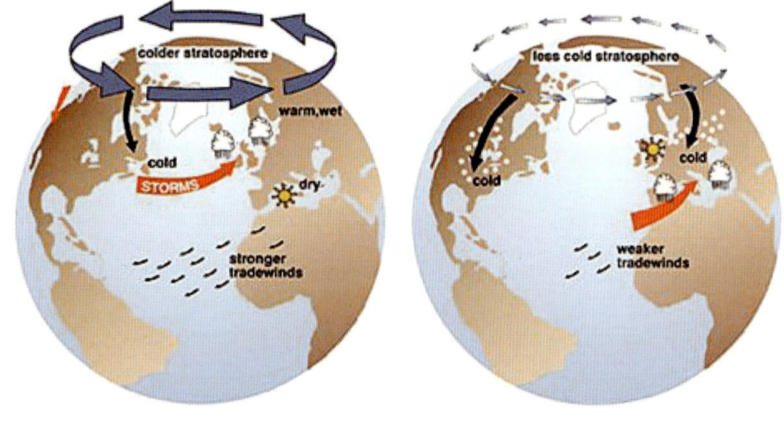

북극진동이 강할 때(좌)와 약할 때(우)의 대기순환

북극의 해빙 감소는 북극진동을 약화시키고 결과적으로 중위도에 한파를 일으킨다.

북극진동이 양의 지수로 되면 제트류 고리가 강해지고 시베리아, 알래스카, 캐나다 등이 평소보다 따뜻해진다. 사실 2000년대 초반까지는 북극진동의 지수가 계속 증가해서 북극 주변의 온난화가 관측되었다. 반대로 북극진동이 음의 지수로 되면 제트류 고리가 느슨해지고 동아시아, 북미 중동부 등에서 남동방향으로 제트류 골이 생겨서, 이 골을 따라 극지(동아시아의 경우 시베리아)의 찬 공기가 유입되면서 한반도를 포함한 동아시아에 한파가 발생하게 된다.

최근의 한파는 이런 기작에 의해 발생하는 것으로 여겨진다. 2000년도 이후 극진동 지수가 지속적으로 감소하는 경향을 보이는데, 2009/2010년 겨울의 경우에는 11월 말부터 무려 3주 동안 100년에 한 번 있을 정도로 매우 강한 음의 극진동 상태를 보였고, 매서운 한파가 몰아닥쳤다. 2010/2011년 겨울도 전년만큼은 아니지만 12월 중순부터 1월 중순까지 거의 한 달간 약한 극진동이 지속되었고 한파 또한 지속된 바 있다.

극지가 기후변화의 열쇠가 될 수 있는 또 다른 경우로는, 북대서양 심층수의 둔화에 따른 북대서양을 중심으로 한 북반구의 냉각화이다. 지구 전체의 심층해양은 북대서양과 남극주변에서 가라앉은 물로 채워지는데, 이 중에서 북대서양에서 가라앉은 물은 태평양과 인도양을 거쳐 다시 북대서양으로 흘러가는 큰 컨베이어 형태의 순환을 하면서 지구 곳곳에 열을 전달해 주며, 지역의 기후변화에 중요한 역할을 한다.

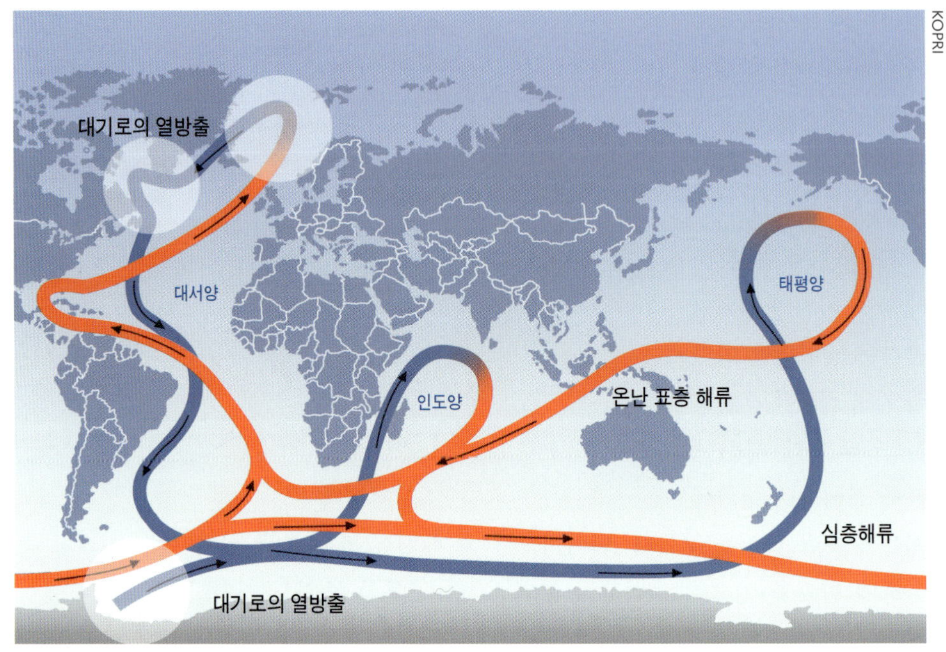

컨베이어벨트 해양순환
파란색은 심층 순환을 나타내고 붉은 색은 중층 순환을 나타내며, 흰 원은 심층수가 생성되는 지역을 나타냄.

그러나 해양의 컨베이어 흐름이 둔화되면 지구 전체의 열 흐름이 차단되기 때문에, 심층수가 생성되었던 북대서양 및 북반구 전체에 냉각화를 초래한 것으로 과거의 기후변화 기록들은 보여주고 있으며, 수치모형을 통해서도 예측되고 있다.

결론적으로, 극지의 기후변화는 극지뿐만 아니라 지구 전체의 기후변화에 매주 중요한 영향을 주는 열쇠이다. 그러나 열악한 기상조건으로 광범위한 지역에 대한 기후변화를 관측하는 것이 어렵기 때문에 원격탐사 자료를 이용하고 있으나, 원격탐사 자료와 현장관측 자료의 불일치가 많이 나타나고 있다. 그러므로 지속적인 현장관측을 통해 원격탐사 자료의 신뢰성을 향상시킬 필요가 있다.

● 우주로 열린 지구의 창

지구 고층대기(중간권, 열권, 이온권)는 지구상공의 약 80~수백 km에 위치하는 대기영역으로 태양 및 외부 우주로부터 유입되는 유해방사선(X-ray, 자외선)을 흡수하여 지구생명체를 보호하는 역할을 하기도 하고, 최근에 대두되고 있는 우주기상 예측 연구에서도 중요한 부분을 차지하고 있다. 특히 극지에서의 고층대기는 우주의 기상현상을 일으키는 다양한 형태의 태양에너지가 지구자기권을 통해서 지구 대기로 유입되는 영역인데, 이는 자기장이 극지에서 외부 우주로 열려 있는 구조를 이루고 있기 때문이다.

태양에너지는 우리가 일상적으로 경험하는 빛에너지 외에도 자기장과 함께 고에너지 입자들로 구성되는 태양풍의 형태로 지구에 도달하여, 지구 자기장과의 상호작용을 통해 극지에서 다양한 현상을 일으킨다. 이러한 현상의 대표적인 예로 '오로라'가 있는데, 이는 지구 자기장을 따라 극지로 유입되는 고에너지의 입자가 지구의 고층 대기 입자와 충돌하면서 발생되는 것이다.

2014년 극지의 오로라 지역 주변에 세워질 장보고과학기지가 완공되면, 오로라의 직접적인 관측은 물론 이와 관련된 고층대기 관측이 가능해질 것으로 기대된다. 최근에는 지구표층의 온도를 상승시키는 지구온난화 현상과는 반대로 지구상에서 온도가 가장 낮은 중간권의 온도가 급격하게 내려가는 것으로 관측되었다. 따라서 지구온난화로 인한 변화가 증폭되어 나타나는 극지 고층대기 환경의 지속적인 관측 연구는, 전 지구적인 기후변화를 감지하고 예측하는데 중요한 역할을 수행할 수 있으며, 이러한 관측은 현재 남극 세종과학기지, 북극 다산과학기지, 스웨덴의 키루나 북극기지 등에서 지속적으로 수행되고 있다.

미국 알래스카 Bear Lake에서 관측된 오로라
외부 우주에서 지구 극지 대기로 유입된 고에너지 입자들이 대기 중 원자나 분자들에 에너지를 전달해 빛을 내게 한다.

위키피디아 웹

해양탐사와 해양기술

Ocean Expoloration and Marine Technology

해양과학기술의 발달로 바다는 더 이상 인류가 두려워하는 공간이 아니라
친근한 우리 삶의 터전으로 다가오고 있다.

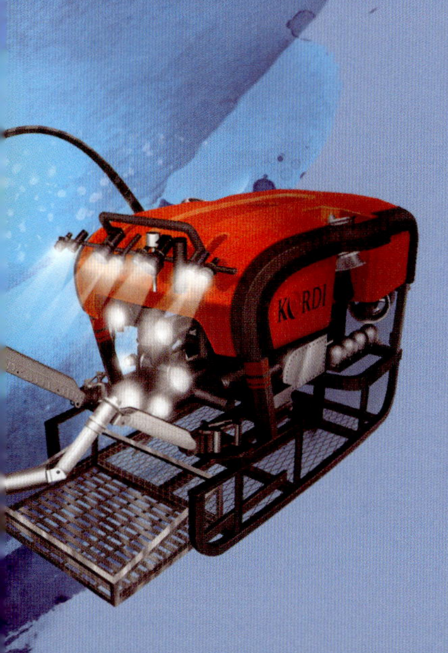
KORDI

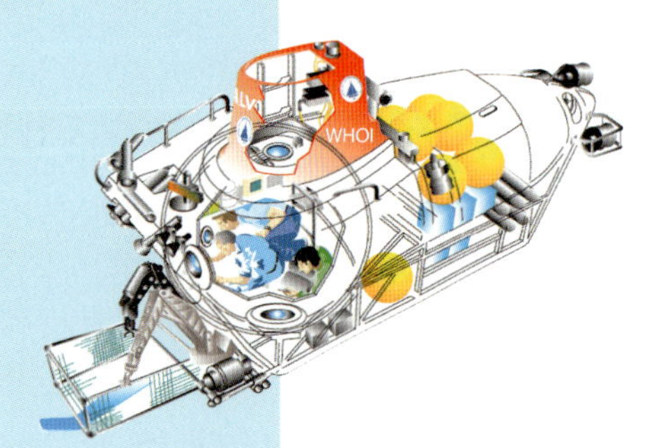

해양탐사기술

해양탐사기술의 발전은 감히 접근할 수 없었던 상상과 두려움의 대상이었던 바다를 아끼고 활용하는 미래의 희망으로 변화시켰다.

박정기 한국해양과학기술원

모든 과학기술의 발전은 '어떻게 하면 보다 더 정확하게 현상을 이해할 수 있을까' 하는 인간의 가장 기본적인 지적 목마름에서부터 시작된다. 바다에서 일어나는 현상을 이해하기 위한 인간의 끊임없는 도전은 항해술과 수중음향학, 무인관측기술, 해저탐사기술 등의 발달을 이룩하였다. 인간은 음향을 이용하여 바다의 수심을 측정하는 단계에서 벗어나 해저지형과 지층을 정확히 그려낼 수 있게 되었고, 해수의 이동과 해양의 특성을 상시적으로 자동관측할 수 있게 되었으며, 압력의 한계를 뛰어넘어 수천 m 해저를 탐사할 수 있게 되었다. 현대 해양학자들은 극한 환경의 장벽을 뛰어넘기 위하여 여러 가지 첨단 탐사 · 관측기술들을 더욱 발전시켜 나가고 있다.

● 떠다니는 해양실험실, 해양연구선

해양을 관측하고 조사하기 위해서는 무엇보다도 연구선이 필요하다. 항해 자체가 해양조사라고 할 수 있었던 과거에 비해 그 비중이 많이 낮아지긴 했지만, 아직도 해양조사에 있어서 연구선의 위치는 확고하다.

해양의 근대적인 연구탐험은 19세기 이후부터 시작되었는데, 영국의 챌린저(Challenger)호에 의한 항해(1872~1876)가 과학적 탐험의 분기점이 되었다. 챌린저호 탐사 이후 보다 조직적이고 정밀한 탐사가 계속되었는데, 연구선의 기능이 매우 다양해지고 장비가 현대화됨에 따라 탐사 기술에도 엄청난 변화가 일어나게 되었다.

연구선은 일반항로를 벗어날 뿐만 아니라 해역이나 계절과 관계없이 항해를 계속해야 하므로, 기후나 파도에도 잘 견딜 수 있도록 설계되어야 하며, 선박의 항속거리도 일반 선박에 비해 길어야 한다. 특히 음향기기, 정밀관측기 등 첨단장비를 손쉽게,

KIOST

심해저 자원개발
태평양에서 자원개발탐사를 하는 온누리호와 수심 5,000m의 긴 여정을 끝내고 물 위로 떠오른 광물시료 채취기

효율적으로 운용할 수 있어야 하며, 선상에서의 실험이나 조사작업을 수행하는 승선 연구자들을 위해 안정성이 높고 동요, 소음, 진동 또한 적어야 한다. 해양관측은 크게 해양연구 분야의 기초 자료를 얻는 학술 관측과 해상기상의 파악, 자원탐사, 항로조사, 오염물질 모니터링 등을 하는 실용 관측으로 나눌 수 있다.

관측선, 탐사선, 조사선 등으로 다양하게 불리는 연구선은 목적별로 기상관측선, 수로측정선, 지질조사선, 어업조사선, 쇄빙선(극지관측선)으로 나눠지기도 한다. 해양개발의 필요성이 증대되기 시작한 1960년대 이후 해양의 종합적인 조사 기능을 갖춘 다목적 연구조사선이 건조되어 왔는데, 기능이 전문화된 비자기선, 반잠수조사선, 지구물리탐사선 등이 건조되어 활약 중에 있으며, 최근에는 해양플랜트산업으로 확대되고 있다.

종합해양연구선은 해양물리, 화학, 생물, 지질, 환경 등 각 연구 분야별로 또는 동시에 각 분야의 해양연구를 할 수 있도록 설계 · 건조된 연구선으로서, 전문적인 해양연구선의 기능을 고루 갖추고 있다. 해양학의 발전은 전 세계적으로 수많은 연구선이 활동하는 계기가 되었으며, 미국의 경우 등록된 중 · 대형 연구선만 해도 100척이 넘는다. 현재 대학 · 연구기관 해양학 실험실 시스템(University-National Oceanographic Laboratory System, UNOLS)에 등록되어 있는 연구선은 전 세계적으로 약 558척에 이른다. 우리나라의 경우, 한국해양과학기술원의 종합해양연구선 온누리호(1,422톤)와 이어도호(546톤)를 포함해서 현재 총 11척의 연구선이 활동하고 있다.

종합해양연구선에는 해양관측을 위한 다양한 장비들이 탑재된다. 해양관측장비는 채집장비, 측정장비, 분석장비로 나누어진다. 채집장비로는 채수기, 트롤망(trawl net), 플랑크톤 네트(plankton net), 채니기(grab), 코어러(corer), 드렛지(dredge) 등이 있다. 선박에 장착되는 관측장비로는 수심, 수온, 염분, 용존산소를 측정하는 간단한 측정장비에서부터 해저지형을 3차원적으로 조사하는 음파측정장비도 있다. 해양연구선에는 자동분석장치를 비롯하여 육상의 실험실에서와 같은 고가의 장비가 탑재되어 현장에서 직접 분석을 실시하기도 한다.

● 음파를 이용한 해양탐사

음향을 이용한 탐사 기술이 발달하게 된 것은, 우리가 직접 들어가 볼 수 없는 바다 밑의 상황을 장비를 이용해서 파악하려는 노력의 일환이었다. 이와 같은 노력은 점과 선의 탐사기술에서 면과 공간을 탐사하는 기술로 발전하는 계기가 되었으며, 한 걸음 더 나아가 바다 속의 상황을 영상화하는 단계로까지 발전하였다.

해양탐사에서 가장 기본적인 것은 바다의 수심을 측정하는 것이다. 처음에는 줄에 납추를 매달아서 줄이 들어간 깊이를 재어 수심을 측정하였지만, 이러한 방법에는 큰 오차가 발생하였다. 그래서 보다 정확한 수심을 측정하는 방법으로 생각하게 되었던 것이 음파(acoustic wave)였다. 헬륨, 네온, 아르곤, 크립톤, 크세논, 라돈 등 비활성 기체와 할로겐에서 방출되는 빛은 수중에서 15m 이상 진행하지 못한다. 레이저빔은 정밀도는 높으나 해수 중에서 40m 이상을 진행하지 못하며, 전자기파는 수층에서 에너지가 급격히 감소하기 때문에 활용되는데 한계가 있다. 이와는 달리 음파는 주파수가 낮아서 수층의 대상물에 반사되어 돌아오는 양이 적고 해상력이 떨어지지만, 수중에서의 감쇄현상이 적기 때문에 음향탐사에서는 가장 활용도가 높은 수단이다.

서양에서 수층 내 음파의 속도를 측정한 것은 1826년 제네바호수에서 측정한 것이 최초이다. 그 당시 수온이 8℃인 물속에서 전달되는 음파의 속도는 초당 1,435m라는 것을 확인하였다. 오늘날에 그와 동일 조건에서 실시한 음파의 속도는 초당 1,438m로 밝혀졌다. 1826년 제네바호수에서의 측정은 현재의 측정 결과와 비교했을 때 0.21%의 오차밖에 나지 않는 비교적 정밀한 측정 결과였던 것이다.

음파를 이용한 해저탐사 기술은 수중통신, 대잠수함 작전, 수로위험경보 등 주로 군사적인 목적에 의해서 발전되었다. 1912년에 모르스부호로 변조하기에 적절한 음파를 만들어내는 오실레이터형의 음원이 발견되면서 제1차 세계대전 중에는 수층에 있는 잠수함을 찾아내던 음향탐사 방식이 활용되었으며, 제2차 세계대전 때에는 군사적으로 개발된 음향장비들이 상업적으로 활용되기 시작하면서 해저탐사 기술이 크게

KIOST

차세대 무인잠수정 개발 개념도

해양선진국만의 전유물이었던 첨단해양탐사장비를 이제 우리의 기술로 개발하는 단계에 이르렀다.

광역 측면주사음파 탐지기 시스템
오늘날의 탐사 기술은 수천 m 해저면에 수 cm 크기의 이물질을 판별하는 수준으로 발전하고 있다.

발전하였다. 해저면을 투과할 수 있는 저주파를 이용하여 해저지층의 지구물리학적 도면을 만들어낼 수 있는 기술과 고주파음원을 이용하여 음파의 반사강도와 해저표면 매질과의 관계를 밝혀내는 기술이 개발되었다.

특히 측면주사음파탐지기(side scan sonar)는 오늘날 해저면의 매질을 광역적으로 해석할 수 있는 기반을 마련했다. 오늘날 우리가 사용하고 있는 음향측심기(echo sounder)는 1929년에 들어서서 상업적으로 널리 활용되기 시작하였다. 음파를 이용한 탐사기술의 경우에 있어서 19세기에 처음 사용한 음향 측정 방식은 대단히 원시적인 방식이었지만 20세기에 와서 이러한 측정 방식은 음원의 대역에 따라 해저지층의 발달 정도를 해석해 내는 탄성파 탐사장비의 발달을 가져 왔으며, 해저지층에 매장되어 있는 석유탐사에 필수적인 탐사 기술로 자리 잡게 되었다.

해저지형을 분석할 때, 기존의 음향측심기는 연구선의 직하방으로 단일빔(single beam)을 주고받았으나, 최근에는 수십 개의 음원발생기를 동시에 동작시켜서, 연구선이 진행할 때 연구선 직하방을 중심으로 최대 수십 km에 달하는 폭의 수심자료를 동시에 획득하는 다중음향측심기(multi-beam echo sounder)가 해저음향탐사기술에 활용되고 있다. 이와 같은 음향탐사기술은 1950년대 이후로 꾸준히 개발되어 1970년대 말 심해자원 개발에 적용되었으며, 특히 측면주사 방식의 음향탐사기술은 대서양에 침몰한 타이타닉호의 조사에 활용되어, 침몰 선체를 발견하는데 이용되었다. 이와 같이 음향탐사기술은 수심을 측정하는 단계에서 한발 더 나아가 정밀한 해저지형도를 만들고, 해저면의 구성물질 및 해저지층 정보를 입체적으로 해석할 수 있는 단계에

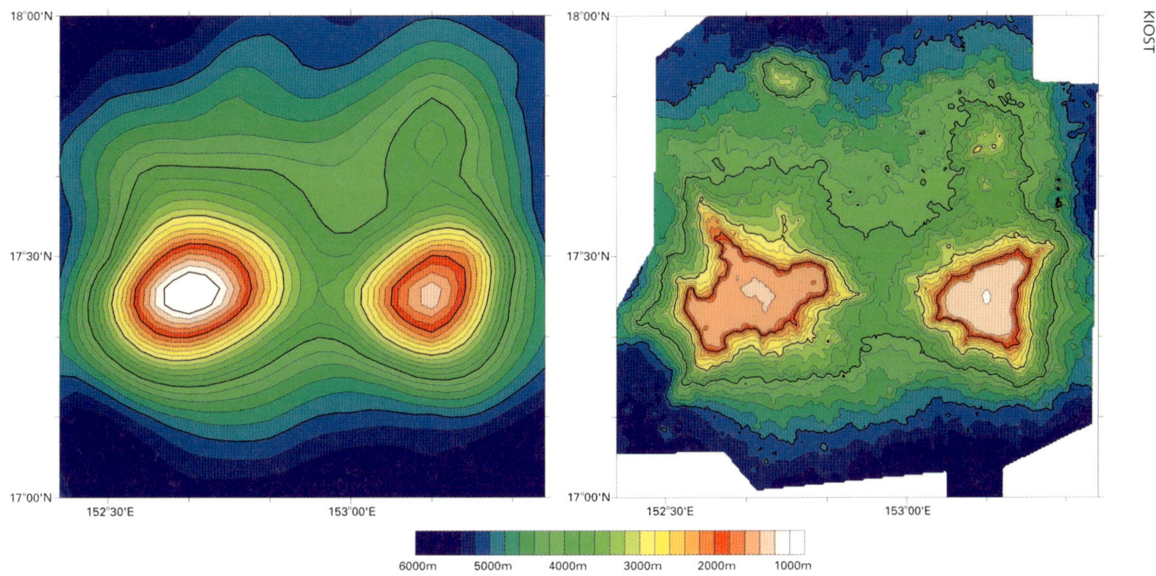

이르기까지 그야말로 눈부신 발전을 이루었다.

해저음향탐사기술의 지속적인 발달은 해저광물자원 개발에도 많은 기여를 했다. 해저광물자원을 개발하려면 광물의 생성조건, 금속함량의 품위, 분포하는 광상의 규모와 해저지층의 발달 경향 등을 정밀하게 파악하여 개발할 수 있는 자원의 양을 평가해야 한다. 자원이 분포하는 대상지역의 지형과 광상의 규모를 보다 빠르고, 정밀하게 파악하려면 다중음향측심기와 측면주사음파탐지기를 이용한 음향탐사기술이 가장 적합하다. 과거 광물자원 탐사의 경우에는 단일측선을 지나면서 측선과 측선 사이의 획득하지 못한 지역의 수심은 보간법(interpolation)을 이용하여 지형의 변화를 개략적으로 표현하였는데, 이와 같은 자료는 광상의 크기를 평가하는데 있어서 결정적인 오류를 낳거나 정밀성이 현저히 떨어지는 한계가 있었다.

이러한 문제를 극복한 다중음향측심기는 연구선의 진행방향을 따라 일정한 폭의 해저지형 자료를 연속적으로 획득하므로 측선간에 자료공백이 발생하지 않기 때문에, 지형변화로 야기되는 광상의 변화양상을 보다 명확히 해석할 수 있게 되었다. 또한 심해 견인용 측면주사음파탐지기 시스템(deep tow side scan sonar system)은 퇴적물과 해저면에 분포하는 자원을 판별할 수 있는 높은 해상력과 함께 넓은 폭의 자료를 동시에 획득함으로써, 기존의 시료채취 방식에서 나타나는 공간적 변화양상을 해석하는데 있어 결정적인 취약점을 보완하였다. 뿐만 아니라 수 cm 크기의 입자를 판별함으로써, 음향 특성을 이용한 해저면의 영상자료를 획득하여 자원의 경제성을 평가·활용하는 단계에까지 이르렀다.

해저지형도 비교
정밀한 해저지형도 획득 기술은 해저광물자원 개발에 있어 가장 중요한 탐사기술이다. 우리나라 탐사 기술의 정밀도(우)는 선진국이 보유한 자료(좌)보다 월등한 수준을 자랑한다.

해양원격탐사

새로운 관측기술은 지구의 환경에 대한 이해를 넓혀 주고 있다.
원격탐사기술의 눈부신 발전으로 지구관측위성은 하루만에
지구전체의 해양표면을 관측할 수 있게 되었다.

유신재 · 유주형 한국해양과학기술원

해양은 접근하기가 매우 어렵다. 예로부터 고대인들은 눈에 보이는 먼 바다의 수평선 너머가 이 세상의 끝이라고 생각했었다. 해양은 대륙과 대륙, 문명과 문명을 격리시키는 장벽이었다. 15세기 이후 항해술의 발달로 인간은 먼 바다로의 장기 항해가 가능해졌으나, 그럼에도 불구하고 해양탐사는 그리 쉬운 일이 아니었다.

세계를 처음으로 일주한 항해는 마젤란의 항해로서 1519년 9월에 출항해서 1522년 9월에 귀항하여, 꼬박 만 3년이라는 긴 세월이 걸렸다. 단지 시간이 많이 걸렸을 뿐만 아니라 얼마나 위험하고 어려운 항해였는지는 마젤란 자신을 포함하여 약 270명의 선원 중 18명만이 살아 돌아왔다는 사실로도 알 수 있다. 그 후, 19세기까지 항해술은 계속해서 발달했지만 해양 자체에 대한 탐사는 이루어지지 않았기 때문에 해양은 여전히 미지의 세계로 남아 있었다. 육상은 해양에 비해 접근하기도 쉽지만 자연환경이 변하는 것도 비교적 느리기 때문에 육지생태계의 변화를 관측하는 것은 근본적으로 어려운 일이 아니었다. 그러나 이런 육상과는 달리 해양에서 나타나는 현상은 다양한 시 · 공간적 규모에 걸쳐 일어나기 때문에 한 번의 관측으로는 해양의 현상을 알아낼 수 없다. 그러나 무엇보다도 해양에 대한 이해가 부족했던 가장 큰 이유는 해양을 조사할 적당한 관측 방법이 없었기 때문이었다고 할 수 있다.

과학적 탐사를 목적으로 수행된 첫 번째 세계일주 항해로는, 해양학에 있어 기념비적인 챌린저(Challenger)호의 항해를 들 수 있다. 챌린저호는 1872~1876년에 걸쳐 전 세계 해양에서 지질, 물리, 생물 조사를 실시하고, 수심을 측량했다. 이 항해는 3년 반이란 시간이 걸렸으나, 오늘날에는 원격탐사기술이 눈부시게 발전한 결과 지구관측위성으로 하루~수일 사이에 전 지구의 해양표면을 관측할 수 있게 되었다.

원격탐사를 통해 수온, 엽록소, 해수면, 해상풍, 표층 해류 등 많은 항목의 관측이

mms

지구관측 위성
원격탐사를 통해 전 지구 해양의 다양한 특성을 지속적으로 관측하고 있다.

가능하다. 원격탐사기술은 전통적으로 관측할 수 없었던 해양현상을 자세히 알게 해주었고 전 지구적 규모에서 대기권과 생물권이 어떻게 작동되고 변화하는지 이해할 수 있는 대로를 활짝 열어주었다.

● 원격탐사 센서의 특성

비행기에서 육지나 섬, 연안을 내려다보면 전체적인 지형을 일목요연하게 파악할 수 있다. 카메라로 이러한 광경을 찍으면 즉석에서 지도에 해당하는 지형 정보를 얻을 수도 있다. 이것은 가장 간단한 원격탐사의 예로, 원격탐사의 장점 중의 하나인 종관적(綜觀的 : 전체를 한 번에 봄, synoptic) 특성을 잘 보여준다.

원격탐사는 대상을 직접적으로 접촉하지 않고, 간접적으로 대상에 관한 정보를 얻는 기술이다. 원격탐사는 물체에서 방출되거나 반사되는 전자기파를 측정하여 물체의 성상을 유추하게 된다. 따라서 선택된 파장대의 전자기파를 측정하고 측정된 값을 해석하는 것이 주요 기술이라 할 수 있다. 이 계산 과정을 알고리듬(algorithm)이라고 하며, 전자기파를 측정하는 센서를 복사계(radiometer)라고 한다.

적외선이든 가시광선이든 극초단파이든 하나의 영역을 측정할 수도 있지만 여러

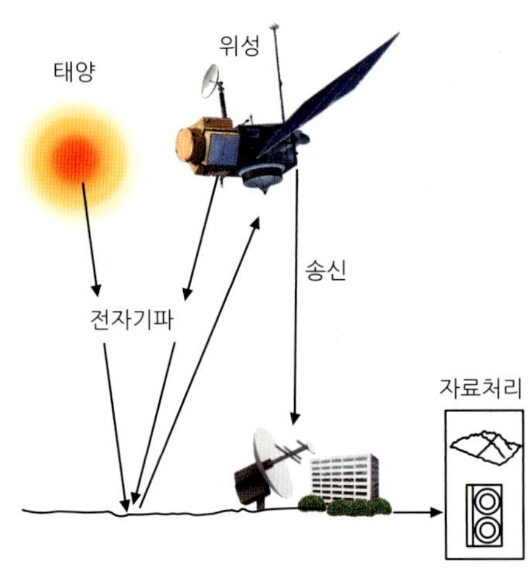

원격탐사의 요소
전자기파의 근원, 센서, 자료처리 시스템의 관계를 보여준다.

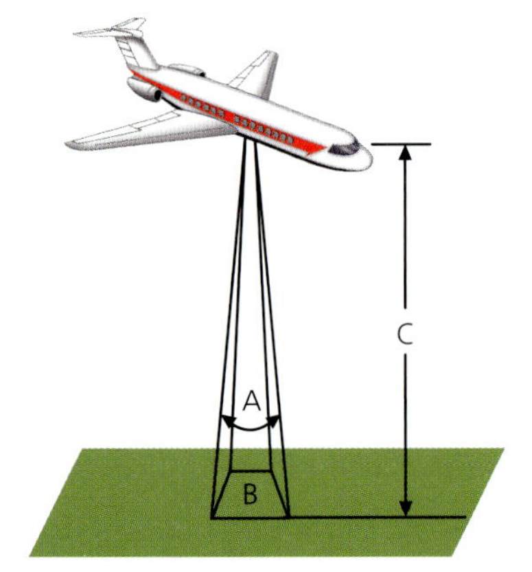

순간시야(A)와 지면투영순간시야(B)
지면에 투영된 순간시야의 크기는 탑재체의 높이 (C)에 달려 있다.

영역을 동시에 측정하여 비교하면 더 많은 정보를 얻을 수 있다. 감지소자가 측정하는 전자기파의 영역을 파장대(band, channel)라 하고, 파장대의 밴드 폭 크기를 분광해상도라 하며, 여러 개의 파장대를 측정하는 센서를 다파장 센서라고 한다.

하나의 파장대를 측정하는 흑백사진을 단일파장 센서라 한다면, 인간의 눈이나 디지털 카메라는 적색 · 녹색 · 청색 3개의 파장대에서 각각의 정보를 얻는 다파장 센서라 할 수 있다. 수십~수백 개의 파장대를 측정하는 센서는 특히 극다파장 센서라고 한다. 초기의 가시영역 센서들의 파장대는 3~6개였지만 현재 작동 중인 미국의 TERRA/MODIS 같은 경우에는 파장대가 무려 36개에 이른다.

센서가 전자기파를 감지하는 방식에는 여러 가지가 있다. 조도계처럼 한 방향에서 하나의 값을 측정하는 센서는 한 순간에 하나의 점에 대한 정보를 수집한다. 렌즈에 의해 집광되며 빛이 맺히는 촬상면에 에너지를 측정하는 소자가 위치한다. 이때 렌즈가 보는 측광각도를 순간시야(Instantaneous Field-Of-View, IFOV)라 하고, 지면의 면적을 지면투영순간시야(Ground-projected Instantaneous Field-Of-View, GIFOV)라고 한다. 사진기처럼 2차원 영상을 수집하는 센서는 영상기라고 한다.

2차원 영상을 얻는 방법에는 디지털 카메라에 쓰이는 CCD처럼 영상이 맺히는 촬상면에 수백만 개의 감지소자가 2차원으로 배열되어 있어 동시에 감지되는 방식이 있다. 위성이나 비행기에 장착한 센서는 날아가면서 좌우로 한 줄씩 주사(走査)하여 2차원 영상을 얻는다.

이렇게 얻어진 2차원 영상을 이루는 하나의 단위를 화소(畵素, pixel)라고 한다. 한 화소와 대응되는 지구 표면적의 크기를 공간해상력이라고 한다. 해상력은 센서가 관측대상으로부터 얼마나 떨어져 있느냐와 렌즈의 배율에 달려 있다. 카메라와 비행기의 비유를 계속해 보자. 비행기가 높이 떠 있을수록 지표면에 있는 점의 크기는 작아 보일 것이고, 망원줌렌즈를 쓰면 커 보일 것이다. 화면에 들어오는 전체 면적을 관측폭

(swath)이라고 하는데, 관측폭은 망원 배율에 반비례하고, 해상력은 망원 배율이 높을수록 커질 것이다. 사진과 마찬가지로 영상의 중앙에 비해 가장자리는 왜곡이 일어나게 되고, 지상에서 거리가 멀어지면 지구의 표면이 곡면인 관계로 왜곡이 더욱 심해지므로 기하학적인 보정을 해주어야 한다. 지구관측위성의 공간해상력은 현재 수십 cm(가시영역)~수십 km(산란계)의 큰 범위를 가진다. 대체로 공간해상력과 시간해상력은 역의 관계에 있다.

전자기파는 적외선처럼 물체에서 방출되기도 하고, 가시영역처럼 태양광이 물체에서 반사되기도 한다. 극초단파처럼 파장이 긴 경우에는 자연환경에서의 양이 작으므로 인위적으로 전자기파를 대상 물체에 쪼여서 반사된 것을 측정하기도 한다. 방출되거나 반사된 전자기파를 측정하는 센서를 수동적 센서라 하고, 전자기파를 쪼여서 반사되는 것을 측정하는 센서를 능동적 센서라고 한다. 예를 들어 비유하자면, 수동적 센서를 밝은 대낮에 눈으로 물체를 보는 것이라고 한다면, 능동적 센서는 어두운 곳에서 전등을 비추어 사물을 식별하는 것이다. 능동적 센서 중에서 극초단파를 이용하여 거리를 재는 고도계와 표면의 거친 정도를 측정하는 산란계는 비영상 방식을 많이 사용하고, 2차원 영상을 얻는 영상기는 레이더방식이 이용되는데, 레이더 방식의 대부분은 합성구경레이더(synthetic aperture radar) 방식이 이용된다.

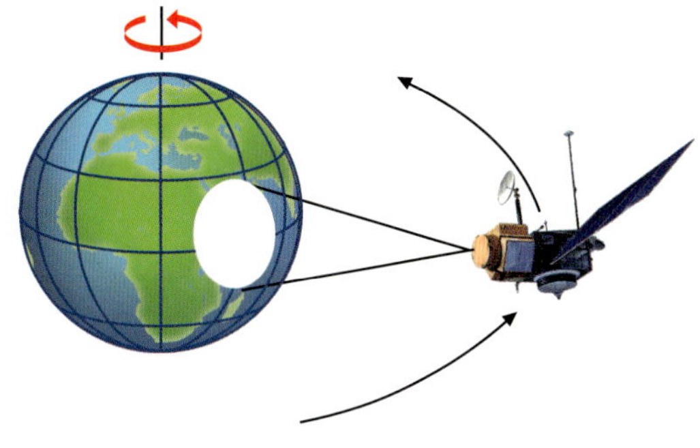

지구정지궤도위성

지구의 자전속도와 같은 속도를 가지는 궤도에 위치하여 항상 일정한 위치의 지구표면을 관측할 수 있다.

극궤도위성

지구를 남북방향으로 회전하여 자전에 의해 지구표면을 관측할 수 있다.

전통적인 은염사진기(필름 카메라)는 각 화소에 대한 정보를 광화학적 정보로 저장하며, 디지털 카메라는 전기적으로 처리된 정보를 디지털 정보로 저장한다. 디지털 사진의 정보는 상대적인 값이지만 원격탐사센서는 전자기파의 복사에너지를 절대값으로 기록해야 한다. 따라서 디지털 값을 절대값으로 바꾸는 보정상수의 결정이 중요하다. 센서가 기록할 수 있는 복사에너지의 영역을 복사해상력(Dynamic Range)이라고 한다. 정확한 보정상수를 결정하는 것을 보정이라 하고, 실제 값과 비교하는 것을 검증이라고 한다.

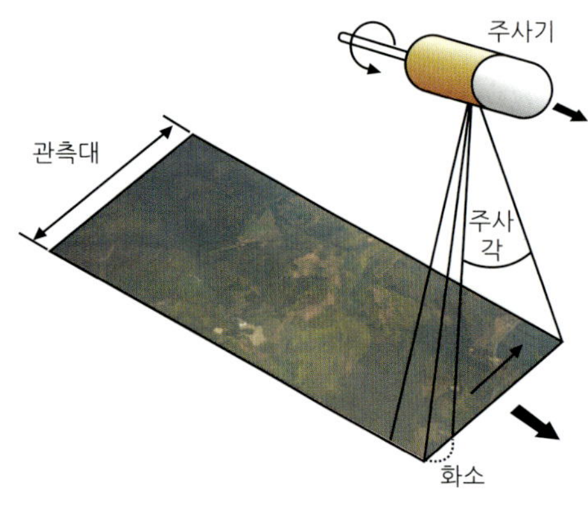

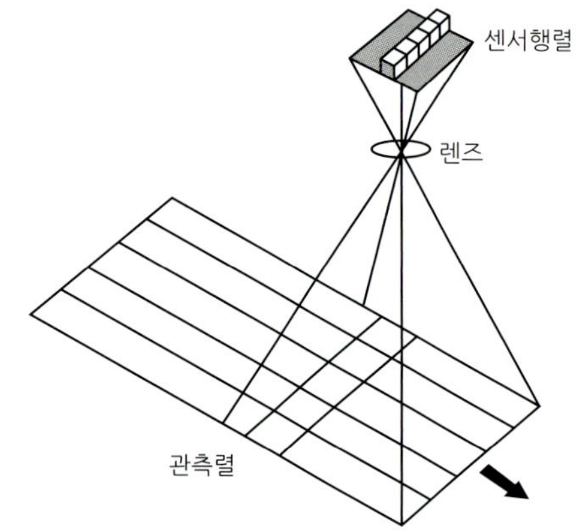

궤도횡단방식(상)
운반체의 진행방향에 직각으로 훑는 방식이다.

궤도종단방식(하)
운반체의 진행방향으로 한 줄씩 관측한다.

원격 자료가 제대로 해석되기 위해서는 검 · 보정이 매우 중요하며, 이는 모든 원격탐사에서 기본적으로 필요한 작업이다.

● 운반체의 종류와 특성

원격탐사를 하려면 센서가 지구표면으로부터 일정거리를 떨어져서 관측해야 할 것이다. 센서를 실어 지구 표면에서 띄우는 장치를 운반체(platform)라고 한다. 운반체의 예로는 건물외벽, 사다리차, 기구, 비행기, 우주비행선, 인공위성 등을 들 수 있다. 이들 운반체는 지구 표면으로부터 다양한 거리에 위치하므로, 제공하는 시야각과 화소 크기, 관측 범위, 관측 빈도, 관측 비용 등이 달라진다. 또한 운반체에 따라서 설치 비용이나 관측 주기 등이 달라진다.

경제적인 측면에서 위성이나 우주선의 경우 자료 획득에 따른 초기투자비용이 큰 것에 비하여, 비행선이나 열기구, 헬리콥터 등은 초기투자비용은 적게 들지만 유지 및 보수비용이 지속적으로 요구된다. 또한 위성과 같은 운반체는 위성궤도 진입에 실패할 경우 경제적 손실이 엄청나게 크다는 문제점을 가지고 있다. 그러나 인공위성은 초기 발사비용이 많이 들지만 일단 궤도진입에 성공하게 되면 적은 유지비용으로 지구 표면 전체에 대한 정보를 지속적으로 반복해서 얻을 수 있다.

관측기간에 있어서 대부분의 운반체는 일시적으로만 작동할 수 있고 장소도 제한되는 것에 비해, 인공위성은 지구표면 전체에 대한 정보를 연속적으로 제공하므로 가장 많이 활용되는 운반체라고 볼 수 있다. 인공위성은 고도에 따라 지구 표면을 훑고 지나가는 궤도 특성이 달라진다. 고도 약 36만 km에 있는 위성은 지구와 자전속도가 같으므로 지구표면에 대해 상대속도가 0 이고, 상대적으로 정지해 있으며, 항상 같은 곳을 보게 된다. 이렇게 지구정지궤도에 있는 위성을 지구정지궤도위성이라고 한다. 지구 표면에 대해 항상 같은 위치를 유지해야 하는 통신위성이나 기상위성이 여기에 속한다.

위성의 고도가 지구정지궤도보다 낮아지면 구심력이 커지므로, 위성이 떨어지지 않고 고도를 유지하기 위해서는 속도를 증가시켜야 하는데, 이렇게 되면 지구 표면에 비하여 빠른 속도로 이동하게 된다. 예를 들어, 고도 600~1,000km의 궤도를 가지는 위성은 대략 1.5~2시간에 지구를 한 바퀴 돌 수 있다. 이 위성들은 극지방 부근을 지나는 남-북궤도를 가지므로 극궤도위성이라 한다.

극궤도 위성은 태양의 고도가 비슷한 시간에 위성이 적도를 통과하도록 조정한 태양동기궤도를 가지는 경우가 많다. 태양의 복사에너지를 이용하는 수동적 감지 센서들은 태양의 고도가 일정한 조건(따라서 태양의 복사조건이 같을 때)에서 관측을 하는 것이 자료를 상호 비교하는데 있어 중요하다.

위성이 지나가며 관측하는 지표상의 영역을 관측대라고 하며 극궤도위성의 경우 지구를 도는 띠 모양이 될 것이다. 관측대의 폭은 센서의 종류에 따라 수백 km에서 수천 km에 달한다. 극궤도위성이 지구를 한 바퀴 도는 동안 지구는 자전하므로, 위성이 적도를 통과하는 위치는 동-서 방향으로 조금씩 이동하게 된다. 관측대는 고위도 지방에서는 겹치지만 적도역에서는 띄엄띄엄 떨어지게 되어 하루에 일정부분만을 관측할 수 있다.

앞에서 세 가지의 해상력을 설명하였는데 원격탐사에 있어 또 하나 중요한 해상력은 시간해상력이다. 자연현상의 관측에 있어 시간에 따른 변화는 매우 중요하며, 해양현상은 시간적 변동이 크기 때문에 해양원격탐사에 있어 시간해상력은 특히 중요하다. 예를 들어, 유출된 유류를 추적하기 위해서는 시간단위의 시간해상력이 바람직하다. 시간해상력은 센서가 동일한 관측위치에 돌아오는 재래기간에 달려 있다. 재래기간은 30분(GOES 위성)에서 26일(SPOT)까지 큰 범위를 가진다. 복수의 동일한 위성으로 구성된 시스템은 재래기간을 단축하기 위한 것이다(예: AVHRR, 1일에서 7시간으로 단축). 위성센서의 시간해상력은 일차적으로 위성이 정점 위치에서 지상의 동일지점을 통과하는 궤도주기에 의해 결정되지만, 위성에 따라 센서의 방향을 회전할 수 있으므로 재래기간을 더 줄일 수 있다. SPOT의 경우에는 위성을 회전하여 수 일 단위로 재래기간을 줄일 수 있다.

● 원격탐사로 어떤 것을 측정할 수 있나?

수 온

해양의 특성 중 수온은 가장 기본적인 변수이다. 해수면 표층의 0.02mm정도의 두께에서 방출되는 열적외선대의 에너지를 측정하여 표층수온(Sea Surface Temperature, SST)을 추정한다. 지구 표면의 온도 범위의 물체는 3㎛에서 15㎛에 해당되는 파장대의 열적외선을 방출한다. 이 영역의 복사에너지를 측정하면 비례식을

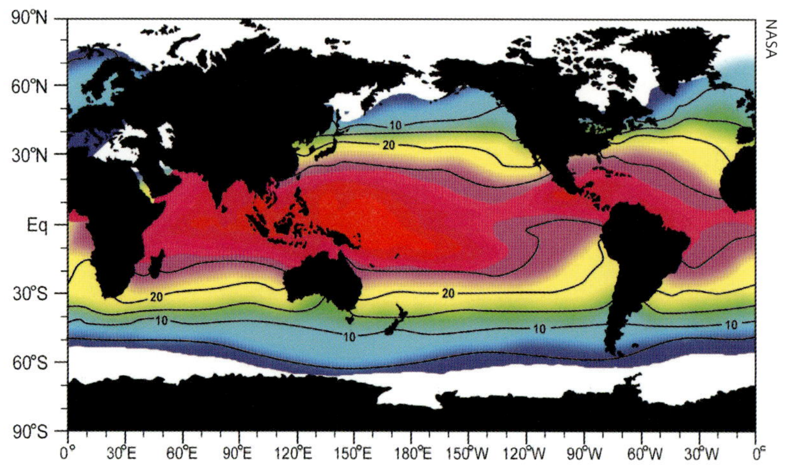

표층수온 분포도

극초단파 방식의 AMSR에 의한 전 지구 해양의 표층수온 분포

이용하여 온도를 추정할 수 있다. 대기에서 열적외선의 흡수가 강하게 일어나는 부분을 제외한 3~5㎛와 8~14㎛ 파장대를 활용한다. 이때 대기 흡수가 오차를 일으키므로 2~3개의 파장대를 써서 대기효과를 보정하도록 한다.

수온은 해양생물의 분포를 결정하고 생산력에도 영향을 미친다. 또한 해양표층이 대기와 교환하는 열량을 추산하는 데도 이용된다. 수온은 해류의 순환과 혼합에 대한 간접적 정보를 제공하며, 기후변동을 연구하는 데 있어 기본적인 정보이다. 열적외선대는 밤낮 없이 측정이 가능하나 구름에 의해 차단될 수 있으므로 구름이 끼면 자료 취득에 어려움이 따르게 된다. 최근에는 극초단파영역을 측정하는 방법이 개발되어, 구름이 끼어 있어도 측정이 가능하다. 2002년에 발사된 미국의 EOS/TERRA에는 AMSR(Advanced Microwave Scanning Radiometer) 센서가 실려 있어서 지구 전체의 표면온도를 측정하고 있다.

해수위

위성에서 극초단파를 수직으로 방사하여 지표면이나 해수면에서 반사되어 돌아오는 시간을 측정하면 거리를 알 수 있고, 표면의 높이도 알 수 있다. 극초단파 센서를 활용하는 센서의 종류로 고도계(altimeter)라고도 하는데 TOPEX/POSEIDON이 대표적인 예이다. 해수위는 중력장, 해류, 해수면 상승 등에 의해 결정된다. 지구온난화가 진행되면서 예상되는 가장 큰 변화는 해수면 상승이므로, 이러한 고도계를 활용한 관측이 매우 중요하다.

엽록소

1978년 CZCS의 발사와 더불어 해양생물학의 발전에 크게 기여한 분야는 해색원격탐사 분야이다. 엽록소의 밀도에 따라 물의 색이 변하는 원리를 이용하여 여러 개의 분광대에서 빛을 측정하여 엽록소의 농도를 추산하는 기술이다. 식물플랑크톤과 관련된 현상, 즉 일차생산력, 어장환경, 부영양화, 적조 등에 대한 자료를 얻을 수 있다.

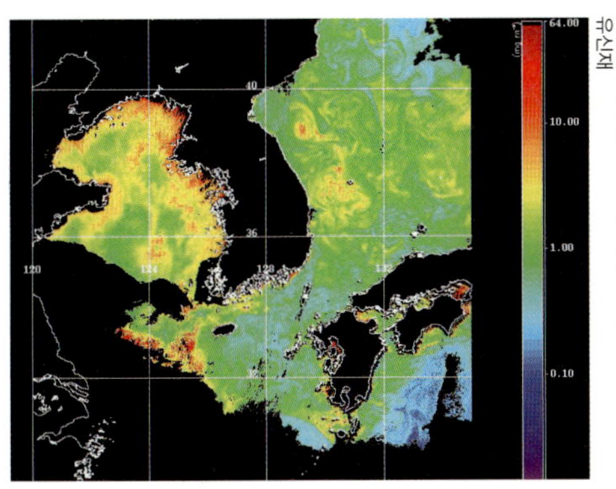

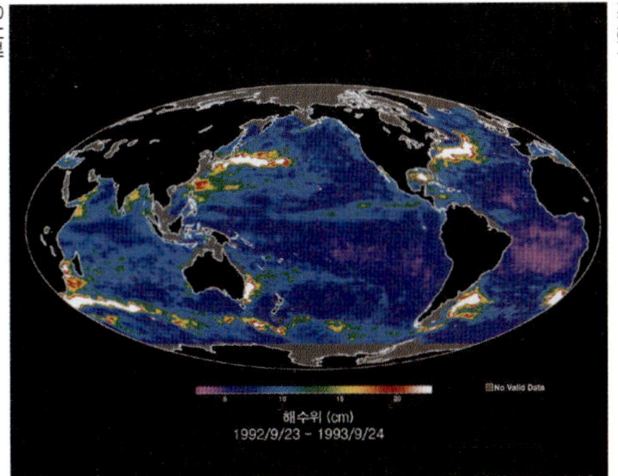

NASA

한국 근해의 엽록소 분포(좌)

SeaWiFS, 1999년 4월 29일 한국 근해에서 관측된 SeaWiFS의 엽록소 분포이며, 검은 지역은 육지와 구름이다.

TOPEX/POSEIDON에 의한 전 지구 해수면 높이(cm)(우)

1992년 9월 23일~1993년 9월 24일 동안의 평균

1978년 시험적 센서인 CZCS 발사 이후 1997년 8월에는 미국에서 SeaWiFS가 발사되어 해색관측에 의한 전 지구적인 엽록소 분포와 일차생산력의 추정에 관한 연구가 진행되고 있다. 해색에 의한 일차생산력 연구는 기후변동 프로그램에 있어 매우 중요하며 CZCS(Coastal Zone Color Scanner), OCTS(Ocean Color and Temperature Scanner), SeaWiFS, OSMI(Optima Sports Management International), MODIS(MODerate-resolution Imaging Spectroradiometer), MERIS(MEdium Resolution Imaging Spectrometer), GLI(Gaming Laboratories International) 등의 자료가 JGOFS(Joint Global Ocean Flux Study)와 같은 탄소순환연구 국제프로그램에 활용되고 있다.

해 빙

얼음은 지구 표면의 상당한 부분을 차지하고 있기 때문에 지구 전체의 반사도를 좌우한다. 북극얼음의 표면적은 북아메리카의 표면적보다 넓다. 얼음과 눈의 반사도는 매우 높아 입사되는 태양에너지의 상당부분을 반사하므로, 지구로 유입되는 에너지를 줄인다. 해빙과 빙산의 분포 변동은 기후변화와 밀접한 관계가 있으므로 해빙의 밀도, 이동, 형태 변동은 원격탐사를 이용하여 지속적으로 관측되어야 한다. 해빙의 밀도나 이동은 북빙양이나 남빙양의 해상운송 안전에도 중요한 요인이다. 가시영역, 극초단파 또는 이 두가지를 병용한다.

염 분

염분은 수온과 더불어 해수의 기본적인 성질이다. 극초단파를 이용한 염분의 원격측정은 아직 항공기에 의한 실험적 수준에 머물고 있고 현재 1psu(실용염분단위) 정도에서만 측정이 가능하다. 그러나 미국에서는 2011년 6월에 Aquarius라는 염분 센서를

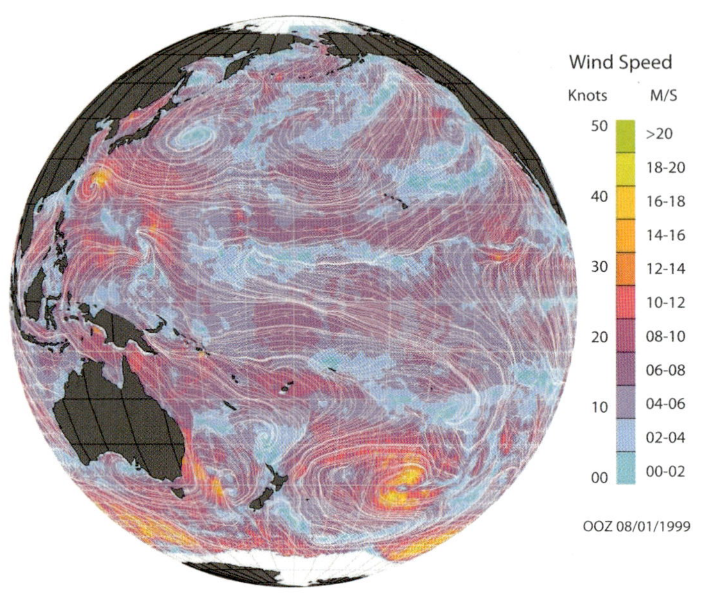

위성에 실어 발사하였으며, 전 지구 해양의 염분 변화에 대한 관측을 시작하였다. 기술적인 달성목표는 0.2psu 수준의 정확도로 전 지구 해양의 염분에 대한 월별 지도를 생산하는 것이다. 이 자료는 지구의 물 순환과 관련한 중요한 정보를 제공하게 될 것이며 기후 변화 연구에 있어서도 매우 귀중한 정보가 될 것이다.

해상풍, 해류, 내부파, 전선

바다 위를 부는 바람은 대양과 대기 간의 열 교환, 해류의 변화 등을 이해하는 데 필수적인 자료이다. 극초단파 산란계를 이용하면 바다 표면의 거칠기를 측정하고 이를 토대로 바람의 세기와 방향을 추산할 수 있다. SAR를 이용하면 해류의 방향이나 세기에 대한 정보도 얻을 수 있다. 이 외에도 내부파, 전선 등 해양물리학적 특성을 관측할 수 있다. 위의 그림은 미국의 산란계(QuickSCAT) 자료에서 추산한 정보로 태평양의 바람 방향과 크기를 보여 준다.

해상풍의 관측
QuickSCAT에서 1998년 8월 1일 하루 동안의 지구 전체의 해상풍의 세기와 방향을 보여준다.

유류 유출

유조선 사고에 의한 유류 유출은 해양생태계에 큰 피해를 가져온다. 1989년의 엑슨 발데즈호의 유류 유출사고는 엄청난 생태계 피해를 가져온 바 있다. 유류 유출사고가 바다에서 일어나면 유류가 어느 방향으로 퍼져 가는지를 파악하는 것이 효과적인 방재를 위해 반드시 필요하다. 유류의 방향을 감시하는 데는 가시영역이나 극초단파를 사용한다.

연안역의 지형, 표고, 지질

가시영역이나 극초단파 자료를 GPS와 함께 활용하면 수치표고모델(Digital Elevation Model, DEM)을 만들 수 있다. 또한 가시영역, SAR(극초단파) 위성자료를 활용하여 홍수범람지역의 측정, 갯벌면적 산정과 갯벌분포, 지질의 형태 구분 등을 할 수 있으므로, 해수면 상승에 따른 해안선 변화나 갯벌의 변동을 관측하는 데 유용하다. 그림은 이코노스(IKONOS)위성을 활용하여 천수만 갯벌의 퇴적상 분포를 분석한 것이다.

기타 가시영역

구름의 양을 측정하는 것은 기상 상태나 기후 연구에 있어 중요하다. 모든 가시영역/적외선 센서는 구름에 대한 정보를 제공한다. 구름에 대한 정보를 통해 지표면에 떨어지는 태양복사에 대한 정보도 얻을 수 있다. DMSP(Defense Meteorological Satellite Program) 위성은 기후 요인 감시를 주요 목적으로 하는 센서로, 밤에도 가시영역을 관측할 수 있는 특성이 있다. 이를 이용하면 오징어배의 집어등 관측을 통해서 어장의 분포를 파악할 수 있다. 이코노스(IKONOS)와 같은 고해상도의 가시영역 센서를 활용하면 어선의 분포나 선박 항행에 대한 자세한 감시를 할 수 있다.

IKONOS 위성영상
IKONOS 영상을 이용한 천수만 황도 조간대의 퇴적상 분류도

● 해양원격탐사의 과거, 현재 그리고 미래

원격탐사의 장점은 무엇보다도 전체를 한 번에 볼 수 있는 종관적인 시야를 제공한다는 점이다. 인공위성에서 찍은 사진처럼 '우주선 지구호'의 개념을 잘 전달하는 것이 있는가? 1960년에 시작된 미국의 TIROS 계열 기상위성은 지구관측의 가능성을 열어준 센서였다. Seasat, AVHRR, CZCS와 같은 최초의 해양관측센서가 발사된 1978년은 오랜 기간의 전통적 관측 방법에서 벗어날 수 있는 계기가 마련된, 해양학에 있어 기념비적인 시기였다. 그 후 20년 동안 위성에 의한 지구관측은 지구생태계가 하나의 계라는 사실을 인간의 오감에 심어 주고 지구계에 대한 인식을 근본적으로 바꾸어 놓았다.

1960년대 미국을 필두로 1990년대 이후 유럽연합, 일본, 러시아, 중국, 한국 등이 지속적인 지구관측위성 개발을 계획하고 있다. 이 지구관측 시스템을 통하여 지구환경이 어떤 기작으로 변하고 있는지를 장차 이해할 수 있게 될 것이다. 위성원격탐사의 또 다른 장점은 관측을 짧은 시간 간격으로 반복할 수 있어 비용대비 효과가 크다는 점을 들 수 있다. 또한 전통적인 방법으로는 관측이 불가능하거나 실제적으로 관측이 어려운 경우에도 관측자료를 제공한다는 점이다. 직접적인 측정기술에 비하면 원격탐사의 정밀도는 떨어질 수 있는 반면, 관측자료의 숫자를 시공간으로 확대하여 자료의 신뢰도를 높일 수 있다는 점이 있다. 반면에 원격탐사의 기술적 한계는 대부분의 경우 표면의 특성만을 알 수 있고 전자기파로 잴 수 있는 성질만을 측정할 수 있다는 점일 것이다.

원격탐사의 한계를 극복하기 위한 방법 중 하나는 여러 종류의 센서를 같이 활용하는 복합센서(multi-sensor) 방식이다. 예를 들어, 가시영역센서와 극초단파센서를 병용하면 가시영역의 정보와 표면특성 정보를 같이 분석할 수 있다. 새로운 센서의 개발도 원격탐사의 활용 범위를 넓힐 것이다. 앞에서 본 염분 센서인 Aquarius처럼 새로운 기술이 개발되고 있어 그 가능성은 열려 있다.

현재 작동 중이거나 개발 중인 해양관측위성은 극궤도위성에 치우쳐 왔으며, 대부분의 경우 전 지구적 임무를 목표로 하므로 원양을 주요 관측대상으로 한다. 연안역은 훨씬 높은 공간 및 시간해상력을 필요로 하며, 극궤도위성은 연안역 관측에 필요한 시·공간적 해상력을 동시에 제공하기에는 부적합한 면이 많다(예: 조석주기와 관련된 현상). 특히 유류 유출과 온배수 확산, 적조 확산과 같은 연안환경문제는 관측자료가 실시간으로 제공되어야 실제적인 방재효과를 얻을 수 있다. 따라서 극궤도위성이 가지는 관측 빈도로는 적절한 관측과 자료 활용이 어렵다. 극궤도위성과 함께 정지위성의 개발은 시간적 해상력을 향상시킬 수 있다. 이러한 필요성에 맞추어 우리나라에서는 세계 최초로 정지궤도 해양관측탑재체의 개발을 시작하여 2010년 6월 27일 천리안 해양관측위성(Geostationary Ocean Color Imager, GOCI)을 성공적으로 발사하였다.

현재 GOCI는 한반도를 중심으로 중국, 일본 및 대만을 포함하는 2,500km×2,500km 지역을 500m의 공간해상도로 아침 9시부터 저녁 4시까지 한 시간에 한 번씩 하루에 8번 관측하고 있다. 천리안해양관측위성은 기존의 해색위성과 유사한 파장영역을 갖고 있어 엽록소, 부유퇴적물과 용존유기물 등의 해양환경을 파악할 수 있으며 적조, 수질, 어장정보와 갯벌의 생태환경 감시에 활용될 수 있다. 또한 태풍, 황사, 해무, 에어로졸, 산불, 화산, 홍수, 폭설 등 대기·기상·육상방재지원도 가능하며, 이외에도 탄소순환, 엘니뇨와 라니냐 감시 등 기후변화분야의 기초자료로 활용가능하다. 그리고 높은 시간해상도를 갖는 천리안 해양관측위성 자료와 해양수치 모델을 연계하여 해양예보 분야를 가능한 빨리 발전시킬 수 있을 것으로 기대하고 있다.

인류문명 발달의 필연적 결과로 자연계에 대한 인간의 영향은 이제 기후변화로 나타나고 있다. 인류의 생존은 자원이용과 환경파괴라는 상충되는 문제에 대한 해결에 달려 있으며, 해양은 이 문제를 해결하는데 있어 매우 중요한 역할을 하고 있다. 해양은 대기에 비해 훨씬 더 큰 열 저장소 역할을 하고 있기 때문에 지구계의 열을 배분하고 급격한 온도변화를 억제한다. 또한 해양은 탄소의 90% 가량을 저장하므로 기후변화와

정지관측위성 GOCI
2011년 3월 10일에 관측된 정지관측위성 GOCI의 3색 합성영상. GOCI의 공간해상력은 500m이고 한반도 주변의 2,500kmx2,500km의 지역을 관측한다.

관련하여 중요한 역할을 하지만 아직 해양의 역할에 대해서는 구체적으로 이해하지 못하고 있는 것이 현실이다. 그 한 예로, 대기 중의 이산화탄소 증가가 해양에 어떠한 반응을 주고 있는지 아직 모르고 있기 때문에 해양의 반응에 의해 지구의 기후가 어떻게 달라질지 예측할 능력을 현재로서는 가지고 있지 않다.

지구 시스템의 변화과정을 이해하고 미래의 변화를 예측하지 못한다면 인류의 장래는 어둡다. 인류의 생존을 위해서는 지구 시스템의 다양한 변화를 적절하게 관측하는 것이 절대적으로 필요하며, 이에 따른 다양한 목적의 지구관측위성의 개발은 이를 위한 중요한 수단이 될 것이다. 또한 인간이 나타나기 이전에 일어났던 지구 환경의 변화와 이에 따른 지구 생물권의 진화과정을 이해하는 데 있어서 매우 중요한 자료를 제공할 것이다.

잠수와 해중기술

잠수기술의 발달은 해양탐사의 새로운 장을 개척하였으며,
해양과학의 발전에 큰 기여를 하였다.

유찬민 · 이판묵 한국해양과학기술원

깊은 바다 속에는 무엇이 살고 있을까? 깊은 바다 속은 우리가 살고 있는 지상 세계와 어떻게 다를까? 망망한 우주를 바라보면서 느꼈던 동경과 의구심들이 고대인들을 천체 관측의 세계로 끌어들이고, 과학기술의 발달이 현대인들을 상상 속에만 있던 먼 별나라로 이끌었던 것처럼 바다 속 미지의 세계에 대한 동경이 인간을 점점 더 깊고, 넓은 바다 속 세계로 향하도록 자극하여 왔다. 바다 속 세계는 멀고 먼 우주 세계와는 달리 항상 우리 곁에 있으며, 우리가 손만 내밀면 다다를 것으로 여겨지지만 깊은 바다 속 연구는 우주 개발과 마찬가지로 과학의 많은 분야와 첨단기술이 종합적으로 연계되어야만 가능한 분야이다.

● 한계에 도전하는 잠수기술

바다 속 세계를 알기 위해서는 사람이 직접 바다 속에 들어가야 한다. 사람이 바다 속으로 잠수해서 어패류를 채집한 것은 인간의 역사가 시작된 때부터다. 역사에 기록된 최초의 잠수는 지금으로부터 약 2,300년 전인 기원전 332년으로 마케도니아의 알렉산더 대왕이 유리로 만든 잠수종을 이용하여 수중을 관찰하였던 것으로 알려져 있다. 또한 1500년 레오나드로 다 빈치가 그린 데생에 잠수구가 그려져 있는 것으로 보아, 이미 그 시기에 장비를 이용한 잠수가 시도되었음을 미루어 짐작할 수가 있다.

지금까지 개발된 잠수기술은 예로부터 해왔던 맨몸 잠수에서부터, 사람의 몸에 장비를 착용하는 방법, 수중이동기기를 이용하는 방법 등 매우 다양하다. 잠수기술의 핵심은 수심이 10m 증가할 때마다 1기압씩 압력이 증가하는 극한환경에서 인간이 안전한 상태로 호흡하고 신체에 가해지는 압력을 이겨낼 수 있는 방법을 찾아내는 것이다.

김억수

스쿠버다이빙
쿠스토와 가냥이 개발한 스쿠버 장비는 인간이 자유롭게 바다 속을 탐험할 수 있게 해 주었다.

잠수는 크게 잠수자가 고압의 물과 직접 접촉하는 환경압 잠수와 장비를 이용하여 지상에서와 같은 대기압이 유지되는 공간과 함께 물속으로 들어가는 대기압 잠수로 구분된다. 일반적인 의미의 잠수는 현대 레저산업의 하나로 각광받고 있는 스쿠버와 같은 환경압 잠수이지만 과학기술의 발전과 더불어 발달을 거듭해 온 대기압 잠수법이 시대의 요구에 부응하는 심해개발이나 탐사에 더욱 중요한 의미를 지닌다.

잠수기기를 이용한 실용적 잠수는 1690년 영국의 핼리에 의해 처음 이루어졌다. 핼리는 잠수종을 만들어 수심 20m에 달하는 템스강에서 1시간 남짓 잠수에 성공하였다. 1819년에는 영국의 시베가 헬멧 잠수기의 원형을 만들었으며, 이후 공기를 헬멧에 공급하는 펌프가 보급됨으로써 해난구조 등 본격적인 잠수작업이 가능하게 되었다.

1943년 프랑스인 쿠스토와 가냥은 압축공기를 용기에 담은 자급식호흡기(SCUBA로 널리 알려져 있음)를 만들어 잠수기술 발전에 큰 공헌을 하였다. 그러나 압축공기를 이용한 스쿠바 잠수는 수심 20~30m 이상의 수중에 장기 체류할 경우 인체의 생리나 심리에 치명적인 악영향을 미치는 단점을 가지고 있다. 보다 깊은 곳에서 장기간 연구하고, 작업해야 할 필요성이 증가함에 따라 1957년 본드는 압축공기가 아닌 헬륨이나 수소와 산소의 혼합가스를 이용한 포화잠수기술을 개발하였으며, 이 기술을 이용하여 미국 듀크대학팀은 1981년 수심 686m에 이르는 잠수실험에 성공하였다.

베일 속 심해를 엿본 잠수정들

KIOST

최초의 잠수정 배시스피어

현대의 잠수정들처럼 자유롭게 이동할 수는 없었지만, 소음을 발생하지 않아 해양생물 관찰에는 더 적합한 면도 있었다.

산업의 발달과 육상자원의 고갈 등으로 인해 해양의 중요성이 점점 증가하면서, 해양탐사와 해양개발을 위해 더 깊은 바다 속으로 들어갈 필요성이 생겼다. 하지만 사람이 맨 몸으로 잠수하는 방법으로는 잠수의 영역을 심해로 확장하는데 한계를 나타내었다. 이를 극복하기 위해 알렉산더 대왕이 처음 시도한 것처럼 대기압 상태를 유지한 기구 안에 사람이 들어가서 잠수하는 장비 개발에 많은 사람들이 노력을 기울여 왔다.

1930년 미국의 동물학자 윌리엄 비브(William Beebe, 1877~1962)와 기술자 오티스 바턴(Otis Barton, 1899~1992)은 구모양의 잠수정인 배시스피어(Bathysphere)를 만들어 직접 심해조사에 나섰다. 배시스피어는 지름 144cm, 두께 4cm인 강철공으로, 잠수정보다는 잠수구란 표현이 더 어울린다. 배시스피어는 두 명이 들어갈 수 있는 공간이 있으며, 석영으로 만들어진 두개의 창이 달려 있어 주변을 관찰할 수 있게 만들어졌다. 1934년 배시스피어는 수심 908m까지 잠수하는 기록을 세웠으며, 4년 동안 32번의 잠수를 통해 바다 속 생물에 대한 관찰 기록을 남겼다. 그 후 바턴은 새로운 잠수구를 개발해 1948년 수심 1,360m 깊이까지 잠수하였다.

잠수구의 형태를 탈피해 새로운 모양의 잠수정이 만들어진 것은 1950년대 들어와서이다. 프랑스인 오귀스트 피카르(Auguste Piccard, 1884~1962)는 가솔린을 채운 거대한 풍선과 곤돌라로 구성된 배시스카프(Bathyscaphe)를 만들어 수심 4,000m까지 잠수하는데 성공하였으며, 1960년 자크 피카르(Jacques Piccard, 1922~2008)와 돈 월시(Don Walsh, 1931~)는 개선된 배시스카프인 트리에스테호를 타고 가장 깊은 마리아나 해구 수심 10,916m까지 잠수하는데 성공하였다. 트리에스테호의 잠수기록은 잠수역사에서 인간이 가장 깊은 바다 속으로 내려간 기록이다. 1962년 7월에는 프랑스의 오비른과 들로즈, 일본의 샤사키가 아르키메데스호를 타고 수심 9,545m 깊이까지 내려갔다. 비록 잠수 깊이는 트리에스테호의 기록에 못 미쳤지만, 수백장의 사진을 찍고, 심해 퇴적물을 채집하고, 심해동물의 관찰기록을 남겨 더 의미있는 잠수였다.

첨단과학기술의 결집체, 유인잠수정

1964년은 잠수정의 역사와 심해연구에 있어 획기적인 변화가 일어난 해이다. 현대

과학의 발전과 바다 속 미지 세계 개척에 대한 도전정신의 결실로 심해탐사와 수중작업을 목적으로 최첨단 심해유인잠수정인 '앨빈'이 세상에 첫선을 보이게 된다. 미국 우즈홀해양연구소에서 만들어진 앨빈은 1명의 조종사와 2명의 과학자 등 총 3명이 탑승할 수 있는 공간을 가지고 있으며, 최장 10시간 동안 최대수심 4,500m까지 잠수할 수 있는 기능을 갖추었다.

앨빈은 지난 40년 동안 4,000회 이상의 잠수를 통해 여러 분야에서 다양한 활동을 수행하였다. 1974년 대서양 중앙해저산맥에서 심해저확장설을 확인하였으며, 1977년에는 태평양 갈라파고스제도 인근 심해에서 해저 열수분출공을 최초로 확인함으로써 자연과학의 발전에 한 획을 그었다. 1985년에는 처녀항해 중 북대서양에서 침몰한 호화여객선 타이타닉호를 73년 만에 발견, 인양하는 데 큰 공을 세움으로써 대중적인 주목을 받았으며, 1989년에는 제2차 세계대전 중 침몰한 독일의 잠수함 비스마르크호의 수색작업에도 참여하였다. 현재 미국은 앨빈 이외에 존슨시링크 I, II, 클레리아, 피시스 IV, V 등의 유인잠수정을 보유하고 있으며, 이들을 이용하여 심해생물 분야의 연구와 이를 이용한 신약 등의 개발에 큰 공헌을 하고 있다.

프랑스는 미국과 더불어 심해연구에 있어 매우 중요한 역할을 수행하고 있는 나라이다. 해양강국 프랑스는 앨빈이 세상에 나오기 10년 전인 1954년에 새로운 개념의 잠수정 배시스카프를 만들었던 기술력을 바탕으로, 1984년 수심 6,000m까지 잠수하여 과학조사와 수중작업을 수행할 수 있는 심해유인잠수정 노틸을 만들었다. 노틸은

김웅서

심해 유인잠수정 노틸

수심 6,000m까지 잠수할 수 있는 노틸은 20여 년 동안 1,500회 이상의 잠수를 통해 심해의 신비를 밝혀내는 데 큰 기여를 했다.

WHOI

새로운 앨빈 호 설계
우즈홀 해양연구소에서 개발 중인 앨빈 호

1985년부터 현재까지 1,500회 이상의 잠수를 통해 심해탐사에 많은 업적을 남겼으며, 해저 통신케이블 점검, 수중구조물 설치, 침몰선박의 수색 및 환경오염방지, 다큐멘터리와 영화촬영 같은 다양한 임무를 수행하였다. 프랑스 국립해양연구소는 노틸과 함께 수심 3,000m 깊이의 심해를 탐사할 수 있는 또 다른 유인잠수정 시아나를 운영하고 있다.

러시아의 과학아카데미 해양연구소는 수심 6,000m까지 잠수할 수 있는 쌍둥이 유인잠수정 미르 I과 미르 II를 보유하고 있다. 1987년 핀란드에서 만들어진 이들 잠수정은 두 척을 동시에 운영할 수 있는 연구선에 의해 운영됨으로써 다른 한 척이 심해탐사 중 비상사태에 처하더라도 적절히 대처할 수 있는 기능을 가지고 있다. 또한 동일한 수심에서 두 척의 잠수정을 모두 이용할 수 있는 장점 때문에 배의 파손부분 조사와 같은 간접적인 조명을 필요로 하는 작업에 매우 유용하게 이용된다. 잠수정 미르는 해저 열수 분출공과 같이 과학적으로 중요한 지역의 탐사는 물론, 침몰된 핵잠수함의 수중밀봉 작업이나 제임스 카메론 감독의 영화 '타이타닉' 촬영에 중요한 역할을 하였다.

심해잠수정 분야에서 다른 선진국들에 비해 후발주자이지만 놀라운 성과를 보이고 있는 나라가 바로 우리와 가까이 있는 일본이다. 일본은 해양과학기술센터(현 해양연구개발기구)인 잠스텍을 중심으로 1960년대부터 잠수정 개발을 시작하여 20년이 지난 1980년대에는 수심 6,500m에 달하는 심해를 탐사할 수 있는 유인잠수정 신카이 6500을 만들었다. 신카이 6500이 탐사할 수 있는 범주는 전 세계 해양의 98%에 달하는 광범위한 지역으로, 극히 일부지역을 제외한 대부분의 해양에서 전문적인 과학조사를 할 수 있는 길을 열게 되었다. 일본은 신카이 6500 외에도 수심 2,000m까지 잠수가 가능한 신카이 2000을 보유하고 있다.

● 바다 속을 누비는 로봇, 무인잠수정

사람이 직접 탑승하여 작업하는 유인잠수정과는 별도로 연구선과 케이블로 연결되어 원격조정할 수 있는 무인잠수정과 동력을 이용하여 스스로 움직일 수 있는 자율형 무인잠수정 또한 수중작업이나 심해탐사에 매우 중요한 위치를 차지한다. 이들 무인잠수정들은 사람이 직접 탑승함으로써 3차원적인 관찰이 가능한 유인잠수정에 비해 연구선에 장착된 화면 등을 통해 2차원적인 관찰을 할 수 밖에 없는 단점을 지니고 있지만,

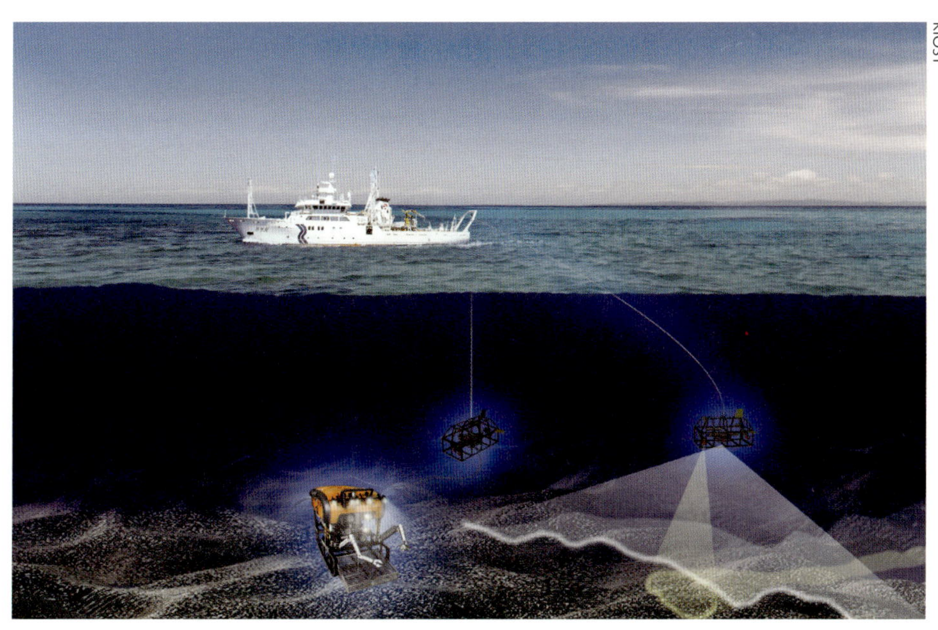

KIOST

한국해양과학기술원이 개발한 복합형 무인잠수정 시스템 모식도

모선과 케이블로 연결된 수중진수장치 '해누비'와 무인잠수정 '해미래'로 구성되어 있으며, 수심 6,000m 깊이까지 탐사가 가능하다.

인명 손실과 같은 안전성의 문제에서 자유롭고 보다 열악한 상황에서의 작업이 가능하기 때문에 향후 유인잠수정보다 더 광범위하게 이용될 전망이다.

무인잠수정은 넓은 의미에서 해상에 떠있는 연구선이 끌면서 해저의 지형이나 영상자료를 얻는 다양한 잠수기들까지 포함한다. 1966년 미 공군기 B52가 잘못 떨어뜨린 수소폭탄의 탐사에 이용되었던 CURV, 수심 3,810m 해저에 가라앉아 있던 타이타닉호를 다시 세상에 드러나게 했던 아르고, 그리고 현재 한국해양과학기술원에서 심해탐사에 사용하고 있는 심해저카메라 시스템 등이 광범위한 의미의 무인잠수정에 속한다. 하지만 일반적으로 알려져 있는 무인잠수정은 연구선 위에서 원격조종을 통해 시료 채취 등의 원하는 작업을 수행할 수 있는 형태의 잠수정을 의미한다.

최초의 무인잠수정은 1953년 드미트리 레비코프가 제작한 것으로 연구선과 케이블로 연결되어 있는 무인잠수정 푸들이다. 1966년 비행기 사고로 해저에 분실된 수소폭탄을 회수하고, 1968년 침몰한 구소련 잠수함을 인양하면서 심해탐사장비와 잠수정 기술이 급속히 발달하였다. 중동전쟁의 여파로 촉발된 석유파동을 겪으면서 1970년대 말부터 연근해 해저유전이 개발되었으며, 이와 더불어 해저작업이 가능한 상업용 무인잠수정 개발이 이루어지기 시작하였다. 1980년대에는 컴퓨터 기술의 발전에 힘입어 무인잠수정의 기능이 다양화되면서 자체 지능을 보유한 무인잠수정이 출현하였다. 이 시기에 미국을 비롯하여 프랑스, 영국, 캐나다, 일본, 러시아, 노르웨이, 스웨덴, 이탈리아, 독일, 호주, 중국 등이 무인잠수정을 개발하기 시작하였으며, 최근들어서는 수심 6,000m 이상의 심해를 탐사하는 다양한 형태의 최첨단 무인잠수정이 선보였다.

무인잠수정 가이코
지구상에서 가장 깊은 곳까지 탐사할 수 있도록 만들어진 가이코는 2003년 난카이 해협조사 도중 분실되었다.

미국 우즈홀해양연구소는 1990년대 초 수심 6,000m 깊이의 해저를 탐사할 수 있는 심해탐사용 무인잠수정인 제이슨과 메디아를 개발했으며, 2002년에는 기능을 고도화한 제이슨 II를 개발하여 심해탐사에 이용하고 있다. 1997년에는 프랑스 국립해양연구소가 수심 6,000m를 탐사할 수 있는 무인잠수정 빅토르 6000을 개발하였으며, 일본 해양과학기술센터는 마리아나 해구를 조사할 목적으로 수심 11,000m 해저를 탐사할 수 있는 심해 무인잠수정 가이코를 개발하였다. 캐나다 해양과학연구소는 수심 5,000m를 탐사할 수 있는 무인잠수정 로포스를 운영하고 있다.

자율무인잠수정은 사람이 타지 않는 점에서는 일반 무인잠수정과 유사하지만 스스로 동력을 가지고 움직이면서 탐사를 수행한다는 장점을 가지고 있다. 자율무인잠수정은 작업할 내용을 컴퓨터에 입력시켜서 해수 중에 내려 보내 자유롭게 조사를 진행하기 때문에 움직임이 한정되어 있는 유인잠수정이나 일반 무인잠수정에 비해 긴 시간동안 넓은 지역의 조사를 수행할 수 있다.

미국의 우즈홀해양연구소는 1990년대 중반 수심 5,000m 깊이에서 34시간동안 탐사할 수 있는 자율무인잠수정인 ABE(Autonomous Benthic Explorer)를 개발하여 운영하고 있다. 프랑스 국립해양연구소는 최대속도 5노트로 수심 3,000m 해저를 탐사할 수 있는 에스터를 개발하여 연안해역 조사를 수행하고 있으며, 일본의 해양연구소는 3,500m 수심에서 300km를 자율항해할 수 있는 우라시마를 개발 · 활용하고 있다.

● '해미래', 우리나라 심해탐사의 미래

우리나라는 다른 해양선진국에 비해 무인잠수정 개발에 늦게 뛰어들었지만, 세계 최고수준의 조선 기술을 바탕으로 해양장비기술과 무인잠수정 기술을 꾸준히 발전시켜 왔다. 국내 무인잠수정으로는 1993년 한국해양과학기술원이 해저탐사를 위한 '씨로브 300'을 개발한 것이 처음이다. 1996년에는 (주)대우조선이 해저를 탐사할 수 있는 자율항해 무인잠수정 '옥포 6000'을 개발하였고, 1997년에는 한국해양과학기술원이 자율항해 무인잠수정 '보람호'를 개발하였다. 2003년에는 민 · 군겸용으로 사용할 수 있는 반자율항해 무인잠수정 '소브'를 한국해양과학기술원과 (주)대양전기가 공동으로 개발했다.

KIOST

심해무인잠수정 '해미래'
해미래에는 시료를 채취할 수 있는 로봇 팔을 비롯한 각종 장비가 갖춰져 있어 심해탐사를 원활히 수행할 수 있다.

이러한 다양한 경험을 바탕으로 2006년 한국해양과학기술원은 수심 6,000m 해저를 탐사할 수 있는 복합형 무인잠수정 시스템을 개발했다. 이 무인잠수정 시스템은 해저탐사와 심해이동기지 기능을 갖고 예인이 가능한 수중진수장치 '해누비', 수중진수장치와 중성부력 케이블로 연결되어 해저탐사와 정밀작업을 수행하는 무인잠수정 '해미래'로 구성되어 있다. 로봇팔과 최첨단의 다양한 센서가 장착된 해미래는 길이 3.3m, 폭 1.8m, 높이 2.2m로 무게가 3,200kg에 달하며, 시속 1.0~1.5노트의 속도로 운항할 수 있다. 2010년에는 수심 100m에서 6시간 동안 잠수하여 작업할 수 있는 자율무인잠수정 '이심이'를 개발했다.

첨단기술을 이용한 잠수정의 등장으로 오랜 시간 베일에 가려져 있던 바다 속 세계가 우리 앞에 서서히 모습을 드러내고 있다. 이는 인류의 오랜 숙제인 생명의 신비나 지구의 진화를 설명할 수 있는 자연현상 등을 밝혀내는 데 인류가 한걸음 더 다가섰음을 의미한다. 또한 무한한 자원의 보고로 알려진 드넓은 바다에서 우리의 실생활에 필요한 다양한 자원들을 이용할 수 있는 시기가 먼 미래가 아님을 나타내기도 한다. 삼면이 바다로 둘러 싸여 있어 바다의 중요성을 어느 누구보다도 잘 알고 있는 우리나라로서는, 해양탐사와 해양개발에 유용한 장비의 개발을 소홀히 할 수 없다. 다른 선진국들에 비해 비교적 늦게 시작한 우리나라지만 부단한 노력을 통해 심해탐사의 꽃이라 불리는 심해무인잠수정을 드디어 우리의 손으로 만들어 낸 원동력이 바로 여기에 있다.

잠수정의 활용은 심해생태계, 해저지형, 해양지질, 해양물리, 해양화학 등 다양한 분야의 연구 활성화에 중요한 역할을 할 것이다. 이러한 기초과학분야와 더불어 우리의 실생활에 도움을 줄 신물질의 연구, 심해바이오와 생명과학연구 등도 탄력을 받아 진행될 것으로 기대된다. 또한 해저 케이블 매설이나 해저 해양관측기지를 건설하는 수중작업, 수중 시설물 유지 · 관리에도 유용하게 이용될 것이다. 날로 그 중요성이 새롭게 인식되어 가는 바다에 인간이 더 가깝게 다가가기 위해서는 지금의 현실에 만족하고 말고 해중기술의 발달을 위해 노력해야 한다.

해저유물탐사

끊임없는 도전과 실패 그리고 새로운 시도,
이는 아득한 해저 깊은 곳에 잠긴 인류의 흔적에
다가갈 수 있는 길을 열어 주었다.

유해수 한국해양과학기술원

아득한 해저 깊은 곳에서 인간의 손으로 만들어진 건조물 하나가 다시 인간을 유혹한다. 해저유물탐사가 시작되는 지점이다. 해저 유물 탐사는 언제, 누가, 어떻게 그리고 왜 시작한 것일까? 고대 잠수부들은 난파선에서 값비싼 화물을 인양하기 위해 올리브기름을 적신 해면으로 귀를 막고 입에도 물고 바다로 뛰어들었다. 이는 올리브기름이 눈앞을 지날 때 물안경처럼 굴절률을 바꾸어 시야를 넓혀주기 때문이다. 기록으로 남겨진 최초의 해저탐사는 기원 전 325년에 알렉산더대왕이 유리 창문이 달린 통 안에 들어가 지중해의 수심 10m까지 내려간 일이다.

그로부터 2,000년이 지난 오늘날까지 인간은 해저 깊은 곳에 인류가 남긴 흔적을 찾고자 하는 열망과 해저탐사기술의 발달에 의해 점점 더 깊은 해저 속으로 내려갈 수 있었다. 그러나 해저탐사기술은 우주탐사기술보다 더디게 발전하였다. 19세기까지도 해저는 여전히 불확실하고 위험이 가득한 신비의 세계로 여겨졌었다. 가장 큰 위협은 압력이 없는 우주와 달리 불과 몇 백 m 깊이의 바다 속에는 엄청난 압력이 작용하기 때문이었다. 이러한 위험에도 불구하고 끊임없이 해저유물탐사를 시도하는 이유는 무엇일까? 그 이유를 단순한 흥미와 호기심 그리고 보물을 찾기 위해서라고 설명하기에는 뭔가 조금 부족하다. 그것은 우리 인간이 자신의 뿌리를 찾고자 하는 향수와도 같은 본능과 진실을 향한 열망 때문이 아닐까.

해저유물탐사는 하나의 학문분야 내에서 설명하기가 어렵다. 해저유물탐사의 목적은 과거 인류의 발자취를 더듬어 가는 고고학적 성격을 띠고 있지만, 전반적으로 운용되는 기술은 복합적인 최첨단 과학기술이 동원되어야 하고, 더불어 해양학이라는 배경지식도 뒷받침되어야 하기 때문이다. 결국 다분히 이질적인 '고고학'과 '첨단과학' 그리고 '해양학'이 해저유물탐사를 가능하게 만들었다.

연합통신

고대 이집트 해저유적
2001년 프랑스 고고학자들은 2,300년 전 지진으로 해저에 가라앉은 고대 이집트 도시 헤라클레이온 유적을 발굴했다.

인류의 흔적을 찾아내고 연구하는 고고학이 과학적인 학문으로 정착한지는 오래되었지만, 바다 속에서 고고학 유물들을 찾는 수중 고고학이 학문으로서 정착된 것은 불과 50년도 채 되지 않은 1960년부터이다. 또한 여기에 종사하는 이들도 여전히 소수에 불과하다. 게다가 안타깝게도 조사선 및 각종 탐사장비투입 등 탐사비용이 많이 들기 때문에 순수한 고고학적 목적만으로는 탐사가 진행되기 어렵다. 우리에게 잘 알려진 '타이타닉(Titanic)'호 탐사도 그러했다.

● 국내 해저유물탐사

바다 속에서 고고학 유물들을 찾는 수중 고고학이 학문으로서 정착된 것은 불과 50년도 채 되지 않은 1960년대부터이다. 세계는 물론 우리나라에서도 수중문화재의 발견과 해저유물탐사의 빈도가 최근 급격히 증가했다. 전 세계에 걸쳐 천여 건에 이르는 침몰선이 확인되었으며, 우리나라의 경우에도 신안 해저유물발굴을 계기로 수중문화재가 일반 대중에게 많은 관심의 대상이 되었다. 수천 년 동안 보존되고 있던 해저유물은 스쿠버(scuba)가 실용화되면서 상업적 목적으로 인위적이고 부적절하게 인양되어, 그 가치를 인정받기도 전에 밀수업자들의 손에서 파괴되는 사례가 늘고 있다. 또한 최근에도 급격히 진전되고 있는 해양개발과 수중레저산업, 무분별한 어업활동이 성행하고 있어 해저의 유물과 유적은 무방비 상태에 놓여 있는 실정이다.

우리나라 최초의 본격적인 해저유물탐사는 1973년 해군과 해양연구원, 문화재관리국

타이타닉 신드롬

1912년 '타이타닉'호가 침몰된 후, 이를 찾기 위한 많은 시도가 있었지만, 실질적으로 과학적인 접근을 한 사람은 미국 우즈홀(Woods Hole) 해양연구소의 로버트 발라드(R. D. Ballard) 박사가 최초였다. 1970년대에 발라드 박사는 해군장교로서 여러 프로젝트에 참여하면서 해저탐사장비를 개발하였고, 해군은 그에게 침몰한 미군 핵잠수정 '드레셔(Thresher)'호와 '스콜피온(Scorpion)'호의 조사를 의뢰하였다. 이때 해군의 자금으로 무인잠수정 '아르고(Argo)'가 탄생했다. 승용차 크기에 무게 1.6톤인 이 무인 잠수정에는 수중카메라 3대와 음파탐지기 그리고 고감도카메라가 장착되었다. 결국 그는 '드레셔'호와 '스콜피온'호를 찾는 첫번째 임무를 성공적으로 완수하였다.

발라드는 이 기술을 이용해 '타이타닉'호를 찾아 나섰다. 우즈홀해양연구소 측은 과학 연구기관이라는 명목 때문에 난파선 탐사를 탐탁지 않게 생각하였지만, 발라드는 새로운 기술을 시험할 수 있는 좋은 기회라고 연구소를 설득하였고, 해군과 프랑스해양연구소(IFREMER)의 협력 하에 1985년 6월에 탐사를 시작하여 결국 그해 9월에 '타이타닉'호를 찾아냈다. 이렇게 해저유물탐사가 일반 대중에게 본격적으로 알려지게 된 '타이타닉'호가 심해 3,810m 해저에서 발견되면서부터이다. 이를 계기로 심해 침몰선 탐사의 새로운 장이 열렸으며, 대중과 학계의 관심 속에 탐사기술이 급격히 발달하기 시작했다.

해저유물탐사에 응용되는 잠수기술과 지구물리탐사기술은 순수해저유물탐사를 목적으로 개발된 것이 아닌 군사적 또는 상업적 목적으로 개발되고 있지만, 이러한 첨단기술의 적절한 응용과 시도는 우리에게 과거 인류의 흔적을 되돌아보게 하고, 새로운 역사적 사실을 밝혀주는 또 다른 도구로서 그 역할을 훌륭히 소화해 내며 새로운 종합학문의 길을 열어주었다.

로버트 밸라드와 침몰된 타이타닉 호

타이타닉 호 갑판 위에서 앨빈 호가 원격조정으로 로봇 제이슨 주니어를 침몰선 안으로 들여보내고 있다.

등 여러 기관이 공동으로 수행한 충무공해전유물발굴조사로서, 큰 성과를 거두지 못했지만 해저유물탐사의 길을 열어주었다. 이 후 간헐적으로 서해 연안에서 현지인들에 의해 우연히 발견된 해저유물이 신고되고 있지만, 해저 유물의 발굴조사는 사안에 따라 임시발굴단 편성으로 대처하고 있어, 우리나라의 해저유물발굴조사는 아직도 효과적이고 체계적으로 이루어지지 못하고 있는 실정이다.

이런 가운데 지난 1999년 동해 심해에 침몰한 러시아 군함 '돈스코이(Donskoi)'호를 찾기 위한 탐사가 한국해양과학기술원에 의해 본격적으로 시작되어 다중빔음향측심기(multibeam echo sounder)를 이용한 3차원 해저지형탐사, 해상자력탐사, 해저지층탐사기(sub bottom profiler)를 이용한 천부지층 조사 그리고 측면주사음파탐지기(side scan sonar)를 이용한 해저면 영상탐사를 실시하여 이상체를 찾아내었다. 그 이상체에 대해 각각 심해카메라와 무인잠수정 그리고 유인잠수정을 이용하여 직접 확인한 결과 울릉도 저동항에서 동쪽으로 2km 떨어진 해역의 수심 400m 지점에서 심해계곡 중턱에 걸쳐진 '돈스코이'호를 발견할 수 있었다. '돈스코이'호의 발견은 최첨단 해양탐사기술을 이용한 체계적인 탐사가 이루어낸 쾌거였다.

인류문화유산의 보고, 해저 속으로

인류문화유산 중 해저유물에 대한 관심이 높아짐에 따라 지난 2001년 파리에서 개최된 유네스코(UNESCO) 제31차 총회에서 '해저유물보호협약'이 채택되었다. 이 총회에서는 해저유물을 손상시키지 않는 탐사 즉, '비침투적(non-intrusive)' 탐사를 장려함으로써 유물과 유적 그리고 그 주변환경의 보호를 강조하고 있다.

해저유물탐사는 바다라는 환경적 특성으로 인하여 조사자가 직접 수중지역을 조사하기에는 한계가 있기 때문에 지구물리탐사기술과 원격탐사기술이 필요하다. 이러한 탐사기술의 응용은 유적지의 위치 확인 작업뿐만 아니라 정확한 도면 작성, 발견물의 위치 기록 등 해저유적 조사 전반에 이용된다. 문헌조사가 이루어지고 나면 이를 토대로 설정된 탐사 지역에 대한 본격적인 현장조사를 실시한다. 탐사 주변해역에 대한 해양지질, 해양 물리 등 주변의 환경조사를 통하여 구체적인 탐사지역을 축소·설정한 후 본격적으로 정확한 위치를 파악하기 위해 다양한 지구물리탐사를 함으로써 침몰선의 위치를 확인한다. 지구물리탐사 중 탄성파 탐사는 해저지층 구조 및 퇴적환경과 경제성 광물자원탐사에 응용된다. 이러한 탄성파 장비는 해저의 3차원 지질구조와 함께 해저의 유물과 유적의 위치도 확인할 수 있게 해 준다. 해저유물탐사에서 가장 많이 사용하는 탄성파탐사 장비로는 다중빔음향측심기, 측면주사음파탐지기, 해저지층탐사기 등이 있다.

돈스코이 호 잔해
선미(좌)와 함포(우)

음향측심기를 통해 해저지형을 분석하고, 측면주사음파탐지기를 통해 해저면에 놓인 이상체를 관찰한다. 측면주사음파탐지기는 해저면의 정확한 지질형상을 얻어내어 퇴적물의 분포 등 지질학적 조사와 수로 측량이나 수로 준설, 해저 케이블 및 파이프라인 매설과 같은 해양공학분야에서 많이 사용된다. 또한 각 측선에서의 자료를 종합하여 모자이크 사진과 함께 조사해역 전체에 대한 해저면의 상태를 영상화할 수 있어 해저 지형도 작성에도 많이 이용되며, 이러한 고분해능의 영상은 난파선이나 침몰한 비행기 등을 찾는데도 유용하게 이용되고 있다. 그리고 퇴적층에 매몰된 물체를 탐색하기 위해 해저지층탐사를 한다. 해저지층탐사기는 퇴적층 하부의 수십~수백 m까지 관찰할 수 있어 매몰된 물체를 탐사하는데 유리하다. 자력 탐사기는 자성체 화성암 분포를 파악하고 또한 매몰된 파이프라인, 전기 케이블, 심지어 구운 도자기류, 고대 집터 등 유물과 유적지를 찾아내는데도 중요한 역할을 한다.

지금까지 설명한 각각의 지구물리탐사 장비들은 다기능 센서를 겸비한 장비로 거듭 개발되고 있다. 예를 들어, 3차원 해저면 영상을 얻기 위해 측면주사 음파탐지기를 겸비한 광역수심측량기(wide-swath bathymetry), 해저지층측정장치와 자력계를 겸비한 측면주사 음파탐지기 등이 개발되었다. 앞으로 이러한 다기능 센서장비는 분리된 각각의 장비보다 더 저렴하고 더 효과적이 될 것이다. 최근 다기능 센서장비는 '조지아(CSS Georgia)'호와 '모니터(USS Monitor)'호 등 침몰선의 해저 유적지의 보존과 기록을 위해 적절히 응용되고 있으며 또한 해저 유적지는 이러한 새로운 장비 개발을 위한 장소를 제공해 주고 있다.

탐사자는 잠수를 함으로써 현장을 직접 눈으로 확인할 수 있지만 수심이 낮은 지역에서만 가능하다는 것이 결정적인 단점이다. 그러나 잠수 방법과 기술도 많은 시도와

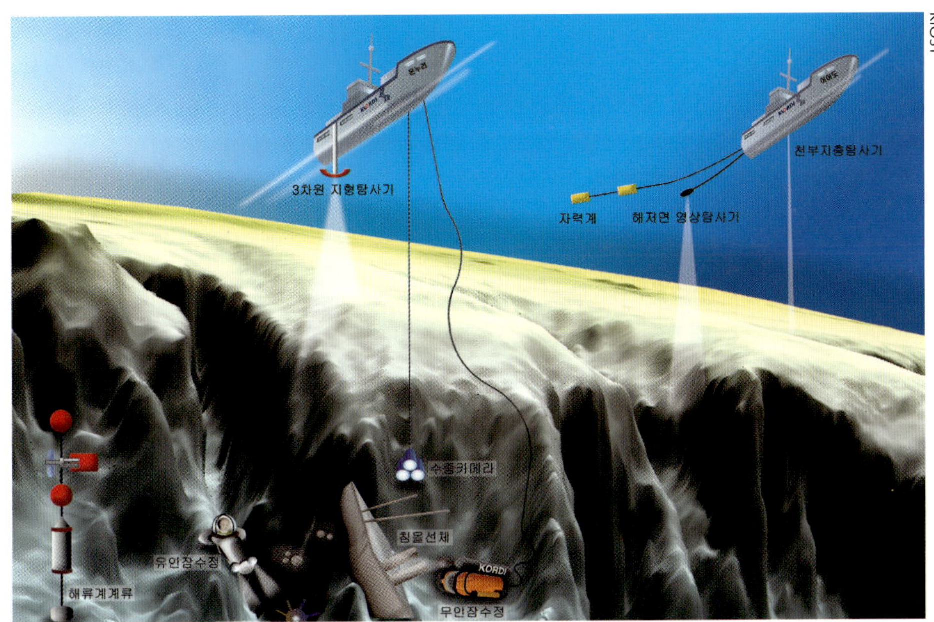

KIOST

심해 침몰선 탐사 모식도

러일전쟁 때 우리나라 동해에 침몰한 돈스코이 호의 탐사 모식도.

실패를 거듭하면서 꾸준히 발전하여, 오늘날 해저유물탐사를 위해 인간이 직접 작업할 수 있는 최대수심은 약 60~70m에 이르렀다. 상업적으로는 수심 147m까지 잠수작업이 가능하며, 457m까지도 가능하다는 결과가 있지만, 150m 이하부터는 기계를 사용하는 것이 더 경제적이고 효율적이다.

최근 개발된 잠수장비 리브리더(rebreather)는 배기 기포 소리도 들리지 않는다. 따뜻하고 습한 호흡기체는 편안하게 다이빙을 즐길 수 있게 해 준다. 완전폐쇄회로식 리브리더는 100m 이상 수심에서 3시간 동안 잠수를 가능하게 해주며 반폐쇄회로식 리브리더는 공기탱크(11ℓ)보다 작은 4ℓ 탱크로 무려 2시간이라는 장시간의 잠수를 할 수 있게 해주었다.

유인잠수정은 인간의 잠수한계를 넘는 수심을 인간의 눈으로 직접 탐사할 수 있게 해 준다. 해저유물 발굴을 목적으로 개발된 최초의 유인잠수정 '아쉘라(Asherah)'는 1964년 미국의 해양 고고학자 조지 바스(G. F. Bass)의 의뢰로 제작되었다. 이 잠수정은 3차원 사진 측량이 가능하며, 외부에 달린 인공 팔로 발굴작업을 하기 편리하게 설계되었다. 그러나 유인잠수정도 한계는 있다. 그것은 부피가 커서 협소한 곳을 탐사하기에 어려움이 있기 때문이다. 이를 해결하기 위해 유인잠수정 안에서 탐사자가 직접 소형 ROV를 조정하여 선체의 내부나 협소한 곳을 탐사하기도 한다. '타이타닉'호 탐사에서 유인잠수정 '앨빈'호를 타고 잠수한 탐사대원이 소형 ROV '제이슨 주니어(Jason Junior)'를 조정하여 침몰선 내부를 탐사한 것이 대표적인 사례이다.

● 무인잠수정의 활약

이제 해저유물탐사에 있어서 무인잠수정은 없어서는 안 될 중요한 위치를 차지하게 되었다. 앞서 설명한 지구물리탐사에 의해 발견된 해저 유적지나 유물에 대한 본격적인 정밀탐사는 주로 무인잠수정(ROV)과 자율무인잠수정(AUV)에 의해 진행된다. 이러한 원격탐사는 컴퓨터 기술의 진보와 상업적 필요에 의해 급속히 확대되고 있다. 현재 무인원격탐사 방법에 의해 수심 11,000m 해저까지 탐사가 가능해짐으로써 앞으로의 개발 목표는 수심의 한계가 아니라 고화질 영상으로 전환되었다. 1986년 '타이타닉'호 탐사 때 촬영된 흑백영상과 16년 뒤 2001년 탐사 때의 영상은 탐사영상의 질적향상을 실감하게 해준다.

무인잠수정은 주로 유적지의 고해상도 모자이크 사진을 얻기 위해 사용된다. 우즈홀해양연구소에서 제작한 대표적인 무인잠수정 '아르고'는 '타이타닉'호와 '비스마르크(Bismark)'호 등 심해 침몰선 발견에 결정적인 역할을 하였다. 비디오카메라를 장착한 무인잠수정은 다이버가 작업할 수 없는 해저유적 조사에 광범위하게 사용된다. 그러나 시야가 제한되어 있고, 조종하기가 어려워서 넓은 지역의 해저를 탐색하기에는 효과적이지 못하기 때문에 이 장비는 마지막 단계에서의 위치 확인과 영상자료를 획득하는데 사용된다.

무인잠수정과 함께 SHARPS(Sonic High Accuracy Ranging and Positioning System) 그리고 레이저 거리측정기(laser stadia)를 이용한 고해상도의 유적지 모자이크는 침몰선 및 유적지의 도면화 작업을 위해 사용된다. 고해상 해저 다중 감지 장치를 탑재한 ABE(Autonomous Benthic Explorer)는 수심, 자기장, 수온, 전도도뿐만 아니라 디지털 비디오 이미지 정보까지도 획득할 수 있다. 이러한 장비가 해저 유적지의 정밀탐사에 적절히 응용될 수 있다면, 효과적인 작업이 이루어질 것이다. 혼탁한 수중에서 이미지를 촬영하기 위해 가장 유망한 기술은 레이저이다. 후방산란(backscatter)을 최소화

탐사용 잠수정
심해 침몰선 돈스코이 호 탐사에 사용된 유인잠수정(좌)과 무인잠수정(우)

하는 아르곤 레이저 라인스캔(argon laser line-scan) 기술을 사용한 레이저 센서는 시야가 좋지 않은 높은 탁도에서도 고해상의 영상을 얻을 수 있다. 무인잠수정에 장착하여 사용할 수 있는 레이저카메라는 실험 중에 있지만 그 가능성은 유망하다.

무인잠수정과는 달리 연결 줄 없이 단독으로 탐사를 수행하는 자율무인잠수정은 해저면을 자동조사할 수 있도록 음파탐지기와 GPS 등 여러 장비를 장착하여 미리 입력된 프로그램에 따라 완벽한 조사를 수행하고 지정된 위치로 돌아오도록 설계되어 있다. 자율무인잠수정은 광역음파탐사에서부터 이미지 자료수집 등의 정밀조사에 이르기까지 고고학적 응용범위가 확대되고 있다. 그러나 자율무인잠수정은 탐사를 수행하는 동안 기억 장치에서 운영 장치로 자료를 피드백 할 수 없기 때문에 탐사가 완전히 끝난 뒤에야 그 결과를 알 수 있다.

● 항공탐사

항공탐사가 난파선 조사에 응용되기 시작한 것은 1930년의 비교적 이른 시기이다. 항공탐사에 의해 얻은 항공사진은 주로 얕은 수심에서 난파선을 수색하기에 용이하다. 1715년에 침몰한 스페인 난파선은 지도화 작업을 위해 항공 이미지를 사용하였다. 항공사진 외에도 1970년대 플로리다에서 침수된 동굴을 찾기 위해 항공 열스캐너 영상(thermal scanner imagery)을 이용한 항공 탐사를 시도하였다.

공중 레이더 탐지기(airborne radar)나 SLAR(side-looking airborne radar)는 급속히 발달하고 있는 항공탐사장비 중에 하나이다. 고해상도의 영상을 얻을 수 이 장비는 두꺼운 구름층을 통과하여 지면의 특징을 묘사한다. 레이더 이미지는 지도제작에 응용되고 있으며, SLAR는 1980년대부터 빙하를 추적하는데 사용되고 있다. 공중 적외선/가시광선 레이저 스캐닝 시스템(aerial deployed infrared/blue-green laser scanning systems)은 레이저 진동반상에 의한 표면과 바닥 사이의 차이를 측정함으로써 수심 50m까지의 자료를 수집한다.

● 해저유적지의 보존처리와 관리

지금까지 살펴본 여러 가지 탐사 방법에 의한 유적지 기록이 이루어지면, 다음은 보존처리에 대한 연구를 실시해야 한다. 1914년 제작되어 1916년 군함으로 취역된 후, 진주만에서 일본군의 급습에 의해 1941년 12월 7일 침몰한 미국 전함 '아리조나(USS Arizona)'호 탐사를 위해 1980년대에 미국의 국립공원관리기관(NPS)의 수중고고학 팀인 SCRU(submerged cultural resources unit)에서 조사를 하였다. 1982년

김웅서

전남 목포의 국립해양유물 전시관에 전시되어 있는 도자기
해저에서 인양된 유물들은 보존처리 된 후 전시된다.

본격적인 조사에서 침몰선이 해저 전쟁박물관으로서의 역할을 충실히 이행할 수 있도록 비파괴 방법으로 입면도를 작성함과 동시에 보존을 위하여 장기간 지속적인 감시를 하여 진주만 해양환경이 침몰선의 침식에 영향을 주는 원인에 대해 연구를 하였다.

최근 고고학계에서는 유적지의 관리를 위해 공간적 자료들을 저장하고 분석하기 위한 도구로서 지리정보시스템(GIS)을 사용하기 시작하였다. 지리정보시스템은 해저문화유산의 고고학적 연구뿐만 아니라 관리와 보존을 위해 개발되고 있으며, 앞으로 지구물리탐사와 함께 해저유적지에 대한 관리를 편리하게 해 줄 것이다.

해저유물탐사의 마지막 작업인 유적지 관리 및 보존에 있어서, 유적지에 대한 각종 보고서와 논문 그리고 다큐멘터리 제작은 필수적이다. 이는 탐사연구 결과를 대중들을 위한 교육용으로 공개함으로써, 향후 유적지의 지속적인 연구를 가능하게 할 뿐만 아니라 유적지보존에도 큰 역할을 할 것이다.

● 미래의 해저유물탐사

지금도 전설로만 전해져 내려오는 해저에 가라앉은 문명을 추적하는 프로젝트가 진행되고 있다. 15,000년 전에서 8,000년 전 사이에 전 세계의 빙하가 녹게 되자, 해수면이 상승하면서 인간이 거주할 수 있는 2,500만 km^2 이상의 육지가 바닷물 속에 잠기게 되었다. 해수면의 변화로 인해 끊임없이 변하고 사라진 고대문명을 찾는 이 프로젝트는 아직은 해안선을 복원함으로써 고대의 여러 홍수에 관한 전설을 증명하고 있는 초기 단계이다. 앞으로 해저유물탐사를 통해 우리가 알고 있는 인류문명의 기원과 인류의 진화에 대한 새로운 사실이 밝혀질 것을 기대해 볼 수 있다.

미래의 해저유물탐사는 인간과 기계의 협동으로 이루어질 것이다. 고고학자들은 프로그래밍된 자율무인잠수정에 의해 수중 조사를 실시함으로써 지상 혹은 선상에서 수중 무선통신을 통해 실시간으로 해저면을 탐색하고 유적지의 공간적 특성을 살필 수 있게 될 것이다. 며칠 혹은 몇 주일 후 자율무인잠수정은 선착장으로 돌아와서 수집한 정보를 컴퓨터에 옮겨놓을 것이다. 컴퓨터는 수집된 정보를 검토하여 고고학자들의 목적에 맞게 자료를 분석할 것이다. 그리고 유적지의 위치 확인, 유적지 도면 작성, 연대분석이 이루어지게 될 것이다.

지금은 무인잠수정에 장착된 홀로그램 카메라와 가상현실기법에 의해 해저 유적지의 현장을 생생하게 관찰하고 기록할 수 있게 되었다. 수중 고고학 탐사에 있어서 원격 탐사 장비는 그 유용성이 증명되면서 중요한 존재가 되었지만 아직도 인간의 눈과 손이 되기에는 많이 미흡하다. 다이버가 공기통을 메고 잠수하면 수압 때문에 농축된 산소와 질소를 흡입하게 된다. 산소는 신체 내에서 사용되지만, 질소는 체외로 빠져나가지 못하고 공기방울 형태로 혈액 속에 남아 감압병(decompression sickness)이 생길 수 있다. 이를 예방하기 위해 현재 다이버들은 일정한 수심에서 일정시간을 머물도록 하는 감압 테이블에 따라 잠수를 해야한다. 이로 인해 수중 조사시간은 현격히 감소될 수 밖에 없다. 그러나 가까운 미래에 의학 및 생리학 연구를 통해 이러한 감압병을 예방할 수 있는 신약이 개발되면 안전하고 효과적인 잠수조사가 가능하게 될 것이다. 인간이 직접 산소포화용액 호흡기 또는 인공아가미를 착용하고 심해에서도 자유롭고 편안하게 조사활동을 할 수 있게 될 것이며, 다이버는 잠수 전에 화학적 해독제가 함유된 약을 복용함으로써 감압 테이블을 따르지 않아도 될 것이다.

해저유물탐사에 성공하기 위해서는 과학기술을 최대한 이용하고, 다양한 분야의 경험과 지식을 활용하여야 한다. 또한 치밀한 계획을 수립하여 최대한 탐사 시간과 비용을 절약해야 한다. 탐사자는 고고학적 · 역사적 지식을 갖추는 것 뿐만 아니라 탐사에 사용되는 모든 장비에 대한 이해와 조작 능력이 필요하다. 해저유물탐사의 경우에도 고고학 발굴조사와 같이 철저한 기록이 필요하다.

사람들은 침몰선을 인양해 놓은 모습보다 해저에 놓인 그 모습 자체를 바라볼 때 더 감동을 느낀다고 한다. 인양한 유물이나 잔해를 전시실에서 보는 것 보다는 해저에 놓인 그대로의 모습을 직접 또는 영상으로 보기 원한다. 앞으로는 고화질 카메라 촬영 기술과 해저박물관 관리 기술을 이용하여 바다 세계와 생명을 관찰함으로써, 미래의 과학자들에게 새로운 영감을 주게 될 것이다.

해양과학자료의 공동활용

인간 활동에 필요한 해양자료와 정보의 체계적 관리 및 신속한 유통을 위한 많은 노력들이 이루어지고 있다.

김성대 한국해양과학기술원

인간의 육상 활동에 날씨정보가 중요하듯 해양 활동에서는 수온, 파랑, 적조, 해일 등의 해양과학정보가 해양예보, 해양환경보전, 재해예방, 해양운송, 어업활동, 군사작전, 해양레저에 활용되며, 그 중요성은 점차 커지고 있다. 특히, 해양과 기상은 밀접하게 상호 작용하고 있는데, 기상예보에도 해양자료는 필수 요소이며, 최근 이슈가 되고 있는 기후변화 연구를 위해서는 장기간에 걸친 해양과학자료의 확보가 요구되고 있다. 보통 해양자료의 수집에는 선박이나 자동관측장비를 이용하는데, 육상에 비해 이동 속도가 느리고 해역이 광범위하므로, 원하는 자료의 획득에 많은 시간과 비용이 투입된다. 전 세계적으로 여러 국가에서 매년 많은 예산과 인력을 투입하여 해양자료를 수집하고 있으나, 아직 3차원 공간인 해양을 분석하고 해석하는데 충분한 자료를 확보하지 못하고 있다.

이러한 과도한 관측 비용으로 인해, 해양 분야에서는 일찍부터 한 번 생산한 해양자료를 여러 연구자들이 공유하고자 노력해 왔다. 최근에는 해양관측 기술과 정보통신 기술의 눈부신 발전으로 인해 일부 해양자료들은 자료생산과 유통이 동시에 이루어지고 있다.

● 해양자료의 관리 방법

해양과학자료는 학문적 배경에 따라 해양물리자료, 해양화학자료, 해양생물자료, 해양지질자료, 지구물리자료, 해양기상자료 등으로 세분할 수 있으며, 생산 방법에 따라 분류하면 크게 실시간 해양자료와 지연모드(delayed mode) 해양자료로 구분할 수 있다.

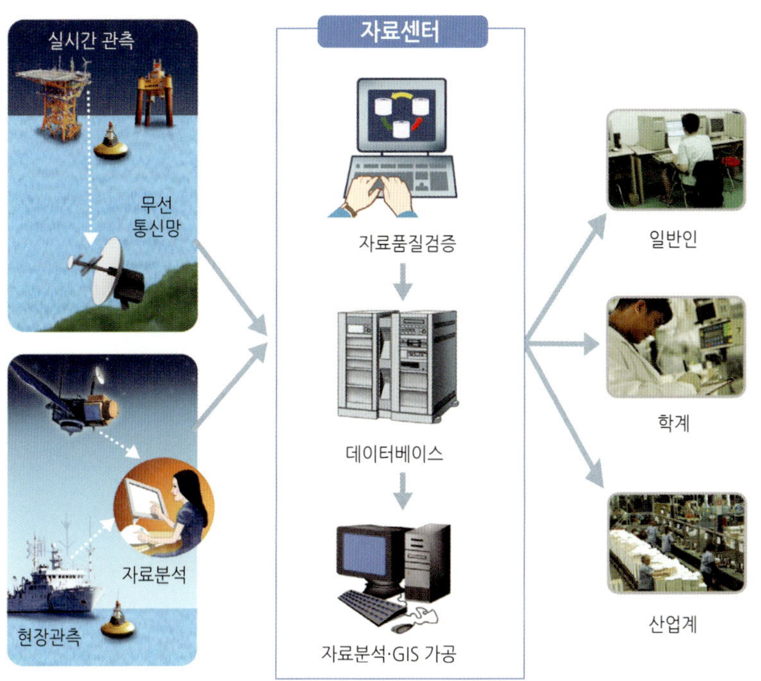

해양자료센터와 자료관리

현장관측과 자동관측에 의해 수집되는 해양자료는 자료센터에서 데이터베이스(DB)로 관리되며, 관련 산업계, 학계 및 일반인에게 배포된다.

해양과학자료의 전형적인 형태인 지연모드 해양자료는 선박 등을 이용한 현장조사에서 관측장비로 측정하거나 채취한 시료를 실험실에서 분석한 후 생산되는 해양자료를 말하며, 조사가 이루어진 후 일정 시일이 지나야 사용 가능한 형태로 정리된다. 지연모드 해양자료는 생산 방법과 생산자에 따라 자료의 질이 많이 변할 가능성이 있으므로, 자료 측정일시, 위치, 관측 책임자, 분석 책임자, 연구 책임자, 관측기기 등 자료 생산과 관련된 정보(metadata)를 함께 관리하고, 수집자료에 대한 품질 검증을 실시하여 신뢰성 있는 자료의 생산을 유도한다. 지연모드 해양자료는 종류가 매우 다양하고 관측지점 및 일시가 불규칙하므로 자료관리에 데이터베이스 시스템을 사용하는 것이 편리하다. 그러나 최신장비에 의해 대량으로 생산되는 자료는 파일 단위로 관리할 수밖에 없는 경우도 있다.

실시간 해양자료는 관측탑, 해상부이, 연안 고정점, 인공위성 등에서 지속적으로 측정되는 해양자료를 말하며, 자료의 종류는 다양하지 않지만 자료의 양이 많은 특징이 있다. 일반적으로 고정지점에서 자동관측기기를 사용하여 생산하는데, 기기오류로 인한 쓸모없는 자료가 생산될 가능성이 많으므로, 생산된 자료에 대한 철저한 품질관리가 요구되며 이를 위해 전담인력을 24시간 투입하기도 한다.

최근에는 대용량 자료도 쉽게 관리할 수 있는 컴퓨터 하드웨어 및 소프트웨어들이 많이 개발되어 효과적인 실시간 자료관리가 이루어지고 있다. 자료 항목별 특성에 따라 검색이 용이한 데이터베이스 시스템을 도입하거나 파일단위로 자료관리가 가능하며, 최근에 관측 및 전송기술의 발전과 함께 실용적으로 활용되는 시스템들이 국내외적으로 많이 늘고 있다.

이 외에도 해양현상을 컴퓨터로 재현, 예측하기 위한 수치 모델링 결과로 해양자료들이 생산되고 있다. 이런 수치 모델 산출자료는 2차원이나 3차원 격자망에서 컴퓨터로 계산되는 값이므로, 시간적, 공간적으로 매우 규칙적인 반면 자료의 양은 매우 방대하다. 이 자료들은 대용량 격자자료 저장을 위해 개발된 바이너리 파일포맷인 netCDF, HDF 등의 형태로 유통하는 것이 일반적이며, 이를 전문적으로 가시화하고 배포하는 기능을 갖춘 오픈소스 프로그램들이 개발 · 공개되고 있다.

● 해양자료의 품질관리

자료생산 주체가 다양한 해양자료를 공동으로 활용하기 위해서는 유통되는 자료의 신뢰성 확보가 필수적이므로, 수집자료에 대한 철저한 품질관리가 필요하다. 해양자료에 포함된 오류는 주로 관측기기의 교정 미흡과 오동작, 자료전송장비의 오류, 사람의 실수 등에 의해 발생하며, 관측기기의 오류는 지속적인 기기관리로 해결해야 한다.

자료관리 측면에서는 수집된 자료를 대상으로 여러 가지 가능성을 고려한 품질검증 절차들을 수립, 적용한다. 일반적으로 해양자료 품질관리는 자동 프로그램을 이용하는 1차 검증과 사람이 수작업으로 수행하는 2차 검증으로 이루어진다. 품질관리 프로그램은 전송오류, 장비오류 등 자료의 전반적인 오류를 감지하여 오류 가능성이 있는 자료들을 표식(flag) 처리하며, 자료전문가들이 컴퓨터 분석기능을 이용하여 앞에서 표식 처리된 자료들을 재점검한다. 품질 검증에 적용하는 알고리듬은 기존 자료의 분석 결과 및 자료 관리자의 경험을 바탕으로 개발되며 지속적인 개선이 이루어지고 있다.

가장 간단한 품질 검증 방법은 범위 점검으로 관측 값이 예상 가능한 값의 범위를 벗어나는지 점검하는 것으로 장기간 평균값으로부터 일정 비율의 표준편차를 상하한 값으로 적용한다. 경우에 따라서는 지리적 위치와 계절을 반영하기 위해 유동성 있는 범위 값을 적용하는데, 측정된 지역의 해당 월평균값을 기준 값으로 사용하기도 한다. 두 번째로 적용하는 품질 검증은 시간에 따른 연속성을 점검하는 것으로 일정시간 동안의 변동 가능한 범위를 산정하여 적용하는 것이다.

시간연속성점검을 위한 기준 값은 자료의 특성, 대상해역에 따라 다양한 통계방법과 경험식으로 계산하는데, 시간에 대한 상관관계 함수와 표준편차 값이 많이 이용된다.

수직 프로파일 자료에 적용한 품질검증기준(예시)

순서	검증 방법	검증 기준
1	동일수심 검증	·동일 수심이 반복되는 것을 점검
2	지구적 범위 검증	·물리적으로 의미 있는 값인지를 점검 ·압력(수심) >= -5 dbar(m) : 공기중 노출 점검 ·수온: -2.5~40°C ·염분: 2~41psu
3	압력증가 검증	·압력(수심)이 감소되는지를 점검
4	튀는 값 검증	·인접 수심의 자료 중에 튀는 값이 있는지를 점검 ·Tv = |v2-(v3+v1)/2| - |(v3-v1)/2| ·수온: Tv>6°C(500m 미만), Tv>2°C(500m 이상) ·염분: Tv>0.9psu(500m 미만), Tv>0.3psu(500m 이상)
5	변화도 검증	·인접 수심에서 자료의 변화정도가 정상적인지를 점검 ·Tv = |v2-(v3+v1)/2| ·수온: Tv>9°C(500m 미만), Tv>3°C(500m 이상) ·염분: Tv>1.5psu(500m 미만), Tv>0.5psu(500m 이상)
6	수치연장 검증	·자료 값이 뒤섞여 있는지를 점검 ·인접수심의 수온 값 차이 > 10°C ·인접수심의 염분 값 차이 > 5psu
7	동일값 검증	·모든 자료의 값이 동일한지를 점검
8	밀도역전 검증	·인접 수심에서의 밀도 비교를 통한 밀도역전 점검

한편 해일, 태풍 등의 비정상적인 환경 상태에서는 일반적인 품질검증 대신 특이환경 기준 값을 적용한다. 이 외에 관측 값들 사이의 물리적 관계를 기반으로 내부일관성 점검, 파랑관측장비의 특성을 반영한 파랑 타당성 점검, 바람 자료에 대한 지속성 점검 등 다양한 품질관리 기술이 상황에 따라 적용되고 있다.

수온과 염분의 수심에 따른 변화를 나타내는 수직 프로파일 자료는 해양에서 가장 대표적인 자료로 오래전부터 수집한 자료에 대한 품질검증 방법들이 연구되어 왔다. GTSPP(Global Temperature-Salinity Profile Project)에서는 1980년대에 수직 프로파일 자료에 대한 품질검증 방법을 체계화한 매뉴얼을 발간하였고, 이는 전 세계적으로 수직 프로파일 자료의 품질 검증에 널리 활용되고 있다. 이 매뉴얼에서는 15개 이상의 품질검증 방법을 제시하고 있는데, 이 중에서 동일 수심의 반복 검증, 범위 검증, 튀는 값 검증, 경사도 검증, 동일값 검증, 밀도역전 검증 등이 실제로 많이 적용되고 있다.

● 국제적인 해양자료 유통체계

해양 현상의 정확한 이해를 위해서는 광범위한 3차원 공간의 동시성을 갖는 해양 자료가 필요하며, 시간적으로는 연속 관측자료가 필요하므로, 연구자간의 자료 교환,

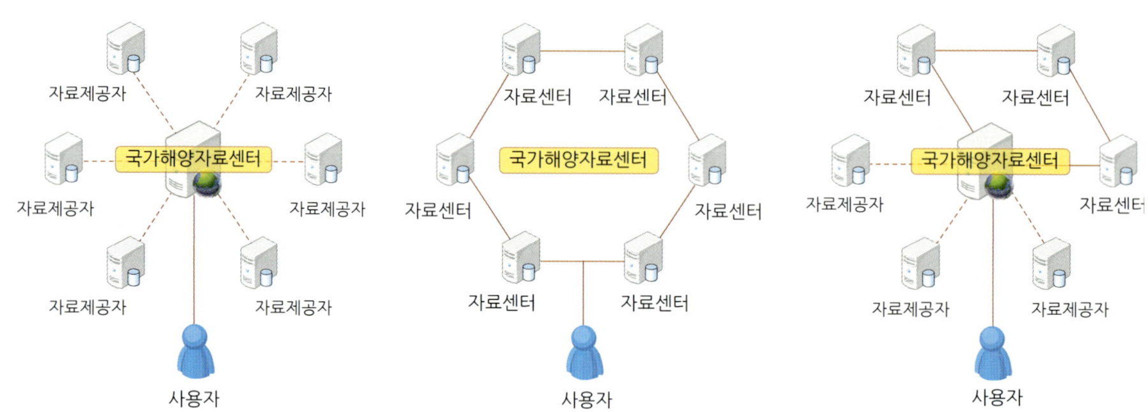

해양자료센터 모델 (UNESCO, 2008)
중앙집중형(좌) 분산형(중) 혼합형(우)

더 나아가 국가 간의 자료 교환은 오랫동안 해양과학 분야의 중요 과제로 인식되어 왔다. 그러나 자료 수집에 막대한 경비가 지출되고 자료 보유가 연구실적 도출 및 해양기술 개발 성과와 직결되므로 자료에 대한 독점욕이 강하여 실질적인 자료 교환은 제대로 이루어지지 않고 있다.

이에 정부간해양과학위원회(Intergovernmental Oceanographic Commission, IOC)에서는 회원국 사이의 자료와 정보 교환을 촉진할 목적으로 1961년에 IODE (International Oceanographic Data and Information Exchange)를 설립하였다. IODE는 해양관련 자료와 정보 교환을 활성화하고, 국제적으로 자료와 정보 교환을 위한 포맷과 방법을 표준화하며, 회원국간 자료와정보 관리 기술을 향상시키는 것을 목적으로 한다. IODE 설립 초기에는 자료 · 정보 교환 활성화를 위해 각 국가별 자료를 통합 관리하는 국가별 해양자료센터(National Oceanographic Data Center, NODC)와 전 세계 자료를 수집하는 세계자료센터(World Data Center for Oceanography, WDC)로 구성된 IODE Data Center Network를 운영하였다. 그러나 2000년대에 들어서면서 인터넷 활성화, 관측기술 발달, 새로운 사용자 등장으로, 자료 생산과 함께 자료 유통 문제가 중요한 이슈로 대두되기 시작했다. 이러한 변화에 맞춰 국제적인 연구 프로그램이나 연구기관에서 다수의 운용해양 시스템(Operational Oceanographic System)이 운영되기 시작함에 따라, 국가자료센터와 관계없이 자료 수집과 제공이 이루어지게 되었다. 이에 IODE에서도 기존 중앙집중 시스템의 한계를 인식하게 되었으며, 분산 시스템 운영, 실시간 자료 유통, 해양화학 및 생물분야 자료의 유통 확대로 자료관리 정책을 수정하게 되었다.

이를 위해, IODE에서는 지역별 해양자료 · 정보 네트워크(ODIN, Ocean Data & Information Network)를 구성하고 지역별 자료 유통을 촉진하면서, 개발도상국을 위한

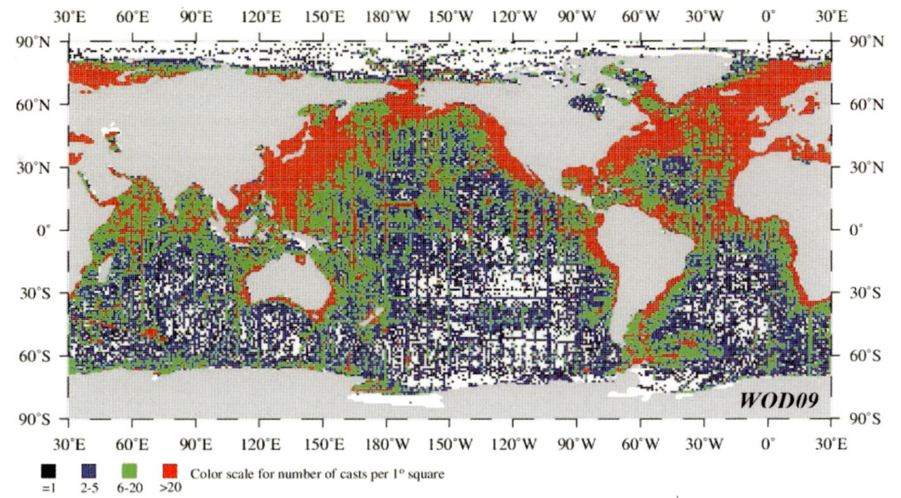

NOAA

World Ocean Database 자료분포 (NOAA, 2009)

WOD09에 수록된 정점관측자료의 분포도로 태평양과 대서양 연안지역에 많은 해양관측자료가 있다.

자료관리 교육프로그램을 운영하고 있다. 현재 총 6개 해역에서 ODIN이 운영되고 있으며, 우리나라 해역에는 ODINWESTPAC이 구성되어 있다. 이와 함께, 국가별 자료센터는 각 국가의 해양자료 교환을 활성화시키는 조정자의 역할을 수행하게 되었다.

국제연합 교육·과학·문화기구(UNESCO)는 2008년에 각 국가에서 해양자료센터를 설립하는 경우에 적용할 수 있는 해양자료센터 모델로 중앙집중형 데이터센터, 분산형 데이터센터, 혼합형 데이터센터의 3가지 모델을 제안하였다. 중앙집중형 모델은 과거에 운영하던 해양자료센터 모델로 현 시점에서 적용하기에는 무리가 있으며, 분산형 모델의 경우에는 자료관리 능력이 없는 기관의 자료는 현실적으로 관리되지 않는 단점이 있다. 결과적으로, 자료관리 능력이 있는 연구기관이나 연구 프로그램의 자료는 자료 시스템간의 연계를 추구하고, 자료관리 능력이 없는 조직의 자료는 자료센터에서 수집하여 관리하는 혼합형 자료센터 모델이 가장 현실적인 방법이다. 현재 미국, 일본 등의 국가에서는 중앙집중형으로, 유럽연합, 호주, 인도 등에서는 분산형으로 국가자료센터를 운영하고 있다.

● 국외 해양자료 유통 시스템

해양과학자료를 수집 · 관리하는 전 세계 해양 관련기관에서는 자료 · 정보서비스를 위한 다양한 시스템들을 운영하고 있다. 미국 해양대기청(National Oceanic and Atmospheric Administration, NOAA) 소속의 NODC(미국 국가해양자료센터)는 세계자료센터 역할을 수행하면서, 전 세계에서 수집되는 해양과학자료를 관리하고 있다.

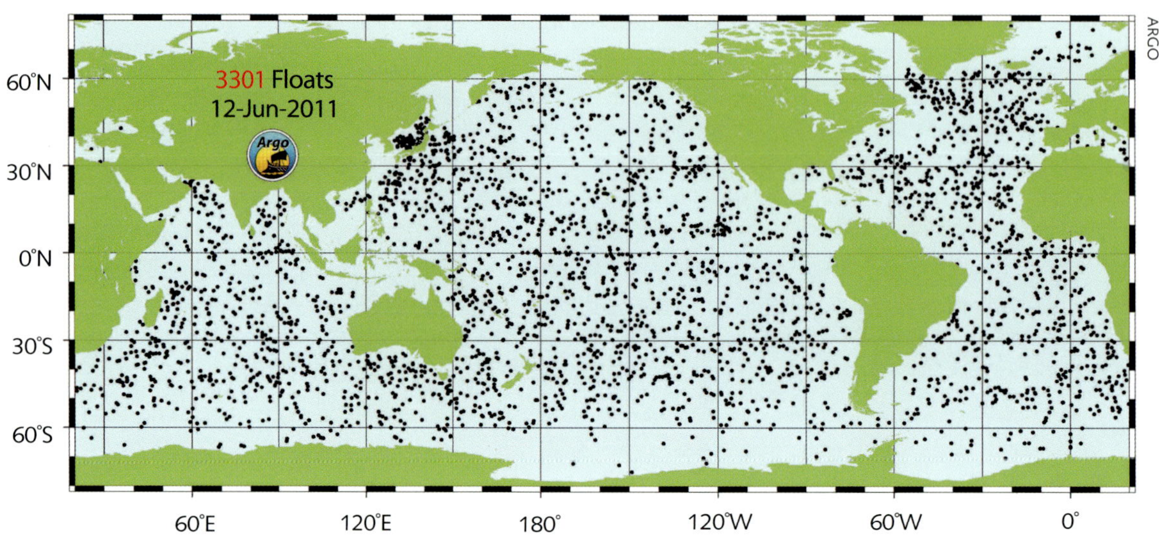

ARGO 뜰개 분포현황

전 세계 해양의 실시간 관측을 위해 투하 된 ARGO 뜰개(floats)에서 측정한 자료들이 인터넷을 통해 유통되고 있다.

NODC에서는 1990년대부터 WOD(World Ocean Database) 형태로 수집자료를 배포하고 있으며, 웹사이트를 통해 공개하고 있다. 2009년에 발표한 WOD09에는 총 9백만 건의 수온, 염분 자료가 포함되어 있는데 우리나라 주변해역은 전 세계적으로 관측 자료가 많은 지역에 속한다.

국제적인 공동해양관측, 수치 모델링, 자료동화를 위한 국제 프로그램인 GODAE (Global Ocean Data Assimilation Experiment)의 일환으로 ARGO(Array for Real-time Geostrophic Oceanography) 뜰개가 전 대양에 약 3,000개 이상 투하되어 일주일마다 수심 2,000미터까지 수온을 관측하여 실시간으로 전송하고 있다. 전 세계에서 수집되는 ARGO 자료는 GDAC(Global Data Archive Center, France & USA)에 모이며, GDAC에서는 WWW/FTP 등을 통해 ARGO 자료를 공개하고 있다. 2011년 6월 12일 기준으로 전 세계에 3,301개의 플로트가 작동 중이며, 10만 건 이상의 수직 프로파일 자료가 생산되고 있다.

전 세계 바다에 서식하는 해양생물을 총체적으로 조사하고 연구하고자 구성된 해양생물센서스(Census of Marine Life, CoML)에서는 전 세계해양생물의 출현정보를 데이터베이스화하기 위하여 국제해양생물지리정보 시스템(Ocean Biogeographic Information System, OBIS)을 구축하였다. OBIS는 해양생물 관련 874개 데이터베이스로부터 자료를 제공받고 있으며, 2010년 12월 기준으로 126,000 생물종에 대한 28,400,000건의 출현정보를 확보하였다. 2009년에 OBIS는 IODE 프로그램으로 편입되면서, 세계적으로 중요한 해양자료유통 시스템으로 자리매김하게 되었다.

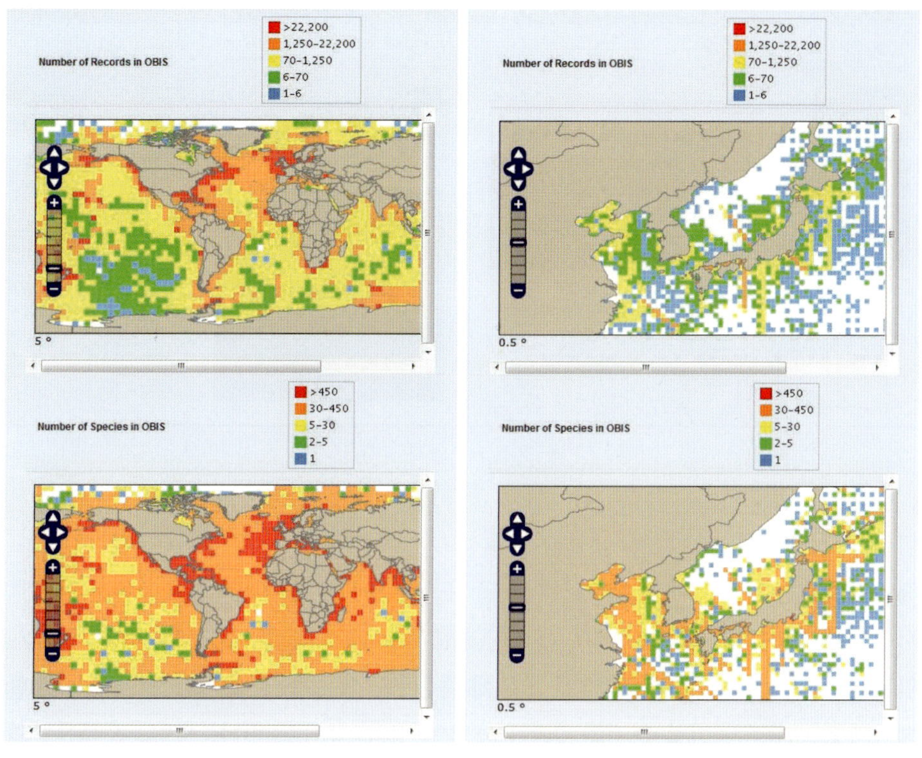

국제해양생물 지리정보 시스템(OBIS)
OBIS에서는 전 세계해양에서 발견되는 해양생물의 출현정보를 해양전문가와 일반인에게 제공하고 있다.

● 국내의 해양자료유통 시스템 현황

국내에서 해양자료를 생산 · 제공하는 대표적인 기관으로는 한국해양과학기술원, 국립해양조사원, 국립수산과학원, 기상청이 있으며, 해양학과가 있는 일부 대학에서도 일부 자료를 대외 서비스하고 있다. 한국해양과학기술원에서는 해양생물자료 DB 구축을 목적으로 한국해양생물지리정보 시스템(Korea Ocean Biogeographic Information System, KOBIS)과 한국해양생물다양성정보 시스템(Korea Marine Biodiversity Information System, KOMBIS)을 구축, 운영하고 있다.

KOMBIS는 우리나라 해역에서 서식하는 해양생물의 종(種) 목록에 대한 데이터베이스로 10,000여 종의 해양생물 종목록을 확보하고 있다. KOBIS는 국제 OBIS의 지역센터로 한반도 해역의 해양생물 출현 정보를 수집하여 국제공동네트워크에 연계하고 있다. KOBIS에서는 인터넷 웹서비스와 스마트폰 모바일 앱을 통해 자료서비스를 실시하고 있다.

국립해양조사원은 해양활동 및 선박 운항에 필수자료인 조석정보를 인터넷을 통해 제공하고 있으며, 한반도 연안역의 검조소와 해양부이에서 자동측정한 조위, 수온,

국내 해양생물자료에 대한 지리정보 시스템

한국해양과학기술원에서는 우리나라 해양생물의 출현정보를 수집하여 데이타베이스화하여 제공하고 있다.

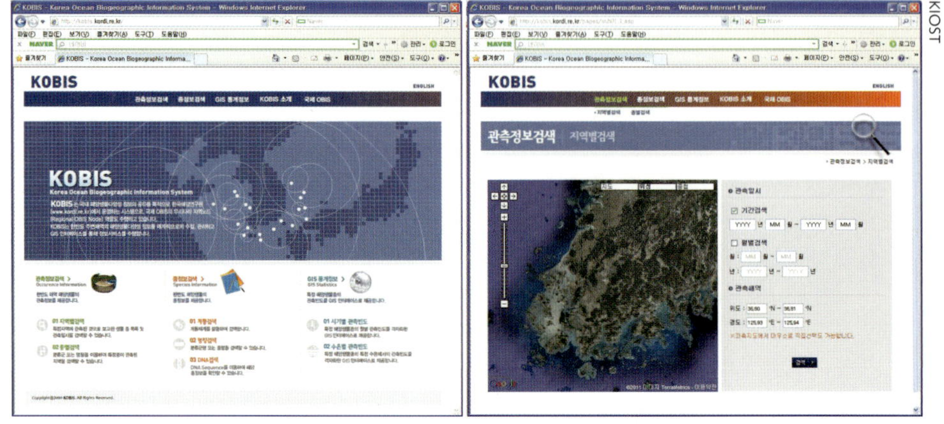

KIOST

국내 실시간 해양자료 시스템

국내 해양 관련 국공립기관에서는 한반도 연안해역에서 자동측정 장비로 수집한 해양자료를 실시간으로 서비스하고 있다.

염분, 기상자료를 제공하는 실시간 연안정보 서비스를 운영하고 있다. 또한, 이어도 해양과학기지에서 측정한 해양관측자료, 기상관측자료, 환경관측자료를 실시간으로 서비스하고 있다. 국립수산과학원은 매년 6회씩 총 25개 정선의 207개 정점에서 수온, 염분, 용존산소, 영양염류 등 17개 항목에 대한 정기조사를 실시하고 있으며, 수집한 해양자료는 1년 단위로 정리하여 인터넷을 통해 제공하고 있다. 또한, 전국연안의 34개 지점에서 매일 10시에 수집한 수온, 기상자료와 어장환경자동관측 시스템에서 수집한 실시간 해양자료를 인터넷을 통해 제공하고 있다. 기상청에서는 우리나라 동해, 서해, 남해에 해양부이를 설치, 운영하고 있으며, 바람, 기압, 습도, 기온, 수온, 파고 등 수집한 자료는 1시간 간격으로 인터넷을 통해 공개하고 있다.

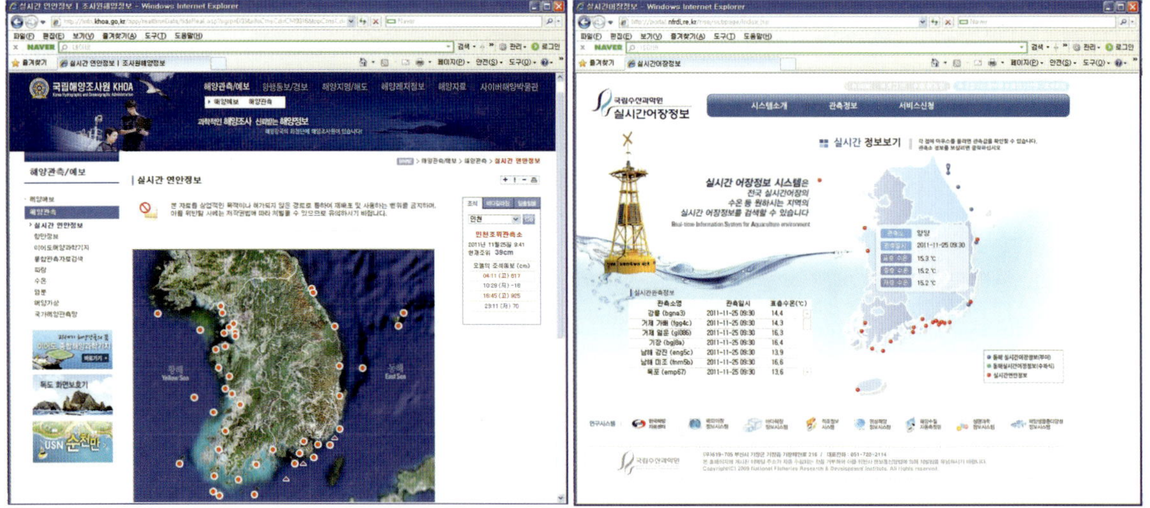

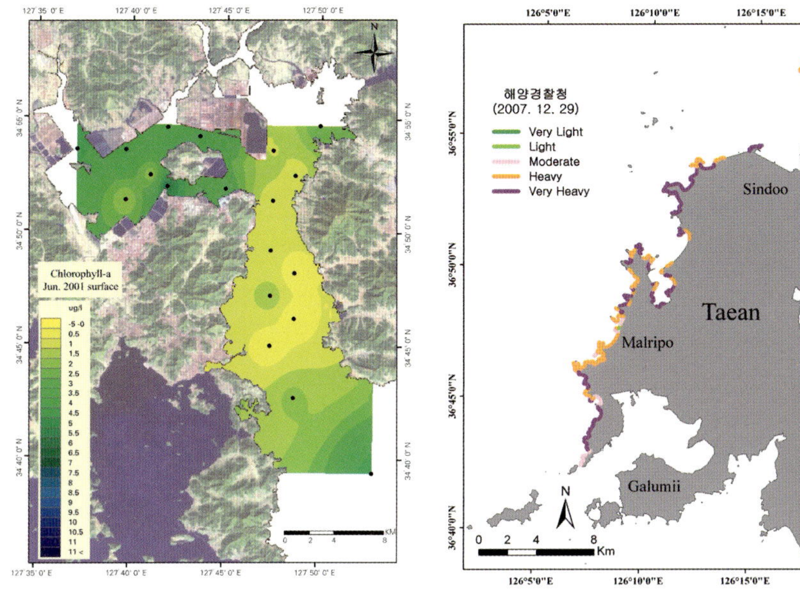

해양자료의 활용
수집된 해양자료는 가시화기술, GIS기술 적용을 통해 해양환경의 분석·평가 및 정책결정의 기본 자료로 활용된다.

● 최근 동향 및 전망

지난 50년간 국·내외적으로 해양자료·정보의 공동 활용을 위해 많은 노력이 있었으며, 해양의 기본적인 정보로 활용도가 높은 해양물리분야 자료의 유통에 관심이 집중되어 있었다. 최근에는 해양생물, 해양화학분야에 대한 자료교환이 활발히 추진되고 있으며, 광범위한 지역에서 동시성을 갖는 해양자료의 수집이 가능한 인공위성의 활용도가 높아지면서 위성자료 유통도 활성화되고 있다. 또한 각 해양관련기관에서 인터넷을 통해 공개하는 각종 자료들의 통합 제공 또는 연계 서비스를 목적으로 다수의 해양자료포털 시스템들이 운영되고 있으며, 여러 지역에 분산 저장된 정보를 통일된 인터페이스로 유통시키는 분산 시스템들도 구축되고 있다.

수집된 해양자료·정보들은 해양지리정보 시스템 도입을 통해 일반인과 정책결정자들이 이해하기 쉬운 형태로 가공되고 있으며, 스마트폰 사용자를 위한 모바일 정보시스템들이 새롭게 개발·활용되고 있다. 한편 관측기술, 정보통신기술, 정보유통기술이 급속한 발전을 거듭하면서 해양관측자료의 관리 및 유통에 대한 개념이 바뀌고 있다. 자동관측기술의 발전으로 많은 해양자료들의 무인관측이 가능하게 되었으며, 자동측정된 자료들은 위성통신망, 무선통신망을 통해 실시간으로 유통되고 있다. 그동안 축적된 자료와 인공위성 자료의 활용, 가용한 실시간 자료의 확대로 실용적인 해양예보에 필요한 자료의 유통이 가능하게 되었으며, 예보정보는 가상현실 등의 가시화기술로 포장되어 일반 국민들에게 제공될 날이 그리 멀지 않았다.

해양문화기술, 그 상생의 접점

해양문화는 바다와 인간이 만나는 곳에서 생겨난 세계를 말하며, 해양문화기술은 그 세계를 이어주는 징검다리 역할을 한다.

최영호 해군사관학교

"지혜가 제아무리 많이 들어 있는 훌륭한 책이라도 직접 읽지 않으면 미래의 책일 수밖에 없다." 극히 평범하면서도 음미할수록 무릎을 치게 만드는 말이다. 더욱이 책의 저술 과정에 깃든 저자의 진짜 의도를 파악하지 못한 채, 풍문으로만 책의 내용을 거론하는 독자라면 이는 바른 해결을 요구하는 문제적 상황이자 새로운 문제의 제기일 수 있다.

20세기 세계문학사에 한 획을 그은 작품으로 저서로 T. S. 엘리어트의 장편시『황무지, The Waste Land』(1922)를 빼놓을 수 없다. 제1차 세계대전 직후의 세계와 시인 자신의 황폐한 사생활을 써내려가며 시인이 목 놓아 외친 '황무지'는 우리가 '개척하지 못해 미뤄두고 방치한 땅'이 아니라, 우리 인간의 오만함과 잘못된 개입 때문에 우리와 함께 한 '무수한 신화와 원초적 생명성이 완전히 훼손된 땅'이다. 더 나아가 시인이 말하는 '황무지'는 단순한 땅의 차원을 넘어 우리 인간의 무분별한 욕망 때문에 그 원형이 회복할 수 없을 정도로 망가진 인류의 역사, 좌절 당한 미래다. 그런 점에서 이 시집의 원제목은 '황무지(荒蕪地)'가 아닌 '황지(荒地)'라고 번역하는 것이 옳을 것이다.

그렇다면 과연 우리가 즐겨 만나는 바다는 어떠한 바다인가? 우리는 그 바다에서 어떠한 문화를 찾고 어떠한 기술로 접근하고 있는가? 때론 낯설고, 때론 익숙한 바다! 낯섦과 친숙함의 끊임없는 변주 속에 존재하는 바다는, 지금도 우리가 들춰보지 못한 미래의 책인가? 아니면 너무 잦은 손길 탓에 그 원초적 생명성이 소멸되어가는 불안의 상징인가? 인간과 오랜 교분을 가졌음에도 불구하고 아직도 그 속을 알 수 없는 비밀의 공간인가? 이런 은유적 질문은 해양문화와 기술과의 관계를 보다 다양한 눈으로 접근하게 만든다.

인류학적 관점에서 보면 문화는 어떤 특정한 인간 집단이 고유하게 지닌 일정한

울산대

울산 반구대 암각화

우리의 문화는 오래전부터 바다와 밀접한 관계를 맺어왔다.

패턴의 신념 및 행위체계이다. 김우창 교수는 이런 신념과 행위 체계는 한 집단의 구성원들이 자신들의 세계와 인지적 · 감성적 · 실용적으로 교류하는 주된 근거로 보았으며, 어떤 문화든 역사적으로 형성되고 재형성되는 과정에서 해당 집단에 집단적 정체성을 부여하는 것으로 인식하였다. 한편, 신영복 교수는 그런 문화의 궁극적인 종착역은 사람의 삶이고, 문화는 사람에 의해 추수되는 농작물이라고 하였다.

해양문화는 바다와 인간 어느 극단이 아닌 서로의 만남과 경계선상에서 생겨나는 것이 특징이다. 해양문화기술은 이들 두 세계를 다채롭게 이어주고, 인간의 문화라는 광범위한 영역에 관한 유용한 지식 획득을 위해 바다 · 인간 · 기술이라는 학제적 연구(inter-disciplinary)의 필요성을 환기시키고 있다.

도대체 기술과 인간은 언제부터 만나게 된 것일까? 일찍이 플라톤은 필요의 개념에서 기술에 대한 접근법을 개괄적으로 소개하였고, 아리스토텔레스는 기술을 인간의 생물학적 조직과의 연관 관계에서 주목한 바 있다. 특히, 아리스토텔레스는 일종의 목적론적 관점에서 기술에 접근했는데, 다소 한계는 있지만 기술적 활동을 인간의 자연적 구성과 획기적으로 관련시켰다. 그의 관심은 인간 심성과 해부학적 이해의 근간을 인간과 자연 사이에서 찾기보다는 기술의 세계에서 찾고자 하였다.

아리스토텔레스는 자연물과 인공물 간에 본성적 차이가 있다고 보았고, 자연선택을 다룬 다윈은 호두를 까는 원숭이의 행위에서 각종 동물들이 사용하는 기술들을 구별해 냈다. 그리고 독일의 가프는 이런 기술적 발명을 상상력의 물질적 실현이란 가설로까지 내세웠다. 하지만 근대 철학자들은 고대인들이 가졌던 세계, 행동, 본성의 개념에 동의하지 않았다. 근대인들은 모든 세계를 그냥 주어지는 것으로는 보지 않았다. 그것은 원인과 결과의 그물망 속에 놓인 우주였다. 그렇기 때문에 그들은 각각의 행동에도 고유의 목적이 있고, 자연물과 인공물 사이에 본성적 차이가 없다고 여겼다. 그 결과, 연속성이나 계층, 조화보다는 효율성과 유용성을 기술적 활동 목표로 설정함으로써 우리 인간에게 도구적 인간으로서의 위상을 부여했다.

그렇다면 기술과 문화의 상호관계는 어떠한가? 오늘날 문화연구가들은 인간이 창조해 낸 갖가지 기술에 대하여 그것과 연관된 인간의 행동과 생각 사이에 놓인 복잡한 문제를 연구하고 있다. 문화 인류학자들의 주장대로, 문화를 연구하는 근본 목적이 우리 삶에 무엇이 일어나고 있는 지를 사람들에게 정확히 이해시키고, 생각하게 하는 방법, 살아남을 수 있도록 하는 전략이나 저항을 위한 자원 제공이라고 한다면, 오늘날의 문화 분석은 실제로 우리가 무엇을 해야 할 것인가를 구별하고, 설명하고, 정의하는 일부터 곱씹어 봐야 할 것이다.

해양문화기술을 이런 시각으로 보면, 우리는 몇몇 주요 특징들을 찾아낼 수 있다. 무엇보다 해양문화기술은 무한한 생명의 기술이다. 바다는 대자연의 일부로 거대한 생명적 순환체계를 포함한다. 생명체들이 한없이 죽어가면서도 끊임없이 이어지는 바다의 생명성은 인간이라는 존재들조차 이런 순환체계와 별개일 수 없다는 것을 자각시키고 있다. 이는 숭고한 생명이 바다로부터 시작되었음을 인식시키고, 수많은 해양 서식지와 복잡한 생태계를 통해 바다가 지닌 생물다양성의 의미를 되짚어 보게 한다.

바다에서 진화하는 다채로운 동・식물들의 유기체적 역사가 얼마나 숭고한 것인지도 일깨워 주고, 생명의 재생산과 그 무한성이 단순한 개연성을 넘어 존재하며, 우리 시야를 벗어난 비가시적인 세계가 가시적인 세계보다 훨씬 더 신비롭고 풍요롭다는 것도 환기시킨다. 반복과 차이로 존재하며, 공존과 상생의 세계를 펼치는 생명의 바다는 우리에게 해저자원의 현명한 이용뿐만 아니라 물고기들이 살찌는 계절에는 우리 인간들이 왜 어망의 그물코를 넓혀야 하는지를 잊지 않게 해준다. 이는 생명의 질서를 거스르지 않는 지속가능한 기술을 낳는 철학적 근간이다.

해양문화기술은 또한 새로운 길을 개척하는 기술이기도 하다. 모든 배는 사람만 실어 나르지 않는다. 배는 사람뿐만 아니라 사람이 만든 생산물도 함께 실어 나른다. 그와 동시에 그런 생산물을 만들기 위해 애쓴 사람들의 무수한 손길, 그 손끝에 묻어나는 문화적 욕망도 모두 같이 실어 나른다. 하나의 생산물이 다른 곳으로 옮겨지고, 거기서 또 다른 곳으로 이동되면서 전혀 뜻밖의 문화와 만나게 되면서 새로운 세계로 열려진다. 무역을 통해 생겨난 세계의 도시들은 배와 인간과 과학이 창조해 낸 공간이라 해도 과언이 아니다. 어쩌면 '항해' 자체가 이를 잘 말해주고 있는지도 모른다.

항해는 단순한 여행이 아니다. 안정된 항해에는 천체를 읽을 줄 아는 눈이 필요하고,

mms

해양에서의 생물다양성

해양문화기술은 무한한 생명을 잉태한 바다의 생물다양성 의미를 깨우쳐 준다.

지표면만 그린 지도와 함께 항해하는 바다의 수심까지 측정한 해도가 요구된다. 또한 지반이 고정된 육지와는 달리 숱한 폭풍우도 견딜 수 있는 견고한 장비와 어려운 항해 속에서도 가야 할 항로를 정확히 가리킬 수 있는 과학적인 장치도 필요하다. 그 뿐만 이 아니다. 우리 인간의 탁월한 리더십도 빼놓을 수 없다. 리더십은 겉으로 드러난 것보다 존재의 내면에 깃든 지혜를 결집하는 기술이다. 그런 점에서 해양문화기술은 앞서 간 사람들의 발자취를 보면서 걷는 여행문화라기보다는 지나간 자취는 쉽게 지워지지만 앞사람이 만든 길을 가슴에 품고 새롭게 길을 트며 가야 하는 탐험문화일 수도 있다.

해양문화기술의 또 다른 특징은 관계의 기술에서 찾을 수 있다. 부분의 집합은 전체일 수 없다. 관계는 하나와 다른 하나 사이의 보이지 않는 부분을 새롭게 조직한다. 땅의 관점에서는 지구상의 대륙들이 나뉘어져 있지만, 바다의 관점에서는 결코 단절되어 있지 않다. 바다의 관점에서는 나눠진 것들에서 새로운 결합가능성을 찾아낸다. 전통적인 수공업자의 손길을 거쳐 나온 배, 각종 어선과 상선은 물론이고 남·북극해를 오갈 수 있는 쇄빙선, 심지어 깊은 바다까지 탐험할 수 있는 심해잠수정은 이를 실현시켰다. 인간의 과학정신과 기술은 흩어진 것을 연결시키고, 비가시적인 것과 가시적인 것을 하나로 묶었다. 쥘 베른과 같은 해양과학 소설가들은 과학적 상상력을 동원하여 인간이 도달할 수 없는 해저세계로 우리를 안내했을 뿐만 아니라 깊은 바다에서도 가능한 미래의 해저생활까지 모색하게 했다.

해양문화기술은 또 하늘 · 땅 · 바다 이른바 우주적 만남을 가능하게 하는 기술이다. 엄밀히 말하면, 여기서 말하는 기술은 대자연의 순리를 닮은 기법의 의미에 가깝다. 기술과 달리 기법은 흔적을 남기지 않는다. 예를 들어, 갯벌의 주인을 봐도 알 수 있다. 갯벌의 주인은 사람이 아니다. 주인은 깃들어 사는 존재라기보다 그곳의 생명성을 영원히 지속시키는 존재이다. 갯벌의 주인은 썰물과 밀물을 만드는 '달(月)'이다. 달은 바닷물의 길항작용을 주관한다. 달이 있기에 갯벌은 우주적 질서를 유지할 수 있다. 해양문화기술은 이런 대자연의 순환체계를 무시하고 이익과 개발이란 이름으로 동원되는 인간의 맹목적인 기술과 방법에 깊은 반성을 촉구한다. 상식적인 말이지만, 속도는 속도를 반성하지 않는다. 해양문화기술은 느리게 사는 삶의 의미를 실현시킨다. 인간은 결정적인 순간에도 심한 갈등을 느끼는 존재이다. 그것은 자기 행위에 대한 합리적인 조절능력이 없어서가 아니다. 오히려 하나를 결정하는데 따르는 숱한 고려사항과 변수들 때문이다. 우리는 수많은 정보와 지식의 플랫폼에서 방황한다. 그러나 해양문화기술은 그런 정보와 지식을 구체적인 상황 속에서 끄집어내도록 하고, 삶의 맥락에서 이를 적절한 지혜로 거듭나게 만든다. 그 요구는 우리가 아닌 우리가 처한 바다 상황 자체이다.

많은 지식과 높은 직위를 갖고 있더라도 폭풍우가 몰아치는 해상에 있는 상황에서는 충분하지 못하다. 따로 쌓은 지식들이 구체적인 상황을 극복하는 지혜로 거듭나지 않으면 무용지물이고, 높은 사회적 지위도 상황 극복의 지혜가 될 수는 없다. 바다가 요구하는 지혜는 무엇보다 바다 자체와 순리를 정확히 읽을 줄 아는 지혜이다. 그것은 지식의 많고 적음, 직위의 높고 낮음이 아닌, 누구에게나 열린 공평한 지식인 것이다. 해양문화기술은 이런 공평한 지식을 우리 스스로 발견해낼 수 있도록 자극한다.

콘크리트와 아스팔트로 도배된 도시에서는 꿈과 신화의 세계를 만나기 어렵다. 해양문화기술은 우리가 잃고 있는 신화와 꿈의 세계로 상상의 나래를 펼치게 한다. 바닷물이 들고나는 간단한 현상에서도 예상 밖의 것을 상기시키고, 먼 바다로 나갔던 배의 귀항 장면에서도 낯선 것들끼리의 조화를 생각해 보게 하는 것이 그것이다.

인간의 신체와 관련해서도 바다는 이채로움을 선사한다. 바다가 그러하듯 여성의 자궁에도 밀물과 썰물의 주기가 존재한다. 새 생명을 잉태한 여성의 양수는 무수한 생명을 잉태한 바다와 같고, 열 달 뒤에 태어나는 신생아의 탄생은 단지 수학적 시간으로는 가늠하기 어렵다. 그것은 생명의 질서가 만드는 위대한 창조의 시간이다. 인간은 바로 이런 시간에 맞춰 꿈을 꾸고, 바다는 인간을 포함한 세상 만물의 지속적인 생명성을 보장한다.

해양문화기술은 하나에서 다른 것을 볼 수 있게 만들고, 그런 관계 맺음에서 전체를 읽도록 한다. 그리하여 존재론적 사회가 아닌 관계론적 사회의 중요성을 인식시킨다. 우리는 주어진 문제를 풀기 위해서 우리가 직면한 현실을 무시할 수 없다. 현실의 경계는 늘 불분명하고, 불안하기 그지없다. 바다를 가르는 경계 또한 그러하다. 그런데 아이러니컬하게도 바다는 나누어질 수 없는 그 불분명함, 고정되지 않은 것들로 인한 불안감으로부터 오히려 자유롭고 활발한 활동력을 발휘하게 한다. 그래서 바다는 상대에 대한 독점적이고 배타적인 질서보다 서로의 차이와 관계를 공유하고 상생할 수 있는 사회를 지향하게 만든다. 자신의 자존감과 상대에 대한 인정은 서로의 신뢰관계를 토대로 이루어지고, 상호존중과 공존, 상호보완은 우리가 추구하는 관계론적 사회의 본보기이다. 해양문화기술이 그 한 예를 보여준다. 기술만 개발되면 우리의 삶도 곧장 증진되는 것일까? 최근 일어난 일본 후쿠시마원자력발전소의 붕괴사고는 여기에 의문을 제기한다. 첨단과학기술을 지녔다고 자랑하던 일본은 지구촌이 공유해야 할 바다에 방사능오염수를 방출했다. 그로 인해 자국은 물론이고 세계의 바다가 엄청난 재앙에 휩싸였다. 그 폐해가 언제 어떤 형태로 인류에게 미칠지 전 세계가 예의 주시하고 있다.

연합통신

풍어제 '떼배 띄우기'
어민들이 풍요와 안전한 어업활동을 기원하는 풍어제 중 하나인 떼배 띄우기는 액운을 없애기 위해 나무로 만든 모형배를 바다로 보내는 제례이다.

우리 인간은 수많은 기술을 발전시켰고, 앞으로도 그럴 것이라 생각한다. 해양문화기술도 그 중에 하나이다. 앞에서 살폈듯이, 다른 것과는 달리 해양문화기술만의 특이성은 사람과 사람, 사람과 자연 간의 거대한 균형을 도모하고 지속적인 발전을 유지하는 것이다. 꽃을 찾는 벌들이 꿀은 따되 꽃 자체는 망가뜨리지 않고, 나아가 가는 곳마다 꽃가루를 옮겨서 소중한 열매를 맺어주듯이, 형태는 각기 다르지만 우리 인간이 창조한 여러 해양문화기술들은 인간과 바다가 어떻게 공존할 수 있는지를 자연스럽게 가르쳐 준다. 놀랍게도 해양문화기술은 낯섦과 익숙함이 변함없이 지속되는 속에 놓인 인간과 바다, 그 각각의 부분적 사실에서 다른 것으로는 대체가 불가능한 빈틈없는 상생의 접점을 가시적인 형태로 다채롭게 찾아내고 있다. 때론 너무 낯설고, 때론 너무 놀랍게…

세계의 해양연구소

World-class Ocean Research Institutes

세계 선진해양국들은 해양의 지속가능한 개발과 보전을 통해 해양과 지구환경을 보호하고 동시에 국가경제의 부흥과 국민의 삶의 질을 향상시키기 위해 국가차원에서 해양연구 · 개발 계획을 수립하고 있다.

부 록

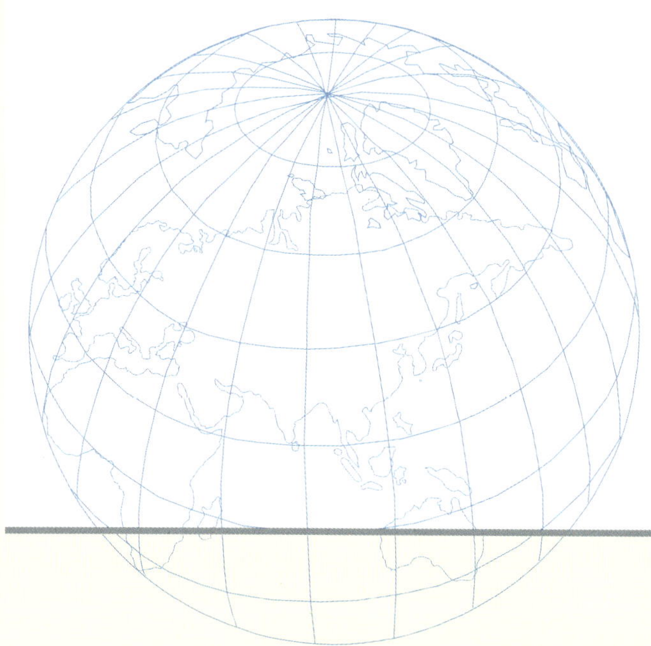

세계의 해양연구소

이미진 한국해양과학기술원

최근 지구는 기후 변화와 심각한 환경 파괴, 그리고 자원 부족 상태에 직면해 있다. 특히 지구 기후의 변화는 우리가 실제로 체감할 수 있을 정도로 그 속도가 빨라지고 있다. 지구의 기후 변화는 해수면 상승, 해류 체계의 변화, 엘니뇨, 해양 환경과 수산자원의 변동 등과 같은 해양환경의 이상 징후를 동반하고 있다. 이러한 해양 환경의 위기를 인식한 세계의 선진 해양국가들은 해양의 지속가능한 개발과 보전을 통해 해양과 지구 환경을 보호하고 동시에 국가 경제의 부흥과 국민의 삶의 질을 향상시키기 위해 국가 차원에서 해양 연구개발 계획을 수립하였다.

우리나라도 2000년 5월 해양개발기본계획(Ocean Korea 21)을 수립하여 21세기의 해양 비전을 제시한 바 있으며, 2004년에는 해양과학기술개발 계획을 수립하여 해양산업을 정부 차원에서 집중 육성하기 위한 기반을 마련하였다. 또한 2010년 2차 해양수산발전기본계획을 수립하여 2020년까지 G7 해양 강국을 실현하기 위해 국가 해양력을 강화할 예정이다.

국가 발전을 위해 해양이 중요하다는 사실을 잘 인식하고 있는 선진 해양국가들은 바다가 당면한 문제를 해결하기 위하여 많은 노력을 기울이고 있다. 각 국들은 해양법(Oceans Act)을 제정하고, 해양의 미래를 예측하기 위해 막대한 연구비를 투자하여 체계적인 연구 활동을 수행하고 있다. 세계의 해양연구소에서 수행되는 해양과학기술개발 분야는 해양영토 관리, 해양개발, 해양과학 탐사, 해양자원 활용, 해양환경 보전, 기후변화 대응, 해양생태계 보전 및 복원 등 다양하다. 세계 각 국의 해양연구기관들은 여러 해양과학 분야의 융합과 통합을 통해 정부의 이러한 해양정책 수립과 시행을 지원하는 중심 역할을 수행하고 있다.

KIOST	한국해양과학기술원	**WHOI**	미국 우즈홀해양연구소
JAMSTEC	일본해양연구개발기구	**SIO**	미국 스크립스해양연구소
IOCAS	중국과학원 해양연구소	**NOC**	영국 사우스햄턴 국립해양연구센터
CMAR	호주 연방과학산업연구기구	**IFREMER**	프랑스 국립해양개발연구소
BIO	캐나다 베드포드해양연구소		

● 한국 KIOST

한국해양과학기술원(Korea Institute of Ocean Science & Technology, KIOST)은 1973년 10월 30일 설립된 국내 유일의 종합해양연구기관으로, 국가해양정책의 수립과 해양개발 추진에 필요한 해양과학기술 연구 · 개발의 중추적 역할을 담당해 오고 있다. 한국해양과학기술원은 해양과학기술개발을 통하여 새로운 해양부국의 꿈을 실현시켜 나가고자 1988년 2월18일 남극의 킹조지 섬에 세종기지를 건설하였고, 1992년에 종합 해양연구선인 이어도호(546톤)와 온누리호(1,422톤)를 취항시켰다. 또한 2013년에는 5,000톤급의 대양해양연구선을 운영할 수 있을 것이다. 한편 1995년에는 중국 청도에 한 · 중해양과학공동연구센터와 대덕 연구단지에 대덕분원(해양시스템안전연구소)을, 1997년에는 경남 거제시 장목면에 남해분원(장목분원)을, 2000년에는 미크로네시아연방국 축주에 한 · 남태평양해양연구센터를 설치하였다. 또한 국경이 없는 해양에 대한 연구를 수행하고자 국제 협력을 강화하고 있는데, 그 일환으로 2010년에는 미국 해양대기청(National Oceanic and Atmospheric Administration, NOAA) 내에 KIOST-NOAA Lab(한국해양과학기술원-미국 노아 연구협력사무실)을 설치하였다. 2011년에는 유럽을 대상으로 해양연구 협력을 촉진하고자 KIOST-Europe Lab(한국해양과학기술원-유럽연구협력사무실)을 영국 PML(Plymouth Marine Laboratory)에 설치하였다. 그 외에 한 · 남태평양해양연구센터와 한중해양과학공동연구센터를 통해서도 지역 간, 양자 간 또는 다자간의 연구 협력을 확대해 나가고 있다.

한국해양과학기술원은 우리나라 해양과학기술 향상을 위한 기초·응용 해양과학기술 연구, 해양자원개발 및 해양환경보전을 위한 연구, 해양과학기술정책에 관한 연구, 극지 환경·자원조사 연구 및 남·북극과학기지 운영, 연안·항만공학 및 선박해양공학과 해양안전 관련기술 개발, 국내·외 연구기관, 산업체, 대학, 전문단체와의 공동연구 수행과 그 성과의 보급, 산업계 및 공공부문의 애로사항 해결을 위한 연구개발 또는 기술용역의 수탁 및 위탁 등의 기능을 수행함으로써, 국가 발전과 국제사회에 기여하고 있다. 한국해양과학기술원은 2011년 현재 연간 1,600억 원이 넘는 예산 규모로 총 1,200여 명의 연구원, 기술원, 행정원, 지원인력 및 학생들이 연구를 수행하고 있으며 보다 전문화·특성화된 연구사업을 수행하기 위해 안산 본원에 해양환경·보전연구부, 기후·연안재해연구부, 심해·해저자원연구부, 해양생물자원연구부, 연안개발·에너지연구부, 해양기술정책연구부, 해양바이오연구센터, 해양방위연구센터, 해양위성센터, 기기검교정·분석센터를, 대덕분원에 해양운송연구부, 해양안전·방제기술연구부, 해양시스템연구부, 해양구조물·플랜트연구부, 남해분원에 남해특성연구부를 울진 동해분원에 동해특성연구부, 인천에는 부설 극지연구소를 두고 있어, 권역별 해양환경 특성에 따른 연구를 수행함으로써 세계적인 해양연구기관으로 발돋움 하고 있다.

01. 한국해양과학기술원 본원
02. 대덕분원
03. 남해분원
04. 동해분원
05. 한·중해양과학 공동연구센터
06. 한·남태평양해양연구센터

● 중국 IOCAS

중국의 해양기술 분야는 과학기술 개발을 위한 중국 국가중장기계획의 5개 전략적 주요 임무 중에 하나로 포함되었으며, 2008년도에는 국가해양개발계획이 단독 계획으로 발표되면서 해양과학기술개발이 주요 임무로 규정되었다. 또한 중국은 해양경제에 대한 해양과학기술의 기여도를 50% 이상 향상시키겠다는 목표를 수립하였다.

중국의 약 58개(2006년 기준) 해양연구개발관련 기관 중에서 가장 큰 해양연구소는 비행정기관인 중국과학원 산하의 해양연구소(Institute of Oceanology, Chinese Academy of Science, IOCAS)이다. IOCAS는 중국과학원 직속의 117개의 연구소, 센터 및 관련기관 중 하나이다. 중국과학원의 소속 직원은 58,000명이고 R&D 예산도 2010년 기준 약 2,336억 위안이다. 2009년도에는 중국과학원의 주도 아래 해양과학기술 로드맵 2050 (Marine Science & Technology in China: A Roadmap to 2050)을 수립하여 발표하였는데, 중점을 두고 있는 부분은 해양환경과 안보 부문이며, 특히 해양생물자원 및 생명공학, 해양에너지 및 광물자원, 해양관측기술, 해수자원 및 연안지역의 지속가능한 개발을 등이다.

IOCAS는 1950년 8월1일에 설립되어 수 십 년간 중국해양과학기술발전에 큰 역할을 하였다. 이 연구소는 약 600여 명 직원과 400여 명의 학생이 모여 연간 약 300억 원 예산으로 연구를 수행하고 있으며, 7개의 연구담당부서와 연구개발, 지원 시스템 및 행정담당부서가 있다. 2001년부터 2005년까지 기존 장비의 개선 및 신규 구매에 약 150억 원이 투입되었으며 지속적 투자를 통해 국제적 연구소로 성장하고 있다. 2013년에는 5,000톤급의 새로운 다목적 대양연구선도 추가로 완공될 예정이다.

중국은 경제성장과 더불어 정부의 해양연구에 대한 지원도 대폭 늘어나고 있으며, 기초연구 분야에서는 해양생물학, 해양생태환경과학, 해양순환류 및 파동, 해양지질환경, 해양생물 분류계통진화 등의 5개 실험실 위주로 연구가 수행되고 있다. 이러한 기초 해양연구 외에도 해양생명공학, 해양환경공정기술, 해양부식연구의 3개 센터를 통해서 최첨단 응용 연구개발을 수행하고 있다. 지원시설로는 해양생태 현장 연구시설(Marine Ecosystem Research Station), 해양생물 표본관, 해저열수활동 실험실, 해양생물 표본관 등을 운영하고 있으며, 종합연구선 2척, 연안조사선 1척, 소형 조사선 1척 등을 활용하고 있다.

중국과학원 해양연구소 정문(좌), 중국과학원 해양연구소의 해양생물 표본관(우)

● 일본 JAMSTEC

일본해양연구개발기구 전경(상), 6,500m급 심해유인잠수정 신카이 6500(하)

일본은 2003년 10개년 해양정책인 '장기적 전망의 일본해양개발 기본 구상 및 추진 방안'을 수립하였다. 일본은 지구환경문제, 지각 이동, 해저 지진 · 태풍 등 해양재해 저감기술, 해양생태계 변화, 환경복원, 해양생명공학기술 등에 관한 연구·개발과 심해시추선과 자율무인잠수정(AUV) 개발, 태평양 도서국과의 국제협력 등에 주력해 왔다. 특히 일본은 2004년 대형 심해시추선을 건조하고, 신에너지원 개발을 목표로 통합 해양 시추 프로그램(Integrated Ocean Drilling Program, IODP)을 적극적으로 추진하고 있다.

2007년에는 환경을 고려한 경제사회의 건전한 발전, 국민생활의 안전 향상, 해양과 인류의 공생을 목표로 하는 해양기본법이 발효되었다. 그리고 2008년에는 해양기본법 시행을 위한 일본 해양개발기본계획을 수립하여 해양안전, 관할권 확보, 전 지구적 해양 위협 대비 분야를 전략적 우선순위로 정하였으며 총 약 13.1조원을 투자을 투자하는 계획을 수립했다. 2008년 해양개발기본계획 수립 이후 해양개발 및 이용, 해양환경보전의 조화, 해양안전 확보, 해양의 이해를 통한 과학적 지식의 충실화, 해양산업의 건전한 발전, 해양의 종합적 관리 등의 분야를 균형 있게 추진하고 있다.

일본 최대의 해양연구소는 2004년 해양과학기술센터(Japan Marine Science and Technology Center, JAMSTEC)에서 독립행정법인으로 바뀐 일본해양연구개발기구(Japan Agency for Marine-Earth Science and Technology, JAMSTEC)이다. JAMSTEC은 해양에 대한 종합적인 연구를 목적으로 1971년 일본해양과학기술센터 법령에 의해 문부과학성 산하 기관으로 설립되었다.

2009~2014년간의 제2기 중기 목표 및 계획에 따른 JAMSTEC의 임무는 지구의 환경변화에 대한 이해와 인류의 지속가능한 개발과 발전에 기여할 수 있는 지식과 정보제공, 자연재해로부터 인간의 생명과 재산을 보호하고 사회적 안전을 확보하기 위한 지식과 정보 제공, 생물권 이해와 지구의 환경문제로의 공헌과 함께 사회 및 경제발전에 기여하기 위한 지식과 정보 제공 그리고 연구의 혁신적 추진을 위한 기반기술 개발 및 활용 등이다.

JAMSTEC은 연간 약 4천억 원의 예산으로 약 1,500여명이 근무하고 있으며, 지구환경 관측, 지구 내부변동, 극한환경생물, 해양공학, 지구환경, 지구 시뮬레이션, 지구 심부탐사, 해양관측 및 해양생태계 등에 대한 연구를 수행하고 있다. 1척의 심해시추선, 7척의 해양연구선, 6,500m급 유인잠수정, 10,000m급의 무인잠수정 외에 다양한 해양탐사 장비를 보유하고 있다.

● 미국 WHOI, SIO

스크립스해양연구소의 해양연구선(상), 우즈홀해양연구소의 해양연구선(하).

미국은 2000년도에 발표한 Oceans Act를 바탕으로 강력한 해양정책을 펼쳐 왔으며, 정부의 전략 보고서로 2004년에 '21세기를 위한 해양 청사진(An Ocean Blueprint for the 21stCentury)', 2005년에는 '해양연구 우선순위 및 실행전략(Ocean Research Priorities Plan and Implementation Strategy), 2007년에는 '향후 10년간을 위한 미국의 해양과학 방향 설정(Charting the Course for Ocean Science in the United States for the Next Decade)', 2010년에는 '해양, 연안, 오대호의 보호책임관리(Stewardship of the Ocean, Our Coasts, and the Great Lakes)'를 내놓은 바 있다. 미국의 해양연구는 우즈홀해양연구소(Woods Hole Oceanographic Institution, WHOI)와 스크립스해양연구소(Scripps Institution of Oceanography, SIO)를 주축으로 수행되고 있으며, 미국 연안 모니터링 및 관측은 해양대기청(National Oceanic and Atmospheric Administration, NOAA)에서 주도하고 있다. 해양연구를 위한 재원은 해양대기청, 해군, 국가과학재단이 대부분 조달하고 있다.

우즈홀해양연구소는 매년 약 2천 억 원에 달하는 예산을 투입해 1,000여 개의 과제를 약 1,500명의 소속원들이 수행하고 있다. 우즈홀해양연구소의 연구 부서는 생물, 물리, 화학, 지질, 응용물리, 정책 등 5개 연구본부와 1개 센터로 구성되어 있다. 2000년에 4개의 연구단과 기후 · 해양협력연구소, 시그랜트(Sea Grant) 프로그램 등이 추가로 설치되었으며, 매사추세츠 공과대학(Massachusetts Institute of Technology, MIT)과 공동으로 대학원 과정을 운영하고 있다. 우즈홀해양연구소는 3척의 해양연구선과 1척의 연안연구선, 4,500m급의 유인잠수정, 6,000m급 무인잠수정, 11,000m급 무인심해탐사선, 6,500m급 원격무인잠수정을 보유하고 있으며, 그 밖에 다양한 잠수정과 소형 선박들을 운영하고 있다.

스크립스해양연구소는 100년 이상의 역사를 가진 미국에서 가장 오래된 해양연구소로서 캘리포니아주립대학 소속의 연구소이다. 스크립스해양연구소의 운영에 필요한 자금은 캘리포니아주립대학 자체 예산 이외에도 약 2천 억 원에 달한다. 약 2,300여 명의 구성원들이 해양 연구활동을 수행하고 있으며, 5척의 해양연구선을 보유하고 있다.

● 캐나다 BIO

캐나다는 넓은 해역을 여러 구역으로 나누어, 수산해양부산하 해양연구소들이 분담하여 연구를 수행하고 있다. 캐나다의 가장 큰 해양연구소는 캐나다 동부에 위치한 베드포드해양연구소(Bedford Institute of Oceanography, BIO)로서 1962년에 설립되었다. BIO는 캐나다 연방정부의 해양학 연구를 한 곳에 모아 놓은 센터라고 할 수 있다. 또한 캐나다의 해도를 제작하고 제공하는 수로국도 BIO에 소속되어 있다. BIO는 연간 약 1,300억 원의 예산으로 약 700여명이 넘는 직원이 연구를 수행하고 있다.

BIO의 주요 연구 분야는 해양주권, 국방, 환경보호 및 생태, 안전 및 건강, 어업 및 천연자원과 관련된 것이며, 정부가 과학적 기반에서 정책 결정을 하도록 지원하고 있다.

BIO는 연구, 모니터링, 데이터 관리, 과학적 자문, 생산품 개발 및 서비스 제공 등 5개 기능을 수행한다. BIO에서는 수산자원 관리, 양식, 해양 및 서식지 관리, 해양자원 개발 그리고 해양안전 분야의 연구가 수행되고 있다.

모든 BIO의 연구활동은 생태계 연구가 매우 중요한 역할을 담당하고 있으며 인위적 활동에 의해 유발되는 영향을 규명하고자 노력하고 있다. BIO의 환경 모니터링 활동은 생태계의 현황과 추세를 파악하기 위해 필수적인 요소이다. 따라서 캐나다의 모든 해양관리와 자원관리는 장기적인 모니터링 활동으로부터 축적된 데이타에 기반하고 있다.

베드포드해양연구소 전경

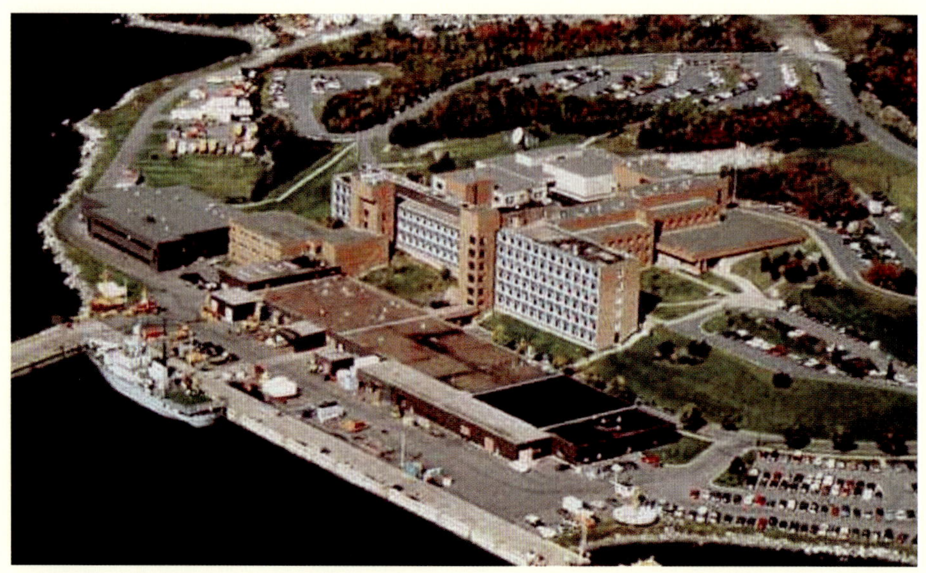

● 호주 CMAR

호주 연방과학산업연구기구(Commonwealth Scientific and Industrial Research Organization, CSIRO)의 해양대기연구소(CSIRO Marine and Atmosphere Research, CMAR)는 호주의 가장 큰 해양과학연구기관으로 열대 해역에서부터 남극 연안에 이르는 광범위한 해역을 담당하고 있다. 본부는 호주 타스마니아 섬의 호바트(Hobart)에 위치해 있으며 캔버라(Canberra), 브리즈번(Brisbane)과 플로르렛(Floreat), 아스팬데일(Aspendale) 등의 5개 지소가 있다. CMAR은 약 700여 명의 직원이 850여 개 이상의 프로젝트를 수행하고 있다.

CMAR은 대기, 기후, 해양예측 분야의 연구에 주력하고 있는데, 호주의 가장 심각한 문제인 기후변화 분야에 특히 많은 투자가 이루어지고 있다. CMAR에서는 기후변화 관측과 예측, 기후변화로 인한 종 다양성 변화, 해수면 상승과 연안침식, 환경변화에 따른 피해저감 및 적응 등 다양한 연구가 수행되고 있다. CMAR은 호주의 국가 통합해양관측 시스템(IMOS, Integrated Marine Observing System)을 주도하고 있으며 해양자료도 관리하고 있다. 특히, 대기연구소와 통합되면서 해양과 대기간의 상호작용을 더욱 면미하게 연구할 수 있는 해양-대기 통합 기후모델을 구축하였다. CMAR의 기후변화 모델링연구팀은 기상청과 호주기상기후연구센터와 긴밀한 협력을 통해 호주의 기후와 해양 그리고 지구 시스템 과학의 수준을 한 단계 높이는데 기여하고 있다. CMAR은 현재 1,590톤급의 해양연구선 1척을 보유하고 있으며 기반시설 확대를 위해 2009년부터 약 1,800억원을 들여 새로운 다목적 대양연구선을 건조중에 있다.

호주 타스마니아 섬에 있는 해양대기연구소 전경

● 유럽 IFREMER, NOC

파리에 위치한 프랑스 국립해양개발연구소(IFREMER)의 본부

유럽연합(European Union, EU)에는 약 300개의 해양연구기관이 있으며 50여 척의 다양한 해양연구선(선장 37m~121m)을 보유하고 있다. 유럽연합의 연구기관에는 총 1만 명의 해양 전문인력이 종사하고 있어 거대한 해양과학연구 컨소시움이 형성되어 있다고 할 수 있다.

유럽 차원에서의 통합적 해양연구 전략을 마련하기 위하여 1990년에 유럽연합은 '유럽의 해양과학프로그램의 대도전'을 내놓았으며, 1995년에는 유럽과학재단 내에 해양위원회가 설치되었다. 유럽에서 연구활동을 주도하고 있는 대표적인 종합연구소로 프랑스 국립해양개발연구소(French Research Institute for Exploitation of the Sea, IFREMER)와 영국 국립해양학센터(National Oceanography Centre, NOC)를 예로 들 수 있다.

프랑스 국립해양개발연구소는 1984년에 만들어진 종합해양연구기관으로, 국립수산연구소와 국립해양연구소를 통합하여 출범하였다. 연간 3,100억 원이 넘는 예산으로 1,700여 명이 근무

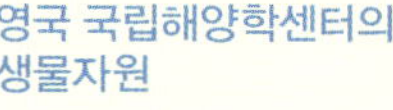

영국 국립해양학센터의 생물자원

하고 있으며, 1개의 본부와 5개의 센터, 70여 개의 실험실이 있다. 9척의 수산 전용 조사선과 해양 연구선, 1대의 심해유인잠수정, 1대의 심해탐사 원격잠수정, 그밖에 다양한 잠수정과 잠수기기를 보유하고 있다. 주요 연구 분야는 연안 모니터링, 연안역 활용 및 복원, 양식 생산 기술 개발, 수산 자원 관리 및 지속가능한 어업, 해저탐사 및 개발, 해양생태계 및 해류순환연구, 해양대형시설물 개발 등이다.

영국 국립해양학센터는 1996년에 사우스햄턴 대학 내에 사우스햄턴해양연구센터(Southampton Oceanography Center, SOC)로 설립되었으며, 사우스햄턴 대학과 정부기관인 자연환경연구회(Natural Environment Research Council, NERC)간의 합작 투자기관이다.

2010년 연안 및 대륙붕의 연구 전문기관인 프라우드만해양연구소와 통합되면서 대양과 대륙붕, 연안 모두를 통합적으로 연구할 수 있는 영국을 대표하는 연구기관으로 새롭게 출범하였다. NOC의 총 예산은 연간 1천 억 원으로서 640명의 소속 직원과 약 1천 여 명의 학생이 연구 활동을 수행하고 있다. 지금까지 축적해 왔던 장기 관측 활동과 데이터를 기반으로 저명한 Nature지와 Science지에 평균 1개월에 1편 정도가 게재되는 성과를 거두고 있다.

NOC는 대형 해양연구선 2척과 4척의 연안 연구선, 1대의 ROV, 1대의 AUV 그리고 다수의 소규모 선박과 수중 조사장비들을 보유하고 있다. NOC는 2006년에 새로 대형조사선을 건조하였고 2014년에 또 다른 대형 해양연구선이 진수될 예정이다. 이러한 NOC의 최첨단 해양연구 인프라는 지구 과학 분야 연구를 더욱 발전시킬 것으로 기대하고 있다.

영국 국립해양학센터의 자동무인잠수정(AUV)

찾아보기(가~아)

사

아

찾아보기(아~하)

하

찾아보기(A~Z)